바이오뱅크 입문

Towards the Era of Biobank

전재필 한복기 엮음

월드사이언스
worldscience.co.kr

엮음 전재필, 한복기

전재필

경북대학교 분자생물학 박사 (2001)
미국 국립보건연구원 인체게놈연구소 (NHGRI) 연구원 (2001~2005)
질병관리본부 유전체센터 인체자원중앙은행 책임연구원 (2005~현재)

한복기

독일 Bonn 대학교 세포생물학 박사 (1993)
독일 미생물 및 인간세포주 은행 (DSMZ, Mutz) 연구원 (2003-2004)
질병관리본부 유전체센터 생물자원은행장 (2001-2009)
질병관리본부 유전체센터장 (2009~현재)

김대성 (인체자원중앙은행)
남정민 (인체자원중앙은행)
남혜영 (인체자원중앙은행)
배근량 (인체자원중앙은행)
심성미 (인체자원중앙은행)
주민석 (인체자원중앙은행)

바이오뱅크 입문 Towards the Era of Biobank

2009년 10월 10일 인쇄 / 2009년 10월 20일 발행

엮음/ 전재필 한복기
편집/ 이은경 김영욱
표지디자인/ 한재원
발행인/ 박 선 진
발행처 / 도서출판 월드사이언스
서울특별시 서초구 방배4동 864-31
등록일자 1987년 12월 14일
등록번호 3-136
TEL (02) 581-5811~3
FAX (02) 521-6418

E-mail: worldscience@hanmail.net
URL : http://www.worldscience.co.kr

정가 20,000원

ISBN 978-89-5881-138-1 (93470)

이 도서의 국립중앙도서관 출판시도서목록(CIP)은 e-CIP 홈페이지
(http://www.nl.go.kr/cip.php)에서 이용하실 수 있습니다.(CIP제어번호: CIP2009003101)」

머리말

21세기에 접어들면서 의학 및 생명과학 분야에서는 유전체학과 omics 연구기술의 발전에 힘입어 초고속 분석이 가능해지게 되었다. 이에 따라 코호트의 분자역학 또는 의학유전학 연구를 위하여 인체에서 유래된 혈액 및 조직 등을 수집하여 보관하던 개별 관리 체계에서 보다 발전하여 더 대규모 연구자원의 요구에 부응할 수 있는 자원관리 체계로 변화하고 있다.

이러한 추이에 발맞추어 혈액 등의 인체자원을 관리하는 시스템은 '바이오뱅크'로 체계화되면서, 이제 새로운 연구 인프라 영역으로 발돋움하고 있다. 오늘날 바이오뱅크의 중요성에 대하여서는 연구자 모두가 익히 잘 알고 있다. 특히 영국과 미국을 비롯한 선진국뿐만 아니라, 세계 각국에서 21세기에 BT산업을 선점하기 위해 무엇보다도 바이오뱅크사업을 활발히 추진하고 있음을 상기해 보면, 질병의과학 연구에서 바이오뱅크의 중요성은 실로 지대하다고 하겠다.

우리나라에서도 2000년 보건복지부가 중심이 되어 보건의료 유전체 사업의 일환으로 유전자은행을 구축하여 운영하기 시작함으로써 각 질환자 및 일반인 혈액과 조직 등 연구자원을 관리하는 바이오뱅크들을 설립하게 되었다. 이와 함께 인체자원 관리에 대한 사회 윤리적 이슈가 대두되어 2005년 관련 법률의 입법과 함께 법률적 제도장치 또한 이미 마련되었다.

국립보건연구원 생물자원은행은 지난 10년간 '바이오뱅크'를 운영하면서, 바이오뱅크가 단순한 물리적 객체에 대한 수집 관리 차원을 넘어, 정보학, 생명과학, 공학 등 각종 학문영역이 융합되어 유기적 관계를 이룰 때, 자원 관리 및 연구의 효율을 극대화할 수 있게 되며, 특히 자원관리의 효율화를 위해 바이오뱅크의 유기적 융합체계의 구축이 핵심적으로 중요하다는 사실을 깊이 인식하게 되었다. 바꾸어 말하면, 바이오뱅크가 제공하는 연구재료를 이용하는 모든 연구사업의 성패는 바로 '바이오뱅크' 자체의 성공여부에 달려있는 것이다.

뿐만 아니라, '바이오뱅크'에 입사한 연구원들은 정규학교과정에서 배우지 않은 업무를 수행하게 됨으로, 그 활동이 자칫 단편적 또는 부분적으로 흐르기 쉽다. 이로부터 발생할 수 있는 많은 문제점들을 미연에 방지하기 위하여 바이오뱅크에 대한 포괄적이고도 종합적인 시각을 갖추는 것은 매우 긴요하다.

이러한 관점에서 바이오뱅크에 새로이 입사하여 낯선 업무에 종사하는 연구원들에게 간략하게나마 원활한 업무수행에 필요한 기본 지식을 제공하기 위해 본 입문서를 발간하게 되었다. 또한 본서의 발간을 통해, 지난 10년간 국가기관으로서 바이오뱅크를 운영해오며 쌓은 다양한 경험들을 여러 전문연구자들과 함께 나누고자한다.

여느 학문보다도 더욱 빠르게 발전하고 있는 '바이오뱅크'분야를 생각해 볼 때, 본서에 담긴 내용은 일부분에 불과 할 수 있다. 그러나 앞으로 지속적인 보완을 통해 유용한 입문서로서의 역할을 다할 수 있도록 더욱 노력할 것임을 밝힌다. 아울러 본서는 2008년도에 출범한 보건복지부의 'Korea Biobank Project'를 통해 질병관리본부 '인체자원 중앙은행'과 '지역거점 인체자원은행' 및 협력은행 수립운영에 도움을 주신 여러 교수님들의 보고서에서도 많은 도움을 받았음을 밝혀둔다.

2009년 8월

한복기

차 례

제 3 장. 바이오뱅크의 과제

부록(Appendix)

찾아보기

제1장

바이오뱅크의 개요

1. 바이오뱅크란?

2. 바이오뱅크 동향

3. 윤리적, 법적, 사회적 이슈(ELSI)

4. 바이오뱅크 관련 지침

5. 바이오뱅크 관련 인증제도

1

바이오뱅크란?

1.1. 바이오뱅크의 정의

1.2. 바이오뱅크의 필요성

1.3. 바이오뱅킹의 목표

1.4. 바이오뱅크의 구성요소

1.5. 바이오뱅크 유형

1.6. 바이오뱅크의 양면적 특성
- 가. 다양성과 단일성(Biological diversity vs Standardization)
- 나. 공개성과 폐쇄성(Open access vs Privacy protection)
- 다. 분리와 통합(Backup storage vs Networking)

오늘날 세계 각국의 유전체 연구는 인간의 30억개 염기서열의 해독이 목표였던 Human Genome Project(HGP)를 유전체학의 종점이 아니라 오히려 맞춤의학(personalized medicine)과 중개연구(translational research)의 구현이라는 새로운 연구 분야의 출발점으로 간주하고 있다.

최근 유전체 연구는 적게는 수백명에서 수만명의 대규모 인체 시료를 사용한다. 이렇게 대량의 시료를 사용하는 연구에서는 시료품질관련 정보와 윤리 사회적 이슈 등이 중요한 이슈로 대두되어 생물학, 정보학, 윤리학, 저장기술 등이 융합된 새로운 학문적 영역의 개척이 요구된다. 따라서 최근 바이오뱅킹 관련 연구분야는 biospecimen research 또는 바이오뱅코믹스(biobankomics)라는 새로운 개념의 학문영역으로 일컬어지고 있다.

바이오뱅코믹스 등을 통하여 정도관리기술을 비롯한 다양한 기술들이 개발될 것이다. 또한 연구결과에 영향을 미치는 자원의 품질 관련 정보들에 관한 지식도 축적될 것이다.

바이오뱅크는 양질의 시료를 연구자들에게 제공하여 재현성 있는 연구결과를 얻도록 하는데 의의가 있다. 오늘날 영국을 비롯한 세계 각국은 대규모 집단 코호트 연구는 물론 모든 종류의 생물자원확보를 위한 바이오뱅크 육성 및 바이오뱅크 네트워크 구축에 박차를 가하고 있다. 대규모 유전정보를 생산하기 위한 연구재료 확보를 위해서는 올바른 바이오뱅킹이 필수적인 요소이다.

유전학을 필두로 각종 -omis기법을 통해서 유용한 바이오 마커를 개발하고, 유전체 형질 연구 그리고 질병과 환경인자 사이의 상호관계를 규명하는 연구 등이 성공적으로 수행되기 위해서는 유전체 연구자들에게 무엇보다도 양질의 시료와 정확한 시료정보들이 제공되어야 한다. 연구결과들과 임상·역학정보 및 시료에 관한 정보들이 유기적으로 연계되어 맞춤의학이 구현될 수 있도록 하는 것이 바이오뱅코믹스의 진정한 역할이라고 할 것이다. 따라서 바이오뱅크가 체계적으로 조직되고 효율적으로 운영되는데 무엇보다도 긴요한 것은 바이오뱅크 분야에서의 연구가 병행되어야 할 것이다.

1.1 바이오뱅크의 정의

'바이오뱅크'는 원래 유럽의 대규모 집단 유전체 역학 연구에서 사용되어오던 인체 조직(biobank materials)과 그와 관련된 데이터들의 대규모 집단 바이오뱅크를 지칭하기 위하여 사용되었으며, 문헌(PubMed)에서는 암의 위험인자 발굴 관련 연구논문에서 1996년 biobank materials라는 이름으로 처음 등장하게 되었다(Loft and Poulsen, 1996).

가장 좁은 의미에서 바이오뱅크는 유전학적 분석이 가능하도록 DNA를 추출할 수 있는 조직, 혈액, 세포 등의 인체자원(human biological materials)만을 지칭하기도 한다(Elger and Caplan, 2006). 이에 좁은 의미의 바이오뱅크는 오래전부터 'DNA bank'로 불려진다. 예를 들어, 1988년에 미국 인간유전학회(American Society of Human Genetics, ASHG)에서는 '훗날의 분석을 위해서 DNA를 보관하는 시설'로서 DNA bank를 정의하였으며, 1989년 영국 임상 유전학회(British Clinical Genetics Society)에서는 분자생물학적인 확진을 위한 목적으로 단일 유전자 질환을 앓고 있는 가족들이 훗날 DNA 분석을 할 수 있도록 하는 것이 DNA bank의 역할이라고 정의하였다. 그로부터 10년후 미국의 국립 생명윤리 자원단(American National Bioethics Advisory Commission)에서는 DNA bank를 '미래의 DNA 분석을 위한 목적으로 추출된 DNA, 형질전환세포, 동결혈액 및 기타 조직 등의 생물학적 시료를 저장하는 시설물'을 DNA bank라고 정의하였다(Godard *et al.*, 2003).

그러나 현재는 이러한 DNA 원천으로서의 인간 유전체 자원과 단백체 자원뿐만 아니라 그와 관련된 정보까지도 포함하는 넓은 의미로 바이오뱅크라는 용어가 사용되고 있다. 예를 들어, 영국, 스웨덴, 아이스랜드 등의 대규모 바이오뱅크 프로젝트나 관련 법률에서 정의하는 바에 따르면 '바이오뱅크'는 체계적인 방법에 의해서 한사람 이상에게서 연구용으로 수집된 생물학적 시료와 그와 연관된 정보의 총합체를 의미하고 있다(The Swedish Act on Biobanks, SF 2002:297). 따라서 바이오뱅크는 유전체역학적 관점에서 인체자원을 일컫기 위하여 주로 유럽에서 통용되기 시작한 용어라고 할 수 있다.

한편, 병리학적 관점에서 인체조직을 저장하는 조직은행 등의 물리적 실체를 일컫는 말로서 미국의 국립암연구소와 제약회사를 중심으로 바이오레포지토리(biorepository)라는 용어가 사용되고 있다. 바이오레포지토리는 연구목적으로 생물학적 시료와 그와 연관된 데이터들을 수집, 저장, 보존 및 분양하는 장소를 의미하며 대부분의 경우 생물학적 시료로는 인체에서 유래된 조직과 혈액을 의미하며 연관데이타로는 시료공여자의 임상정보를 포함한다(FasterCures, http://www.biobankcentral.org). 따라서 이러한 관점에서 볼 때 바이오레포지토리는 병리학적 관점에서 주로 조직시료와 시료보존은행을 일컫기 위하여 미국에서 주로 통용되는 용어라고 할 수 있다.

인체자원의 범위를 넘어 모든 범위의 생명자원을 지칭하기 위해서는 '생물자원'이라는 용어가 사용되기도 한다. 예를 들어, OECD 생물자원센터에 관한 보고서에 의하면, 인간과 다른 동식물, 그들에게서 유래된 생물학적 시료와 정보, 세균 배양액, 염기서열정보 뿐만 아니라 심지어 환경 분야의 자원까지, 모든 생물자원과 그와 연관된 데이터들을 보관하고 관리하는 기관을 생물자원센터(BRC, Biological Resource Center)라고 정의하였다. OECD 생물자원센터에 관한 보고서에서 정의한 생물자원센터(BRC)의 기능을 수행하는 포괄적 의미로서 '생물자원은행'이나 '연구소재은행'이 사용될 수 있을 것이다. 그러나 생물다양성과 자원의 특수성 및 생물자원수집의 고유 목적 등에 부합하는 적절한 용어의 선택이 필요하다.

생물자원에 관한 용어로서 국내에서는 현재 여러 가지 용어들이 혼용되어 사용되고 있다. 최근 발의된 '생명연구자원의 확보·관리 및 활용에 관한 법률(2009. 5. 8일제정)'에 의하면, "생명연구자원"이란, '생명공학연구의 기반이 되는 자원으로서 산업적으로 유용한 동물, 식물, 미생물, 인체유래 연구자원 등 생물체의 실물(實物)과 정보'를 '생명연구자원'이라고 정의하고 있다. 인체에서 유래된 생물자원(human-derived biological materials)은 인간의 존엄성과 윤리성이 견지되어야 할 연구시료를 일컫는 용어로서 국제적으로는 'biospecimen', 'human biological sample' 등이 사용되고 있고, 국내에서는 '인체유래생물자원', '인체유래시료' 등 여러 가지 용어가 혼용되어 왔으나 한국인체자원은행사업(Korea Biobank Project)이 본격적으로 개시되면서부터는 '인체자원'으로 표준화된 용어가 정착되어 사용되고 있다.

이 책에서는 인체자원에 관한 내용을 주로 다루게 될 것이므로, 인체자원은행 혹은 시료은행을 일컫기 위하여 '바이오뱅크'라는 용어를 사용하기로 하였으며, 생물자원은행의 기능을 수행하는 제반 행위를 편의상 '바이오뱅킹'이라고 정의하였다.

1.2 바이오뱅크의 필요성

미국 NCI산하 인체게놈연구소(NHGRI)를 주축으로, 2003년에 Human Genome Project에 의해 인간의 유전체 염기서열지도가 완성되었으나 이것은 한사람의 유전정보가 아니라 여러 사람으로부터의 게놈정보 조합으로 구성된 모자이크에 불과하였다. 이후 인간의 전체적인 게놈정보도 중요하지만 한 개인의 게놈정보 해독의 중요성이 대두됨에 따라, 각 개인의 게놈정보를 해독하려는 노력들이 진행되었다. 즉, 2005년 NHGRI는 시퀀싱기술의 급진전을 통한 Personalized Genome Project에 7000만불을 투입하였고, 2006년에는 The X Prize Foundation이 10일 이내에 100명의 게놈을 해독하는 연구자에게 1000만불의 상금을 내걸었던 적이 있다. 실제로 2년여에 걸쳐서 1백만불이 투입된 연구 결과로 2007년에는 James Watson박사의 개인 게놈정보가 해독되기도 하였다. 이렇듯 시퀀싱기술의 발전속도를 감안해 볼 때 향후 5년이내에는 10만불, 10년 이내에는 1천불이면 개인별 게놈이 해독될 수 있을 것으로 예상된다. 우리는 이제 머지않아 당뇨병 혹은 암 등의 질병을 간편하고 저렴한 비용으로 진단하고 발병을 예측할 수 있는, 개인별 게놈 정보를 소유하게 되는 시대를 살게 될 것이다.

이러한 포스트 게놈 시대와 개인별 맞춤의학 시대에는 방대한 유전체정보를 진단이나 치료방법으로 어떻게 활용할 것인지에 대한 도전에 직면하게 될 것이다. Sydney Brenner 박사(2002년 노벨생리의학상 수상자)는 포스트게놈 시대에서는 인간의 단일게놈(human genome)에 대한 연구보다는 인간성에 관한 유전자(humanity's genes)에 주목해야 할 시대가 도래하였으며, 따라서 개인보다는 집단으로 연구대상이 옮겨져야 한다고 하였다. Leland Hartwell박사(2001년 노벨생리의학상, President of Fred Hutchin's Cancer Center)는 바이오마커 개발을 통한 암예방 전략이 암치료 전략보다 효과적이라고 하였다. 바이오뱅크는 이렇듯 변화하는 생명의과학 연구의 패러다임에 부합하는 핵심적인 연구 인프라로 자리매김하기 시작하였다.

바이오뱅크의 핵심은 시료의 안정적인 장기보존이라고 할 수 있다. 장기 보관된 시료들은 미래 신종 질병이나 감염원을 조사하는데 사용되거나 유전적 변이를 기반으로 한 개인별 맞춤의학 구현에 매우 중요한 원천 재료로서 매우 높은 가치를 갖는다(Mills, 2006). 다음과 같은 예시를 통해서 바이오뱅크의 필요성을 찾아 볼 수 있을 것이다. 첫째, 감염질환의 발생이력 조사. 장기보관된 시료로부터 신종 감염병이나 질환의 발생이력이나 전파 경로 등을 이해하는 데 중요한 역할을 한다. 예를 들어, HIV/AIDS 바이러스가 발견된 것은 1980년대 초였으나, 1959년 콩고에서 면역체계연구과제로부터 확보되어 보관된 혈장과(Tuofu *et al.*, 1998), 1969년에 사망한 미국 십대 청소년들의 조직샘플(http://www.avert.org/origins.htm), 그리고 미국 NIH에 보관된 시료들을 이용한 분석실험을 통해서, 언제 HIV/AIDS가 인간에게 발병하기 시작했는지, 언제 어떻게 전파되었는지 등 HIV/AIDS의 발생에 관한 해답을 얻을 수 있었다. 둘째, 훗날 발병하는 질병의 진단. 헌혈당시에는 질병이 진단되지 않았지만 미지의 질병들이 훗날에 새롭게 발견되는 경우가 있다. 특히 광우병 같은 경우, 인간에게 감염된 이후부터 발병까지 수년 혹은 수십년이 걸리기도 한다. 이와 같은 경우, 만일에 수혈용 혈액의 일부를 장기보관해 둔다면 훗날 미래의 환자에게서 질병이 수혈에 의한 것인지 아닌지를 판단할 수 있을 것이며, 수혈에 의한 감염이라면 수혈을 받은 더 많은 사람들의 감염 여부도 쉽게 추적이 가능할 것이다. 셋째, 약물에 대한 특이 반응성을 갖는 집단의 생물학적 배경 연구. 보통 환자마다 약물 반응성에 차이가 있다. 약효가 전혀 없거나 오히려 역효과를 보이는 사람들이 있다. 이러한 경우는 약물에 대한 임상시험이 완결된 이후에 발견되는 경우가 허다하다. 따라서 시료를 장기보관해 두면 훗날 약물반응성의 차이를 검사하는데 사용할 수 있다. 예를 들어, 약물반응성이 전혀 없는 사람의 경우에도 보관해둔 시료의 유전형질을 분석하여 약물 반응성의 차이가 유전적 특이성에 기인한 것임을 밝힐 수 있다. 넷째, 개인별 맞춤의학 연구. 보관되어 있는 특정 환자의 시료를 이용하여, 유전적 변이를 규명함으로써 질병의 발생 기전을 이해할 수 있을 뿐만 아니라, 그 질병의 치료방법과 치료제 개발에 도움을 줄 수 있다. 예를 들어, 개인의 유전적 특성에 따라 발암위험도예측을 비롯하여, 암의 재발 가능성도 추정할 수 있으며, 어떤 종류의 치료 및 항암제가 그 사람에게 효과가 있는지를 판단할 수도 있다. 다섯째, DNA 뱅킹. 개인의 유전형질은 의학정보의 주요 원천으로서 점점 더 중요하게 취급되고 있다. 돌연변이 유전자 유무 혹은 유전적 변이체 등의 DNA 정보를 바탕으로 개인의 질병 발생 가능성을 예측하고 환경적 요소들의 영향을 분석함으로써 개인의 건강지수를 산출하며, 질병이 발생했을 경우 가장 적절한 치료방법까지도 제시할 수 있게 될 것이다.

1.3 바이오뱅킹의 목표

바이오뱅크는 저마다 특정 목적을 위해서 설립되므로 설립목적에 부합되는 정책과 운영지침을 수립하게 된다. 대규모 인구집단을 대상으로 수행되는 코호트 시료 바이오뱅크, 혹은 수술 후 잔여시료를 수집 보관하는데서 출발한 조직은행, 일반 국가 검진사업에서 파생되는 잔여혈청을 수집, 보관하는 혈청은행 등 다양한 목적으로 설립된 바이오뱅크라도 일반적으로 바이오뱅크는 연구재료를 공급하는 목적으로 설립되고 운영된다. 바이오뱅크의 목표는 질병 및 약물 관련 유전체학과 단백체학 등 연구에 필요한 재료를 제공함으로써, 이후 제공된 자원으로부터 질병의 진단과 발병 예측을 가능케 하는 생체지표(biomarker)를 발굴하고 궁극적으로는 개인의 유전적 변이에 바탕을 둔 맞춤의학 구현을 실현케 하는데 있다. 바이오뱅킹과 omics기법을 융합하여 맞춤의학을 구현하겠다는 이러한 패러다임은 바이오뱅코믹스(biobankomics)로 정의되기도 한다('제3장 바이오뱅크의 과제' 참조). 따라서 바이오뱅킹(인체유래생물자원 관리)의 목표는 개인의 자율성과 존엄성을 존중하는 장치를 마련하고, 연구개발지원을 통하여 공중보건의료를 발전시키며, 나아가 새로운 치료법 및 진단 기술 개발을 가능하도록 지원하는 것이다. 그리고 연구결과에 의하여 개인이나 그룹에게 불이익이 발생되지 않도록 차별(genetic discrimination)이나 낙인(stigmatization)을 방지하는 윤리적 대책을 강구하여야 하며, 자원관리와 활용에 대한 효율성을 끊임없이 향상시킬 수 있어야 한다.

1.4 바이오뱅크의 구성요소

바이오뱅크에서 관리하는 인체자원이란 "인간에게서 유래하는 생물학적 시료(bio-specimens) 및 그 시료와 연관된 정보(information)로서 보건의료 연구를 위하여 수집 혹은 생산되어 저장 및 관리되는 것"으로서 인체유래생물자원(human-derived bioresources)으로 일컬어질 수 있다. 다음과 같은 시료들이 인체유래생물자원에 포함될 수 있다.

O 시료(Biospecimens)

1) 혈액유래시료(blood-derived samples): 혈청, 혈장, 임파구 등
2) 조직(tissues): 종양조직, primary cells or established cell lines 등
3) 장기(organs): 간, 폐, 신장, 골수, 뼈, 이종장기 등

4) 줄기세포(stem cells): 배아줄기세포, 성체줄기세포 등

5) 각종 체액(biofluids): 객담, 타액, 위장액, 정액, 모유 등

6) 신체폐기물(biological wastes): 소변, 대변, 땀, 태반, 모발, 손발톱 등

O 정보(Information)

1) 시료정보(sample information)

2) 임상정보(clinical information)

3) 역학정보(epidemiological information)

4) 건강정보(health care information)

5) 연구결과(experimental data)

시료와 정보를 포함하는 자원은 바이오뱅크의 중요한 요소이며 이외에 바이오뱅크를 구성하는 요소는 다음과 같다.

O 정보관리시스템

1) 시료정보관리: BIMS, Biobank Information Management System

2) 연구정보관리: LIMS, Laboratory Information Management System

3) 건강정보관리: EMR, Electronic Medical Information

O 시설(facilities)과 인적구성

1) 시설 및 장비: 저장장비, 안전시설

2) 생물자원관리 전문인력

3) 정보관리시스템

4) 정도관리 실험실

5) 관리시스템: 장비 모니터링 시스템, 보안설비

1.5 바이오뱅크 유형

바이오뱅크는 시료와 관련정보가 어떻게 수집 및 관리되고 있느냐에 따라 크게 3가지로 구분할 수 있으며 그에 따라 archived biospecimens과 prospective biospecimens으로 대별된다. 첫 번째 바이오뱅크 모델로서는, 전통적 조직은행(traditional tissue bank) 모델로서

한개 중앙시설에서 시료와 관련정보를 수집하고 저장하는 형태가 있고, 둘째, 가상조직은행(virtual tissue bank) 모델에서는 시료의 수집 및 저장은 지역센터에서 이루어지지만 관련정보들은 중앙의 단일 데이터베이스로 보내져서 가상은행을 구축하여 운영하는 형태로서 시료분양요청은 중앙사무국에서 집행된다. 미국의 Cooperative Breast Cancer Tissue Resource/CBCTR(http://cbctr.nci.nih.gov)가 이 모델에 해당된다. CBCTR은 미국 국립암연구소의 지원을 받아 유방암조직과 관련 임상 데이타들을 보유하고 있다. 이와 유사한 뱅크로서 Cooperative Prostate Cancer Tissue Resource/CPCTR이 있다. 셋째, 전향적 조직조달 서비스 모델(prospective tissue procurement service)로서, 연구자들의 요구와 수집의뢰에 따라 시료를 수집하여 연구자들에게 제공한다. 미국 국립암연구소의 Cooperative Human Tissue Network/CHTN(http://chtn.nci.nih.gov)가 이 모델에 해당된다. 이러한 바이오뱅크 모델에서는 대부분의 시료는 희귀시료를 제외하고는 해당 시료를 요청했던 연구자들에게 분양될때까지 일정한 기간동안만 저장되게 된다. CHTN은 1987년 미국 국립암연구소의 암진단프로그램에 의해서 종양조직의 활용성을 증대시킴으로써 암진단과 치료의 진전을 가속화하기 위해서 개시되었다. CHTN은 기본적으로 연구자들의 연구목적에 맞는 종양조직을 연구자들의 요구에 따라 전향적으로 제공해준다. 즉, 연구자들이 시료를 고정하는 방법(fresh, frozen, 혹은 chemically fixed)을 선택할 수 있고, CHTN은 조직어레이(TMA) 서비스와 DNA/RNA 추출 서비스와 함께 환자의 기본적 인구통계학적 정보(성별, 나이, 인종 등)등도 함께 제공되지만, 환자의 고유식별정보는 제공되지 않는다. 연구자들은 시료의 형태와 양 뿐만아니라 시료 저장 및 수송조건(배지, 순간동결, 멸균조건 등) 까지 상세요구조건을 제시할 수 있다.

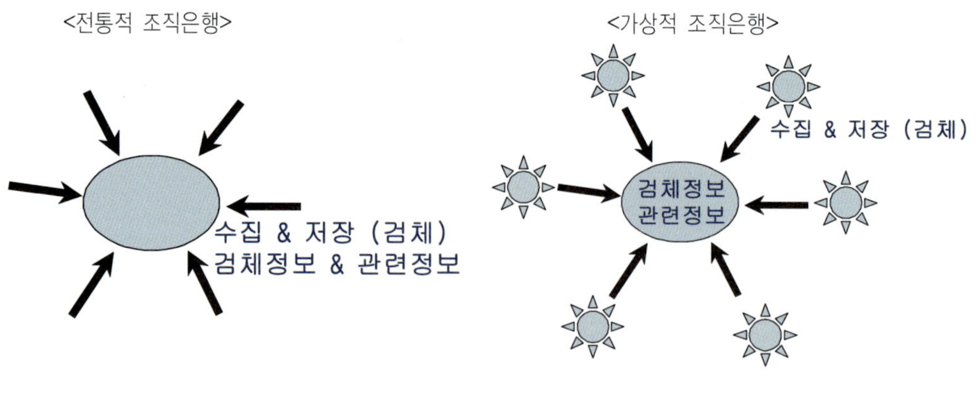

그림 1 바이오뱅크의 유형

1.6 바이오뱅크의 양면적 특성

가. 다양성과 단일성(Biological diversity vs Standardization)

생물자원센터(BRC)에 관한 2001년 OECD 보고서에 의하면, 생물자원은 살아있는 세포와 개체의 게놈 그리고 생물학적 시스템의 유전과 기능에 관련된 정보들의 바이오레포지토리 등으로 구성된다. 따라서 생물자원은 배양 가능한 생명체(예: 미생물, 식물, 동물, 인간 세포)와 이러한 생명체들의 복제 가능한 부분들(예: 게놈, 플라스미드, 바이러스, cDNA), 그리고 살아있으되 배양이 불가능한 개체, 세포 및 조직뿐만 아니라 이들 수집체와 관련된 분자생물학적, 생리학적, 구조적 정보에 관한 데이터베이스 및 관련 생물정보학으로 정의되었다. 그외 국가간 생물자원의 이용과 이익보호 등에 관한 생물다양성협약(CBD, Convention on Biological Diversity), 생물표본과 생태계등의 생물다양성정보의 활용도를 극대화하기 위한 생물다양성정보기구(GBIF, Global Biological Information Facility) 등 생물자원 및 생물다양성의 보존과 활용에 대한 노력들이 국제적으로 활발하게 이루어지고 있다. 이러한 다양한 생물자원과 생물다양성의 보존 및 활용은 정보중심의 네트워킹을 통해서 극대화될 수 있다.

다양한 생물자원에 관한 데이터베이스를 구축하고 연구활용도를 높이기 위해서는 표준화된 형식에 따라 생물자원을 분류하고 저장 관리하는 것이 필요하다. 이러한 표준화는 인체자원의 경우에도 역시 해당되며 더욱이, 시료의 종류, 조직학적 특성, 병력, 환자정보 등의 다양한 정보를 통합 관리하여 연구자들에게 통일된 형식으로 자원을 제공하기 위해서는 표준화과정이 무엇보다도 중요하다. 따라서 시료의 종류별로 혹은 질환별로 시료와 관련정보들의 수집, 저장 및 분양에 이르는 모든 과정에서 표준화가 요구된다. 그러나 자원의 다양성에 따라 표준화하는데 한계가 있으므로 생물자원관리를 위해서는 표준화와 더불어 harmonization을 추구하는 경향이 있다. Harmonization은 획일적인 표준화가 아니라 자원의 고유한 특성에 따라 시료별, 질환별, 국가별 여건에 맞는 데이터베이스를 구축하며 기본사항을 통일하는 것이다. 따라서 기본적으로는 표준화를 추구하되 각 시료의 특성에 맞도록 바이오뱅크를 구축 운영할 수 있도록 하여 자율성을 주는 것이 필요하다.

나. 공개성과 폐쇄성(Open access vs Privacy protection)

바이오뱅크는 고품질의 시료와 정보를 관리하는 것이 1차 목표이기는 하지만, 그에 못지않게 중요한 것은 이러한 자원을 생명의과학 연구에 활용하도록 제공하는 것이다. 따라서 바이오뱅크 자원이 다양한 연구분야의 많은 연구자들에게 쉽게 제공되도록 해야 한다. 시료와 임상 역학정보 뿐만 아니라 이로부터 생산된 1차 분석·연구 정보 데이타들도 공정하고 투명한 절차에 의해 연구자들이 활용가능하도록 하는 것이 바이오뱅크의 역할이다. 바이오뱅크 자원에 대한 접근은 모든 연구자들에게 항상 공평하게 개방되어 있어야 한다는 점에서 바이오뱅크는 일종의 서비스 분야이며 학문적 인프라 역할을 하는 셈이다.

이렇게 투명하고 공정하게 그리고 접근이 용이하게 하는 것이 자원의 활용성을 증대시키기는 하지만, 바이오뱅크는 자원정보와 개인의 임상 역학정보 등의 1차 정보는 물론, 연구결과로부터 생산되는 유전자 정보 및 바이오마커 프로파일 등의 2차 정보 등, 사회적으로 매우 민감한 정보들을 많이 포함하고 있다. 이러한 정보들이 무분별하게 공개된다면 시료 공여자의 프라이버시가 침해될 수도 있다. 또한 개인이 의과학 연구를 위해 시료와 건강 정보 등을 기증할 때는 반드시 개인의 자율성(autonomy/dignity)에 입각하여 자발적으로 참여하도록 함으로써 바이오뱅크에 대한 참여와 철회는 언제나 연구참여자의 의지대로 가능하도록 하고 있다. 그리고 충분한 설명에 의한 서면동의를 받도록 함으로써 참여자의 인권과 존엄성을 최대한 존중하도록 하는 것이 바이오뱅크의 기본적인 생명윤리로 채택하고 있다. 따라서 이러한 연구참여자 혹은 공여자의 존엄성을 지키기 위하여 다양한 형태의 프라이버시 보호 방안들이 활용되고 있다. 예를 들어, 시료 및 데이터에 연결되어 있는 개인식별자(identifier)를 자원으로부터 삭제시키거나 암호로 변환하는 등의 익명화 과정을 거침으로써 연구자들이나 일반인들이 연구참여자의 신원을 추적할 수 없도록 하고 있다. 따라서 바이오뱅크는 개인정보의 기밀유지(confidentiality)를 위한 안전장치들을 정보학적인 도구들을 이용하여 끊임없이 개발해야 한다. 이러한 의미에서 프라이버시 보호를 위해서는 정보에 대하여 어느 정도의 폐쇄성이 요구된다고 볼 수 있다.

다. 분리와 통합(Backup storage vs Networking)

인체자원은 언제나 양이 한정되어 있어서 더욱 그 가치가 높다. 이러한 귀중한 자원을 보존관리할 때는 천재지변 등의 비상상황에 대비하여 비상 전력, 비상시 사용할 냉동고, 장비에 대한 정기적인 점검, 자동화된 안전 점검 시스템 등을 통해서 자원의 안전보관을 위한 백업 저장고를 항상 유지하고 비상상황에 대비한 절차가 구비되어 있어야 하며, 가능하다면 자원을 최소한 2곳 이상의 저장시설에 나누어 보관한다. 예를 들어 영국의 UK Biobank는 주 저장시설에서 7-8 km 정도 떨어진 거리에 공개되지 않는 백업뱅크를 두어 시료를 분산 보관하고 있으며, 일본의 경우 JBIC(Japan biological informatics consortium)의 시료가 JHSF(Japan Health Sciences Foundation)의 collection bank를 통하여 백업되고 있다. 이러한 백업뱅크의 운영은 단위 뱅크의 파산 혹은 통폐합 등의 경우, 해당 뱅크의 시료가 백업뱅크로 쉽게 이관될 수 있는 장점이 있다. 분산저장원칙은 시료의 안전 보관과 더불어 바이오뱅크 네트워크화에 따른 하드웨어 보안 강화를 위해서도 데이터베이스는 항상 백업 DB를 구축해 놓을 필요가 있다.

자원활용의 효율성이 증대되기 위해서는 각 바이오뱅크들의 네트워크 체제 구축이 매우 중요하다. 경제개발협력기구(OECD)의 생물자원센터(Biological Resource Centers)에 관한 권고안이 2001년에 마련된 이후, 미국(National Biospecimen Network), 스웨덴(Swedish National Biobank Program), 싱가포르(Singapore Tissue Network)를 위시하여 세계각국은 자국내의 바이오뱅크 네트워크 체제에 박차를 가하고 있으며, 유럽에서는 국가간 바이오뱅크 네트워크 체제(EPIC, European Prospective Investgation into Cancer and Nutrition('09상반기예정)가 구축되어 운영중에 있다. 유사한 바이오뱅크와 때로는 이질적인 바이오뱅크들의 통합관리체제구축을 위해서는 시료와 데이터에 관한 표준화가 무엇보다도 중요하다.

참고문헌

Elger BS, Caplan AL.(2006) Consent and anonymization in research involving biobanks. EMBO reports 7:661-666.

Godard B, Schmidtke J, Cassiman J, Ayme S.(2003) Data storage and DNA banking for biomedical research: informed consent, confidentiality, quality issues, ownership, return of benefits. A prpfessional perspective. Eur. J. Human Genet. 11. supple 2, S88-S122.

Mills FJ.(2006) Precedents for Good Storage Practice. Applied Clinical Trials. vol 15, no 4. April 2006.

Tuofu Z, Korber B, Nahinias A.J.(1998). An African HIV-1 sequence from 1959 and implications for the origin of the epidemic. Nature 391: 594-597.

2

바이오뱅크 동향

지난 1세기 동안 20세기 의학은 생명현상과 질병에 대한 분자생물학적 이해를 바탕으로 급격한 발전을 이루어왔으며, 특히 1990년 초에 시작된 휴먼게놈 프로젝트(Human Genome Project)는 인간 유전정보와 질병과의 인과관계를 밝힘으로써 인간의 건강과 질병극복에 결정적인 기여를 할 것으로 예상되었다. 그러나 휴먼게놈 프로젝트를 완료 후 인간의 염기서열 정보만으로는 유전자 기능을 규명할 수 없고, 대다수의 질환은 여러 유전자가 복합적으로 관여하며, 소수의 유전자 변이 정보만으로는 질병과 유전자와의 관계를 이해할 수 없다는 사실을 알게 되었다. 그러므로 개인의 유전적 차이와 실제 질병의 발병의 인과관계를 밝히기 위하여 다양한 역학정보 및 임상정보가 수집되어야 하고, 다양한 질환의 유전적 차이를 분석하기 위해서는 대규모 인체자원의 확보와 유전정보의 분석이 필요하다는 결론에 도

달하게 되었다.

결론적으로 역학정보 및 임상정보를 포함한 대규모 인체자원 확보가 시급하고 필수적이고, 이를 이용하여 다양한 유전자와 환경요인의 복합적인 관계를 규명하기 위한 Proteomes, Transcipotomes, 그리고 Metbolomes 등의 Omics 학문과 통계학적 비교분석연구가 열쇠임을 인식하게 되었다. 따라서 영국을 비롯한 세계 각국은 자국민 건강과 보건향상을 위해 질환연구 등 보건의료 연구를 위한 바이오뱅크 사업을 추진하고 있다. 또한 'ISBER'를 비롯한 학술단체에서도 '바이오뱅크' 운영 기술 및 정책적 방향을 제시하는 컨퍼런스를 개최할 뿐 아니라 지침도 발간하고 있다. 미국의 NCI를 중심으로 효율적 암 연구를 위하여 조직은행 관련 심포지움의 정기적 개최 및 관련 가이드라인을 제정하고 2년 간격으로 수정판을 발표하고 있다. 한편, BBMRI(Biobanking and Biomolecular Resources Research Infrastructure)는 범 유럽적 연구 인프라 네트워크를 구축하여 기존 및 신생 바이오뱅크의 연계 및 통합 활용계획을 수립하고 있다. 뿐만 아니라 PHOEBE(Promotion Harmonisation of Epidemiological Biobanks in Europe)은 EU의 FP6 program 지원을 받아 2006년부터 13개 국가 18개 기구가 협동연구네트워크를 설립하여 주요 바이오뱅크 간에 커뮤니케이션 증진을 통한 정보와 데이터의 효과적 공유를 통하여 연구 효율성을 높이고자 노력하고 있다.

2.1 국내 바이오뱅크 사업 동향

가. 국가 생명자원 확보 · 관리 및 활용 마스터플랜

한국에서는 2007년 12월 과학기술부 주관으로 과학기술 관련 5개 부처장관회의에서 "국가생명자원 확보·관리 및 활용 마스터플랜을 수립함으로써 국가차원의 효율적 생명자원 확보 관리 및 활용에 박차를 가하게 되었다.

최근 「생명연구자원의 확보·관리 및 활용에 관한 법률」 (2009년 5월)이 제정됨으로써 생명연구자원은 그 특성에 따라 각 소관부처별 지정 책임기관에 의해 관리되도록 하고 있다(■표 1).

표 1

국가 생명자원 관련 부처별 역할분담

부처	역할
교육과학기술부	생명자원분야의 전문 인력 양성 및 기초연구지원 연구개발사업 관련 생명자원의 확보·관리 및 활용체제 조성 · 지원 및 생명자원의 통합정보시스템 구축
문화체육관광부	천연기념물 보전 및 관리
농림수산식품부	농림 분야의 생명자원 확보·관리 및 활용체제 조성 · 지원
지식경제부	생명자원의 산업적 활용 및 산업화 지원 생명자원의 관리·활용 제고를 위한 정보통신기술의 개발 지원
보건복지가족부	보건·의료 분야의 생명자원 확보·관리 및 활용체제 조성 · 지원
환경부	야생생물 분야의 생명자원 확보·관리 체제 조성 · 지원
국토해양부	해양·수산 분야의 생명자원 확보·관리 및 활용체제 조성 · 지원

나. 보건복지가족부 인체유래자원 종합관리 방안

보건복지가족부는 2005년 '보건의료 생물자원 종합 관리방안'을 마련하여 질병관리본부를 인체유래자원관리를 위한 주관기관으로 지정하고 활용 및 연계체계 구축을 추진하였다. 2008년에는 '인체유래 생물자원 종합 관리방안'을 수립하여 Korea Biobank Project(한국인체자원은행사업)를 시작하였다. Korea Biobank Project에서는 '09년 현재 인체자원중앙은행과 전국 12개 지역 거점은행 및 협력은행을 설립·운영하고 있다.

새로운 패러다임의 "개인별 맞춤형 건강관리 실현"을 비전으로 인체자원 50만명분 확보 및 분양 활성화를 목표로 인체유래자원 확보, 인체유래 생물자원 활용성 강화, R&D지원과 생물자원 생성간 선순환적 연계체계 구축, 정책 및 제도정비를 통한 기술지원 등 4가지 전략을 제시하고 있다(■표 2).

표 2

보건복지가족부 한국인체자원은행사업의 전략 및 과제

4대 전략	추진과제	주요 내용
1. 인체유래 자원 확보	과제1. 건강인 인체유래 자원 확보	○ 한국인 고유의 유전인자와 질병간의 상호관계 규명을 위해 2016년까지 일반인 30만명분의 자원 및 정보 수집
	과제2. 질환군별 인체유래자원 확보	○ 기존 수집된 자원의 통합 네트워크 체계 구축 및 지역거점은행 신설을 통해 질환인 20만명분의 자원 및 정보 수집
	과제3. 병원체자원 확보	○ 국가지원 연구성과물의 기탁 활성화 및 거점은행 등과의 네트워크 구축을 통해 병원성 미생물자원의 체계적인 확보
2. 인체유래 생물자원 활용성 강화	과제4. 인체유래자원 분양체계 개선	○ 증가하는 분양 요구에 신속하게 대응하기 위하여 DNA Working Bank 신설 및 분양 자동화 시스템 구축
	과제5. 인체유래자원 정보 활용체계 구축	○ 보건의료생물자원 정보의 효과적인 제공을 위해 중앙화된 통합 DB 구축 및 지식관리 시스템 구축
	과제6. 지역거점은행 신설 및 유전자은행 지원	○ 질환군별 인체유래자원의 효과적인 수집을 위해 지역거점 은행 신설 및 기존 은행 중 우수기관을 협력은행으로 지정하여 신규자원 확보를 위한 인프라 구축
	과제7. 인체유래자원은행 연계	○ 자원은행과 연구자간 효율적인 정보 공유를 위해 국내 인체유래자원의 통합 전산화 연계시스템구축 및 연구자 중심 검색 시스템 구축
3. R&D 지원/자원 생성간 선순환적 연계체계 구축	과제8. 연구개발비의 전략적 지원확대	○ 인체유래 생물자원의 확보 및 활용을 촉진하기 R&D지원과 전략적 연계
	과제9. 유전자 연구 관련 협력체계 구축	○ 인체유래자원의 효율적 이용을 위해 보건복지가족부, 질병관리본부에서 추진하는 유전체관련 기관과 협력체계 구축
4 정책 및 제도정비를 통한 기술지원	과제10. 정책 및 제도정비를 통한 기술지원	○ 인체유래 생물자원의 기탁, 분양 절차의 표준화를 위해 인체유래자원 기탁 및 분양 규정 정립
	과제11. 인체유래자원 및 정보의 표준화	○ 개별은행에서 수집되는 정보와 자원의 상호교환 활성화를 위해 생물자원은행 내 표준작업절차 및 정도관리 기준안 정립, 용어 표준화
	과제12. 생명윤리 확립 및 국민수용성 제고	○ 개인정보 보호와 연구윤리 확보 등을 위해 기관생명윤리위원회 강화 및 지원

다. 국내 인체자원은행

(1) 질병관리본부 생물자원은행 (인체자원중앙은행)

질병관리본부에서는 2001년부터 인체자원확보사업을 통하여 지금까지 약 18만명분(2009년 7월 현재)의 인체 시료와 관련 역학 및 임상정보를 수집·관리·분양하고 있다. 자원 수집을 위한 코호트 구축은 유전체센터의 유전체역학과에서 "한국인 유전체역학조사사업(KOGES)"으로 수행 중이다. 수집된 자원은 유전체센터 생물자원은행에서 관리 및 분양을 담당하고 있다. 또한 질병관리본부는 Korea Biobank Project의 추진 중심기구로써 "인체자원 중앙은행(National Biobank of Korea)"을 2008년 4월 설립된 이후 12개 단위은행(10개 지역거점은행, 2개 협력은행)을 신설·지원하고 있다. 특히 인체자원중앙은행은 이들 단위은행과의 연계체계를 구축하여 인체자원종합관리시스템(Korea Biospecimen Network, KBN)을 운영함으로써 인체자원 50만명분 인체자원의 확보를 목표로 하여, 효율적인 활용을 촉진하게 될 것이다.

(2) 국립암센터 종양은행

국립암센터에 위치하여 2000년부터 암 조직과 혈액을 수집하고 있으며, 현재 위암센터, 대장암센터, 폐암센터, 유방암센터, 간암센터, 자궁암센터, 특수암센터 등 7개 센터에서 5만명 이상의 암 조직 및 혈액을 보유하고 있다.

(3) 질병유전체연구센터(12개)

보건복지부 보건의료 유전체사업의 일환으로 2000년부터 연구개발사업을 중심으로 연구센터 12개소가 선정되어 운영되고 있다. 간 및 소화기 센터, 근골격계 유전체센터, 뇌질환 유전체센터, 당뇨 및 내분비센터, 면역질환유전체센터, 생식 및 불임 유전체센터, 선천성 기형센터, 심혈관질환유전체센터, 조혈계질환유전체센터, 폐 및 호흡기 센터, 폐암 유방암 센터, 피부질환유전체센터 등에서 약 5만 명 이상의 질병 관련 조직 또는 혈액을 보유하고 있다.

(4) 약물 유전체 연구 사업단

보건의료 유전체사업의 약물유전체연구 사업단은 유전적인 원인에 의한 약물반응의 개인차이를 밝히고 개인별 맞춤 치료기술을 개발하는 것을 목표로 한다. 현재까지 약 3만 명 이상의 혈액 및 조직 샘플을 보유하고 있다.

(5) 국가연구소재은행

교육과학기술부의 지원을 받고 있는 국가연구소재은행 사업에 연구용동결폐조직은행, 연구용간암시료은행, 전립선은행, 한국인의 눈 조직 및 유전자 정보은행 등 4개 은행에서 2만여건의 조직을 보유하고 있다.

(6) 한국세포주은행

서울의과대학 한국세포주은행(Korean Cell Line Bank)은 1982년 세포주개발 및 보존업무를 개시한 이래, 현재 자체개발 세포주 330여종(분양가능, 109종), 외국도입 세포주 428종을 보유하고 있다(http://cellbank.snu.ac.kr). 특히 1993년 UN산하의 세계지적재산권(WIPO)으로부터 "미생물특허에 관한 부다페스트조약상의 특허 미생물의 국제 기탁기간"의 지위를 취득하여 특허 세포주 기탁업무도 수행하고 있다. 지금까지 국내외 2,000여 연구기관의 3,600여 연구과제에 21,000여 바이얼의 세포주를 분양하였으며, 매년 '세포주 연구 워크숍' 개최를 통해 국내생명과학관련연구자들에게 세포주 관련 정보를 지속적으로 제공하고 있다.

2.2 해외 바이오뱅크

영국에서는 UK Biobank, 미국은 NBN(National Biospecimen Network), 일본은 Biobank Japan, 아이슬랜드는 deCODE 등 역학 및 임상정보를 포함한 고품위 인체자원을 확보하기 위한 바이오뱅크 사업을 추진하고 있다. 국외 주요 바이오뱅크의 개괄은 다음과 같다.

가. 아이슬란드의 deCODE

아이슬란드의 deCode Genetics(Reykjavik, Iceland)(http://www.decode.com)는 세계 최초로 국가차원의 대규모 바이오뱅크 사업을 시작한 바이오뱅크이다. 아이슬랜드 정부와 국민들의 강력한 지지에 힘입어 바이오뱅크법을 제정하고 법적 근거하에 초기부터 영리추구를 전면에 내세웠으며, 유전체자원 뿐만 아니라, 질환정보, 교회를 통한 가계조사 등 광범위 정보를 동시에 구축하였다.

deCODE사는 1996년에 설립되어, 1998년 아이슬랜드 정부로부터 유전체 및 가계도 정보수집 권한을 승인받고, 현재까지 약 15만명의 임상정보들과 80,000 명에 이르는 사람들의 유전체 정보를 확보하였다. 아이슬랜드 정부는 국민적인 합의를 통해서 관리와 운영의 권한을 deCODE사에 위임하고, deCODE사는 공식적으로 학술연구는 물론 수익모형을 구축하여 운영하고 있다. 전체 국민 25만 명 중 2/3에 해당되는 15만명의 참여를 통해 이루어 진 점, 공식적으로 수익사업을 표명한 점 등이 많은 관심과 윤리적, 과학적 논란을 일으켜 왔다.

deCODE사의 바이오뱅크 전략은 인구집단에 대한 대규모의 유전체 정보를 토대로 질환 관련 유전체를 발굴하고, 해당 질환 유전자의 기능과 병태생리에 관한 연구를 토대로 이를 해결할 수 있는 표적 단백질을 찾아내는 것이다. 이러한 표적단백질이 찾아지면, 이와 관련된 신치료물질을 개발하고자 하는 것이다. 유전자 분석을 통하여 4개의 질환 유전자를 발굴하였고, 세계적 제약회사인 Roche와 손잡고 신약개발에 착수하여 임상실험까지 들어가 있다.

deCODE사 바이오뱅크의 장점은 세계에서 유일하게 교회의 기록을 토대로 재구성한 수백년에 걸친 가계도 정보를 가지고 있다는 점이다. 이는 질환자들이 동일한 유전적인 소인을 가질 수 있는 가능성을 극대화 할 수 있고, 따라서 유전자 발굴의 효율성을 크게 향상시킬 수 있다. 또한 개인정보를 보호하기 위하여 임상기관들에서 수집된 모든 개인정보를 별도의 자료보안위원회에 의해서 암호화(encrypting)한 후 관리하고 있다. 동일한 암호화 체계를 통해서 가계도 정보를 구축하였고, 암호화 상태에서 개인의 각종 질환정보, 임상정보와 가계도 정보를 결합할 수 있게 하였다. 이러한 확실한 개인정보의 보호를 통하여 국민적 지지와 동의를 얻었고, 활발한 연구를 통해 괄목할 실적을 보이고 있다.

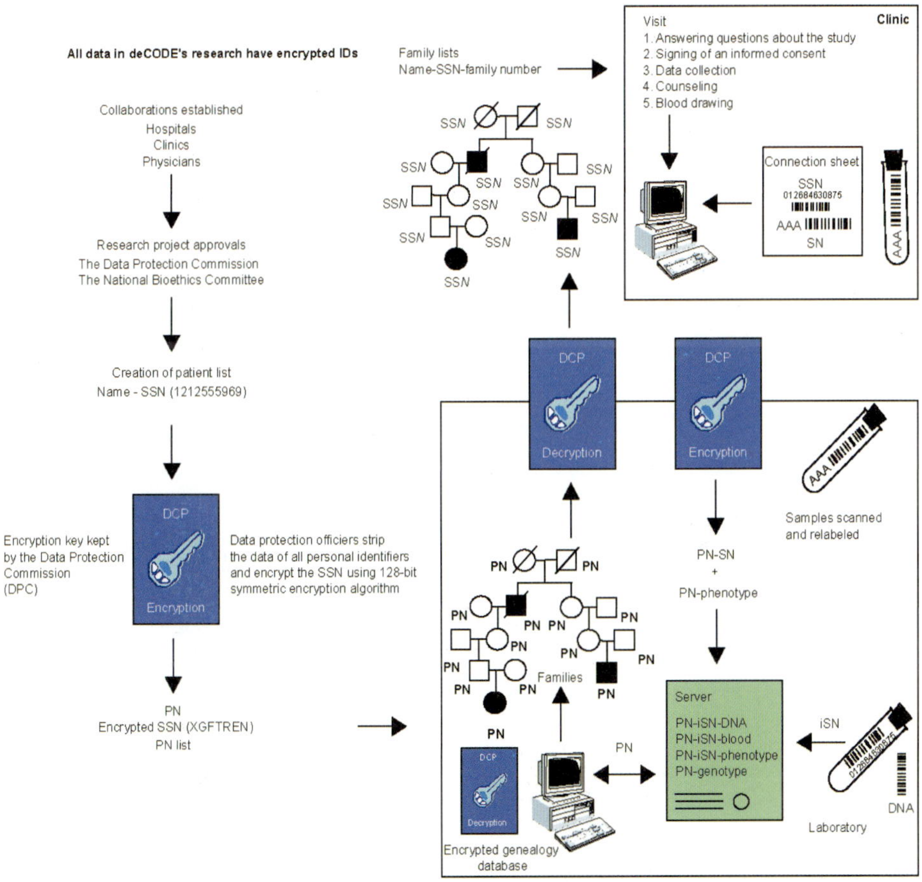

그림 1 deCODE 바이오뱅크에서 정보내용별 개인정보 보호를 위한 암호화 체계
iSN - internal sample number, PN - patient number, SN-sample number, SSN - social security number. deCODE Genetics (http://www.decode.com)

나. 영국의 UK Biobank

영국의 UK Biobank는 세계에서 가장 큰 전향적 인체자원 확보 사업이다. 영국의 Medical Research Council과 Scottish Executive, Wellcome Trust 등의 지원으로 기획된 UK Biobank는 2000 ~ 2006년에 사전연구를 통해서, 윤리적인 문제, 제도적인 문제, 과학적인 문제에 대한 광범한 의견 수렴을 거쳤으며 이를 토대로 구체적인 실무 준비를 마쳤다. UK Biobank는 50만명을 목표로 자발적 참여자를 모집하고 있으며 2007년부터 본격적으로 사업을 추진하여 현재 18만명이 참여한 상태이다.

UK Biobank의 가장 큰 장점은 국가 의료보장서비스(National Health Service, NHS)를 근간으로 구상되어 있다는 점이다. 전향적 연구에서 가장 어렵고도 필수불가결한 부분이 추적조사인데, 영국은 NHS의 임상정보를 이용하여 확보된 모든 유전체 자원의 질환발생 여부를 2042년까지 추적조사할 계획이다.

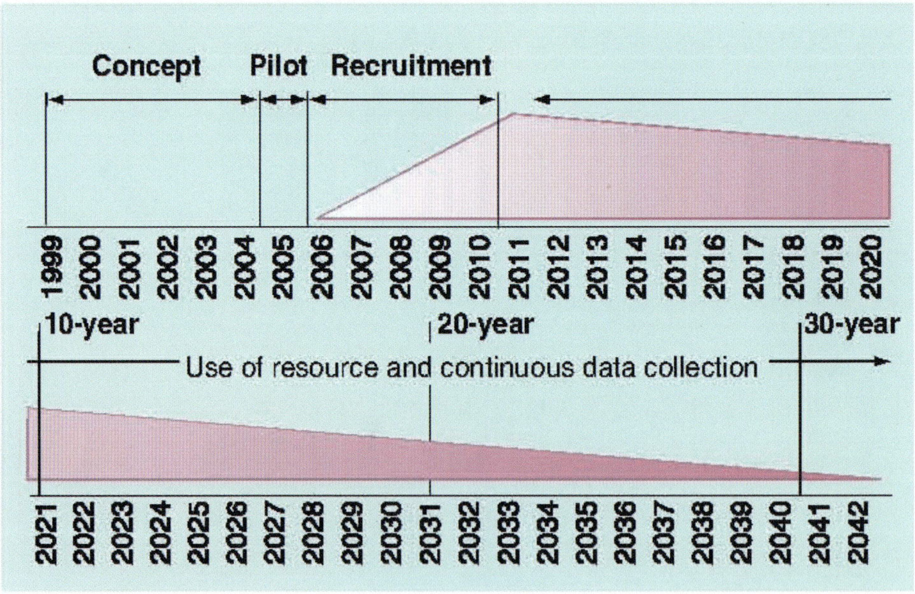

그림 2 UK Biobank의 추적조사 및 전략(http://www.ukbiobank.ac.uk)

사업의 주체는 국가주도로 여러 기관들의 투자를 통한 공익 법인이다. UK Biobank 법인은 영리활동을 할 수는 있으나, 그 이익은 다시 공익목적의 각종 연구 및 사업으로 환원되고, 참여자들은 비록 각종 정보를 제공하였다고 하여도 그 이유를 요구할 권리가 없음을 명시하고 있다. 예산은 총 6,200만 파운드(약 1,115억원)의 재원이 확보되어 투자되었다.

UK Biobank에서 자발적 참여자를 모집하는 단계는 가장 먼저 NHS의 레지스트리 중에서 40-69 세의 성인에게 메일을 발송하여 참여 의사를 묻고, 희망자들은 사업에 참여하는 병의원 기관들을 방문하여 사업내용에 대한 상세한 설명을 다시 확인한 후 동의를 하면, 조사양식의 내용(설문, 기타 정보)과 혈액, 소변 등을 제공하고 각종 임상검사를 수행함으로써 참여가 이루어진다.

UK Biobank는 개인정보보호와 생명윤리를 위하여 윤리규정 및 실행관리안(Ethics and Governance Framwork, EGF)을 마련하고, 윤리규정 실행관리 위원회(Ethical and Governance Council, EGC)를 구성하여 운영하고 있다. EGC는 UK Biobank와는 별도의 독립적인 기관이며, 위원장의 임명은 역시 독립적인 인사위원회를 구성하여 결정한다. EGC의 역할은 사전에 만들어진 EGF를 수호하고 실행을 모니터링하는 독립기관의 역할이며, 이를 통해서, 참여자 및 공중의 이익을 대변하는 것이다. 또한, EGC는 UK Biobank가 EGF를 개정하거나 변경하고자 할 때에 이에 대한 자문을 담당하게 된다.

다. 미국의 National Biospecimen Network(NBN)

NBN은 미국의 NIH/NCI가 주축이 되어 기획된 바이오뱅크간 네트워크 체계이다. 현재 미국에는 단일 국가사업으로 진행된 UK Biobank 같은 바이오뱅크는 존재하지 않는다.

Human Genome Project를 수행했던 미국 국립유전체연구소(National Genome Research Institute)의 연구소장 Dr. Francis Collins는 임상 및 역학정보를 포함한 양질의 인체자원을 시급히 확보해야만 향후 의생명과학 분야의 연구와 산업 활용을 주도할 수 있다는 인식에 따라 최소한 30만 규모의 유전체 코호트를 새로 구축할 필요가 있다고 주장하였다. 반면 간호사 건강문제 연구 코호트(Nurses' Health Study)를 통해 영향력 있는 연구결과들을 발표하고 있는 Dr. Walter Willett는 유전체 코호트의 필요성은 전적으로 동의하지만, 미국에 산재한 기존 코호트를 최대한 포함시켜서 구축하는 것이 시간적, 경제적으로 효율적이라고 주장하고 있다. NBN은 기본적으로 독립적으로 시료의 수집과 처리, 보관을 담당하고 있는 기관들이 정보체계와 자원의 품질에 대한 표준화를 수행하여 높은 수준의 분석에서 호환성-통일성을 확보하고자 하는 데에 그 목적이 있다. NBN의 조직체계는 운영

조직과 기능별의 사업단위(business unit)로 구분된다. 전체적인 의사결정은 행정단위나 연구단위가 아닌 별도의 운영실행위원회를 구성하여 수행하도록 구상되어 있고, 사업실행단위에는 연구개발 및 연구행정, 생명자원의 획득, 보관-처리-기초분석, 고급분석, 정보관리 및 생명정보, 연구참여자의 관리 등 단위로 구분되어 있다.

라. 에스토니아의 Estonian Genome Project(EGP)

에스토니아는 과거 소비에트연방공화국의 일원이었으나, 현재는 EU에 속한 나라로, 인구의 대부분이 핀란드인과 동일한 유전적인 계통이고, 언어와 문화를 공유하고 있다.

2001년 에스토니아 정부주도로 Tartu 대학에 연구소를 설립하였고, 전체 인구 140만명 중 대표성 있는 10만명의 자발적 참여자를 모집하고 있으며 2008년 기준으로 2만 2천명이 참여하고 있다. EGP는 질환 및 유전체정보를 동시 구축하여 유전체와 환경인자 및 암, 당뇨병, 정신질환, 심혈관질환 등과의 상관관계를 nested case control 연구를 통하여 분석할 예정이다. 특히 에스토니아 정부는 유전체 연구법, 개인정보보호법, 공공정보법 등을 제정하여 유전체 연구를 적극 지원하고 있다.

마. 일본의 Biobank Japan

일본에서는 문부성, 문화성, 체육성, 과기술성 등의 주요부처 간의 협력 프로젝트로 진행되고 있는 Biobank Japan project를 통하여 2008년 2월까지 총 29만명의 질환자 시료를 확보하였다. 이 중 자발적 동의서는 20만명에게서 확보하였다. 사업의 목표는 "맞춤의료 실현 프로젝트"이며, 도쿄대학 의과대학 연구소에서 시료를 보관·관리하고 있다. 현재 수집시료 분양지침이 확정되었고, 시설 정비가 완료되어 동의서가 있는 20만명의 시료를 일본 내 유전자 연구를 수행중인 연구기관(민간포함)에 분양을 실시하고 있다.

바. 중국의 바이오뱅크 사업

- GBCS(Guangzhou biobank cohort study): GBCS는 2002년 중국이 최초로 설립한 바이오뱅크로서 대상 5만명으로부터 수집된 자원을 보유하고 있다. GSCS는 해외 자본과 공동 투자하는 바이오뱅크이지만 중국에서 생물시료의 해외수출은 법적으로 금지되기 때문에 홍콩대와 Birmingham대의 연구자가 연구 목적으로 이 바이오뱅크의 샘플을 쓸 수는 있지만 샘플 자체를 해외로 반출할 수는 없다. 이 바이오뱅크의 설립 목적은 시료

수집과 추적조사 정보의 수집을 통해서 악성종양, 관상동맥경화증, 당뇨병, 중풍 등 치명적인 질환의 유전적 요인을 규명하기 위함이다. 이 GBCS의 샘플 수집대상은 모두 광주(Guangzhou)에서 살고 있는 50세 이상 노인을 대상으로 하고 있다. 50세 이상의 노인을 대상으로 한 이유는, 첫째는 노인의 발병률은 젊은이보다 높아 결과가 더 빨리 나올 수 있고, 둘째는 노인은 거주지와 직장을 자주 변경하지 않아 상대적으로 안정된 삶을 살고 있어서 추적조사 보다 쉽게 진행 할 수 있다는 장점이 있다. 시료와 데이터

표 3

국외 주요 바이오뱅크 유형별 요약

	UK Biobank	Iceland (deCODE)	Biobank Japan	NBN, USA	Estonian Biobank
주요 목적	질병발생원인규명 신치료물질개발	질병유전자 발굴 신치료물질개발	맞춤의학기반구축	암연구 맞춤의학기반구축	만성질환의 유전-환경요인 규명
운영주체 (관리책임)	독립법인	민간기업체	민간기관(국가R&D)	독립법인	독립법인 The Estonian Genome Project Foundation(EGPF)
설립(착수) 년도	2001	1996	2002	2002	2001
운영목적	비영리, 공익	영리	비영리, 공익	비영리, 공익	비영리, 공익
재원	정부(민간)	기업, 정부	정부	정부(민간)	정부
초기투자규모(원)	1,100억	4천억	2천억	-	160억
현재의 상태	1차년도	구축완료	사업수행중	연구단계	사업수행중
수집목표	50만명	10만명	30만명	-	10만명
현재 수집상황	18만명	8만명	20만명*	-	2.2만명
질병발생 추구조사	국가질병정보활용	국가질병정보활용	개별접촉	개별접촉	국가질병정보활용
부가정보	생활환경 임상정보	생활환경 임상정보	생활환경 임상정보	생활환경 임상정보	생활환경 임상정보
주요 특징	세계최대규모 세계최장추적	대규모가계도		광범위 네트워크	가족단위

* Informed Consent 있는 경우, 동의서가 없는 경우까지 포함하면 28만명

의 수집방법은 먼저 인터뷰를 통해서 참여자의 생활방식, 생활환경, 직장환경, 건강상황 등 정보를 수집하고, 채집하는 혈액샘플은 액체질소에 보관한다. 매 4년마다 사망시까지 모든 대상자에 대해서 추적조사를 실시하지만, 사망과 다른 원인으로 추적조사를 받지 못하는 참가자를 제외하면 실제 추적조사 비율은 95%로 매우 높게 예측하고 있다 (http://www.hku.hk/gbcs).

- KSCDC(Kadoorie Study of Chronic Disease in China): KSCDC는 2002년에 설립되어, 50만 명으로부터 인체자원을 수집할 계획이다. 이 바이오뱅크는 홍콩과 영국의 재단에서 지원을 받고 운영하는 사업이다. 투자기관은 홍콩의 Kadoorie Charitable Foundation에서 주된 자금을 지원함에 따라 Kadoorie란 이름이 붙여졌다. 다른 투자기관은 영국의 Cancer Research, The British Heart Foundation, UK Medical Research Council이다. 이 바이오뱅크는 중국의 질병예방공제센터(CDC)와 영국 Oxford대학교가 공동 관리하고 있다. 지난 30년 동안의 경제성장에 따라 중국인의 생활방식이 많이 달라졌고 발생하는 질병의 종류도 많이 달라졌다. 과거에는 전염병의 치사율이 높았던 반면, 요즘은 비 전염성 만성 질환의 발병률이 지속적으로 증가되고 있다. 이 바이오뱅크의 주요 목적은 이런 질환을 일으키는 각종 기전과 미지 요인을 규명하기 위함이다. KSCDC는 35세에서 74세의 대상자로부터 혈액유래의 DNA를 수집하고 있다. GBCS가 한 도시에서만 샘플을 수집하는 것과 달리, KSCDC는 청도 등의 도시지역 5 군데와 사천 등의 농촌지역 5 군데에서 광범위하게 시료를 수집하고 있다. KSCDC는 2004년부터 2008년까지 50만 명의 대상자를 모집하려는 목표를 세웠고 이미 2007년 8월까지 41만5천 명의 대상을 모집하고 초기 샘플 수집을 완료하였으며, 추적조사는 2025년까지 완료할 계획이다. 샘플 수집 이전에 대상자가 동의서에 서명해야 하고, 상세한 인터뷰와 건강검진을 받은 후에 혈액샘플이 수집된다. 매 5년마다 총 대상자 수의 3%(즉 만 5천 명)가 추적조사를 받게 된다. 추적조사에서 첫 수집절차와 마찬가지로 인터뷰와 건강검진을 받고 채혈을 실시하며, 모든 대상자의 진료기록과 사망원인이 모두 추적이 된다 (http://kscdc.net/).
- Taizhou Biobank: 이 바이오뱅크는 2007년에 설립되었으며, 거대규모인 500만 명의 수집목표를 세워 놓고 있다. Taizhou Biobank는 중국 동부의 강소성 태주시에 위치하고 상해 북쪽 170km 떨어져 있다. 이 지역은 중국의 중부임으로 역사적으로 왕래가 많았던 지역이므로 유전학적 자원이 풍부할 것으로 예측되고 있다. Taizhou Biobank는 반 관영기관인 중국의약성(China Medical City)이 투자하고 Berkeley biotech이란 회

사가 관리하고 있다. 이 회사는 미국에서 창립하고 2007년에 중국 바이오 회사로 등록한 회사이다. 이 회사가 초기투자로 중국의약성에게서 1500만 유안(미화 약 2백만불)을 투자 받고, 2007년에 Taizhou Biobank를 시작하였다. Taizhou Biobank는 현재 cheek swab만 수집하고 있으며, 5년에서 10년 동안 5백만 명의 대상자로부터 샘플을 수집하려는 계획을 세웠다. 아시아 게놈 데이터 자원으로서 아시아 인종과 잘 어울리는 맞춤의료를 발전시키는 것이 이 바이오뱅크의 주요 목적이 될 것이다. 잘 진행하고 있는 것 같지만 이 바이오뱅크의 문제점도 많이 지적되고 있다. 예를 들면, 개인정보 보호 및 관리 등의 윤리사회적 법적인 문제, 정부에서 승인을 받았지만 수집 대상자가 기증한 샘플을 어떻게 쓸 것인지, 누가 이 정보를 쓸 건인지 아직 연구계획이 구체화되어 있지 않은 상태이다. 한편 중국 전체인구를 대표하기에는 5백만 명의 수집대상이 부족하다는 지적도 있다.

표 4

중국의 주요 바이오뱅크 현황

구 분	Taizhou Biobank	KSCDC	GBCS
주요 목적	맞춤의학기반구축	만성질환의 다양한 요인 규명	만성질환의 다양한 요인 규명
운영주체 (관리책임)	민간기업체	정부와 외국 연구기관	정부
설립(착수) 년도	2007	2002	2002
운영목적	영리	비영리	비영리
재원	반 관영	국내외 재단	정부, 국내외 자금
초기투자규모	USD 2백만		RMB 8백만
현재의 상태	사업수행중	사업수행중	사업수행중
수집목표	5백만명	50만명	5만명
현재 수집상황	10만	41500명	완성
주요 특징	거대규모	가족단위	50세 이상 노인 대상

사. 세포자원은행(cell repositories)

세계 각지의 Cell bank 기관들은 동식물 세포주, 미생물, DNA 같은 생물자원을 개발, 수집, 보존하고, 보유한 자원의 특성을 정확히 입증(authentication)하여 생물자원 및 관련 정보와 기술을 필요로 하는 생명과학 연구기관에 제공하는 역할을 한다. 이와 함께 뱅킹 관련 기술을 향상시키기 위한 연구, 개발을 진행하고 있으며, 보존하고 있는 자원을 이용한 암, 유전병, 전염병에 관한 연구도 함께 수행함으로서 생명 과학 연구에 중요한 역할을 담당하고 있다.

(1) ECACC(European collection of cell cultures)

45여개의 다양한 종(species)에서 유래한 1,000여 가지 세포주를 포함하여 40,000여개의 다양한 세포주를 개발, 수집하여 보유하고 있다 (■표 5, ■표 6). 세포의 DNA를 분리, 정제하여 분양하고 있으며, EBV-transformed human B-cell lymphoblastoid lines (LCLs)는 동결된 앰플이나 배양세포 상태, 또는 세포 pellets 상태나 DNA, RNA를 추출하여 분양

• **ECACC(European collection of cell cultures)** : 세포주 수집과 분양을 위해 1984년 유럽에서 설립되었다. 이후 20년 동안 45여개의 다양한 종과 조직에서 40,000여개의 세포주를 개발, 수집하여 세계적인 cell bank로 성장하였다. 세포 수집 외에도 자원 관련 전문 지식과 기술의 향상을 위한 연구업무를 수행하고 있다. http://www.ecacc.org.uk/

• **DSMZ – German Collection of Microorganisms and Cell Cultures** : 유럽 내 가장 종합적인 생물자원센터(Biological Resource Center)로, 생명과학 연구기관에 필요한 미생물, 동물 세포주 그리고 그 외의 생물자원을 수집, 보관, 저장하고, 생물자원 및 관련 정보를 제공하는 역할을 한다.

• **ATCC** : 세계의 연구기관에 미생물을 제공하기 위해 1925년 미생물 수집 기관으로 설립되었다. 이후에 생명과학분야의 발전으로 다양한 생물자원을 보유하기 시작하였다. 생물자원과 그에 대한 정보 그리고 전문적 기술을 수집, 보존하고, 검증된 자원과 정보를 연구기관에 제공하는 것을 주요 업무로 한다.

• **Coriell(The Coriell Institute for Medical Research)** : 기초 생물의학 연구기관으로 세포배양기술개발에 선구적인 역할을 해오고 있다. 이러한 기술을 바탕으로 다양한 질병 관련 세포를 보유하고 있으며, 자원의 수집, 보존, 분양 외에도 보유 자원을 바탕으로 암과 전염병 연구를 수행하고 있다.

• **National Laboratory for the Genetics of Israeli Populations(NLGIP)** : 1994년 설립되었고, 이스라엘 내 여러 인종의 인간 세포주를 수집, 보관하고 있는 국가에서 운영하고 있는 세포주 은행이다.

• **HSRRB(Health Science Research Resources Bank – japan health sciences foundation)** : 일본 정부 연구기관의 자원은행으로 생명과학 분야의 발전과 연구 증진을 위해 세포와 DNA를 수집, 표준화(standardized)하고 분양하는 역할을 한다. 일본인 모집단의 유전자 분석을 위해 일본인의 B 세포(B cell)에서 유래도니 세포주를 보유하고 있다.

하기도 한다. 일반적인 자원 수집, 분양 업무 외에도 전혈을 제공 받아 lymphocyte 상태로 동결 보관하거나, EBV immortalization을 통해 LCLs를 제작하여 보관하는 서비스를 수행하고 있다. 특히 모든 혈액 시료의 bloodspot card를 보관하여 제작된 세포 시료의 인증(authentication)에 사용하고 있다.

표 5

ECACC 세포 자원 보유 현황

- 45종의 다양한 조직에서 유래된 1,000여가지 세포주
- 50가지 type의 다양한 조직
- 약제 내성 (drug resistant) 관련 세포주를 포함한 400여개의 암세포주
- 다양한 normal early passage 세포
  - 류마티스관절염 환자의 활액막세포 (Synoviocytes)
  - 진피유두세포 (Dermal papilla cells)
  - 내피세포 (Endothelial cells)
  - 민무늬근육세포(평활근, Smooth muscle cells)
  - 뼈대근육세포(골격근, Skeletal muscle cells)
  - 연골세포(Chondrocytes),
  - 뼈세포(골아세포, Osteoblasts)
  - 지방전구세포 (Preadipocytes)
  - 케라틴형성세포 (Keratinocytes)
  - 멜라닌세포(Melanocytes)
- 다양한 항원 (박테리아, 바이러스 포함)에 대한 단일클론항체(monoclonal antibody)를 만드는 400여개의 hybridoma cells
- HLA system 연구에 사용된 세계 각지의 350 가지 reference cells
- 영국, 아일랜드계 백인종의 Lymphoblastoid cell lines (LCLs) 500여개
  - 조부모부터 영국이나 아일랜드에서 태어난 백인종의 lymphoblastoid cell lines 500여종을 보유하고 있으며, 이 세포주에서 분리한 DNA는 이미 여러 연구 genome screening programmes에 사용되고 있다.
- 유전적, 염색체 이상이 있는 가족에서 유래한 800여 가지의 선천적 이상 질환 관련 LCLs 및 lymphocyte 25,000건
  - 시료들은 일반적으로 많이 알려져 있는 질환부터 희귀한 질병까지 다양 (표 6 참고)

표 6

ECACC 선천적 이상 질환 관련 LCLs 및 lymphocyte 보유 현황

Disease Group	No. of different diseases	Selected examples
Cancer	30	Bladder, Breast, Ovarian, Bowel
Blood & Cardiothoracic	25	Digeorge Syndrome, Fanconi Anaemia, Congenital Heart Disease
Psychiatric disorders	30	Alzheimers, Autism, Dpression, Parkinson's Disease, Schizophrenia
Musculo-skeletal	28	Muscular Dystrophies, Osteoporosis
Neuronal	20	Ataxia Telangiectasia, Multiple Sclerosis, Neurofibromatosis
Metabolic	20	Celiac Sprue, Crohns
Syndromes	200+	Alport, Fragile-X, Lesch-Nyan
Endocrine, Nutritional and Metabolic disease	6	Diabetes Type1 and 2, Graves

보유하고 있는 세포 자원에 대한 미생물 오염검사, 인증 검사법(authentication), 세포 은행(cell banking), 저장시설의 안전성 (safe depository), 교육과정 (training courses) 개발, 세포배양의 대형화(cell culture scale-up)와 같은 세포배양 서비스의 영역 개발을 위해 노력하고 있다. 특히 세포배양 교육 프로그램 (Training course programmes)의 경우 세포배양이 익숙하지 않은 사람들을 위한 level 1(3일) 교육과정과, 세포배양실 설계와 운영, 초대배양 (primary cell culture), baculovirus, 대량의 세포배양과 같은 좀더 전문적인 부분을 다루는 level 2(4일) 교육과정, 그 외에 1~2일 과정의 마이코플라즈마 검출 및 제거에 관한 워크숍 (Mycoplasma detection and Eradication Workshop)과 같은 교육 프로그램을 통해 연구자들에게 세포배양과 자원관리에 관한 전문적 기술을 제공하고 있다.

(2) DSMZ(German Collection of Microorganisms and Cell Cultures)

16,000여 가지 미생물, 900가지 식물 바이러스, 600개 이상의 인간 및 동물 세포, 750여개의 식물 세포 등 다양한 종류의 생물자원(biological materials)을 보유하고 있다. 특히 고세균(원시세균, archaea), 박테리아(세균, bacteria), 플라스미드(세포질유전자, plasmid), 파지(phages), 효모(yeasts), 진균류(fungi)를 포함하는 1,400개 속(genera), 6,900여 종(species)의 미생물을 보유하고 있다.

DSMZ에서는 미생물, 세포주, 식물 바이러스를 분양하고 있다. 분양시료는 상태에 따라 연구 결과에 중요한 영향을 미칠 수 있기 때문에 시료에 대한 동정(identification) 결과와 시료의 특성분석(characterization)에 대한 정보도 함께 제공하고 있다. 시료의 종류에 따른 분석 방법은 ■표 7과 같다.

표 7

DSMZ의 시료동정(identification) 및 특성분석(characterization) 방법.

- Prokaryotes : 형태학적, 생리학적, 화학적 분석 방법, DNA 패턴과 염기서열 분석, 그리고 유전학적, 후성학적(후유전학적 epigenetic)수준의 다양한 정보를 이용하여 특성분석. (QC 방법 참조)
  - whole cell fatty acid 분석
  - 세포벽의 amino acid 분석
  - 16S rDNA 염기서열 분석
  - automated riboprinting
  - variable number of tandem repeat 분석
  - DNA-DNA hybridisation과 같은 실험 방법 사용
- Yeast나 Fungi : 고전적인 방법을 사용하여 수행하며 분자 수준에서의 분석 방법은 사용하지 않음.
- 인간 및 동물 세포 : 일반적인 방법 사용. (Q.C방법 참조)
- 식물 세포 : 대부분의 식물 세포는 살아있는 calli상태로 유지하게 된다. 식물세포의 안정성 검사에는 HPLC나 GC, DNA fingerprinting 그리고 RAPD 기술을 이용한 secondary metabolite fingerprints 방법을 사용함.

보존 자원의 특성 연구 및 보존 방법 개선을 위해 다양한 연구가 수행되고 있으며, 연구 현황은 ■표 8과 같다.

표 8

DSMZ 연구 현황

- 발생학, 진화, 계통 발생, Microbial diversity 및 diversity의 분자적 판단 방법, 분자 계통분류학
- 다양한 방법을 통한 leukemia-lymphoma 세포주의 병리 생물학적 연구
- 생물자원의 배양, 동결보존 방법 개발
- 생물자원의 characterization 및 identification과 관련된 연구

DSMZ에서는 시료의 보존(미생물, 식물세포 배양), 미생물식물세포 및 식물 바이러스의 동정 및 특성분석, 플라스미드 분리 정제, 세포 수집 운영, 데이터 뱅크(Data banks)와 같은 내용의 교육과정을 통해 연구자에게 자원관리에 관한 전문적 기술을 제공하고 있다.

(3) ATCC(American Type Culture Collection)

생물자원과 자원에 대한 정보 · 기술 · 지적 재산권, 그리고 과학적 지식 향상 및 응용을 위한 기준을 획득 · 인증 · 보존 · 개발하며, 관련 기관(scientific community)에 분양하는 것을 주요 업무로 한다.

3,600여종의 박테리아를 포함한 18,000여 가지의 미생물 및 DNA시료, 3,600여건의 동물 세포주, 7,000여 종의 효모, 바이러스 및 바이러스 유전자 클론 등 다양한 종류의 자원을 수집 보존하고 있다(■표 9). 검증된 미생물 시료에서 추출한 DNA는 다양한 정도관리를 통해 순도와 질을 확인하고 분양한다.

표 9

ATCC 자원 보유 현황

- 3,600여종의 박테리아(bacteria), 500여종의 박테리오파지(bacteriophage)를 포함한 미생물 18,000건 및 미생물에 대한 DNA 시료
- 암세포주 950건, 단일클론항체(monoclonal antibody)를 만드는 하이브리도마(융합세포, hybridoma) 1,000건을 포함한 세포주 3,600건
- 사상균류(사상 곰팡이, filamentous fungi) 27,000종
- 1,500여 속(genera), 7,000여종(species)의 효모(yeast)
- S,cerevisiae와 다른 효모균간의 genetic strains 2,000건
- 다양한 바이러스 및 바이러스 유전자의 클론(clone)
- Mammalian Gene Collection(MGC) Clones, AfCS siRNA, Mouse Transcription Factor (MTF) clones, NIA/NIH (Ko) Mouse cDNA
- Vectors, Hosts, Libraries, Kits, Oligonucleotides, Membranes
- 이외에도 다양한 종에 대한 특성화된 다양한 수집물(collection)이 존재한다.

DNA 시료 외에도 미생물, 동식물 세포주 같은 다양한 생물자원을 분양하고 있으며, 특히 연구기관에 제공되는 시료의 증식과 보존, 시료인증(authentication)과 특성분석(characterization)에 중점을 두고 있다. 또한 시료의 정도관리 과정, 저장시설의 관리, 생

물학 정보 서비스에도 중점을 두고 있다. 이를 위해 시료의 저장 및 보존, 시료 특성분석 방법의 개선, 시료인증 기준 평가 방법 및 분석 방법 개발에 관한 연구를 수행하고 있다. 그 외에도 질병의 진단과 예방, 질병과 관련된 바이오마커(biomarker)에 대한 연구, 동결보존 방법에 관한 연구를 수행하고 있다.

(4) Coriell(The Coriell Institute for Medical Research)

기초 생물의학 연구기관으로 세포의 무균배양에 공기의 층류를 이용한 기술(LAF: Luminar Air Flow technology)을 적용하는 등 세포배양기술에 있어서 선구적인 역할을 하고 있다. 또한 이러한 기술을 바탕으로 다양한 질병 관련 세포를 보유하고 있으며, 암과 전염병 연구에서도 중요한 역할을 담당하고 있다.

유전병과 관련된 다양한 세포주를 비롯하여 대규모의 인간 세포주와 DNA를 보유하고 있다. Coriell의 자원 보유 현황은 ■표 10과 같다.

표 10

Coriell 자원 보유 현황

- 현재 알려져 있는 4,000여개의 유전병중 반 이상에 대한 세포주 보유
  - 당뇨병(diabetes), 알츠하이머병(Alzheimer Disease), 유방암(breast cancer), 조울증(manic-depressive illness), 다운증후군(Down Syndrome), 낭포성섬유증(cystic fibrosis), 헌팅턴병(Huntington Disease), 다발성경화증(multiple sclerosis), 망막세포변성(retinitis pigmentosa), 정신분열증(schizophrenia), 루게릭병(Lou Gehrig's disease), 조로증(progeria)등의 다양한 종류의 유전병과 관련된 세포주를 보유하고 있다.
- 「Human Genome Project」에 사용된 대규모의 인간 세포주(human cell) 보유
- Lymphocytes를 불멸화해서 만든 LCLs
- 섬유아세포(fibroblast cell), 민무늬근육세포(smoothe muscle cell), 내피세포(endothelial cell), 상피세포(epithelial cell) 같은 다양한 조직(tissue biopsies) 세포를 제작하여 보유
- 수 백 만개의 동결세포를 보유하고 있으며, 이중에는 연구목적으로 사용 가능한 50년 이상 보관중인 세포도 있음
- 다량의 초대배양세포주(primary cell lines), 형질전환 세포주(transformed cell lines), 말초혈액단핵세포(peripheral blood mononuclear cells, PBMC), 생체조직(tissue biopsy material) 저장
- 전혈, 세포, 조직에서 분리한 DNA 90,000건

120,000여개의 세포주와 100,000개의 DNA 시료가 55여 국가의 연구기관에 분양되어 16,000편 이상의 학술논문에 인용되었다. 세포배양이 불가능한 실험실의 경우는 세포에서 분리한 DNA나 세포추출물을 분양하기도 한다. 분양 서비스 이외에도 시료 제작관리에 필요한 다양한 서비스 및 시료 특성분석에 관련된 서비스도 제공하고 있다(■표 11).

표 11

Coriell service 현황

- 세포배양관련 서비스
  - LCLs 제작, 보존
  - 생체조직(tissue biopsy material)에서 각 조직의 세포를 제작, 보존
  - 세포에 대한 마이코플라스마 검사
- 세포유전학관련 서비스
  - 핵형검사(karyotyping)
  - FISH analysis,
  - Comparative Genomic Hybridization Analysis
  - Chromosome Aberration analyisis and Micronucleus assays
- Genotyping and Microarray 서비스
  - 한 달에 2,000개의 DNA나 RNA 시료 처리 가능
- 분자생물학관련 서비스
  - DAN 분리
  - 세포와 조직에서 RNA를 분리하고
  - Genetic Mapping
  - Whole Genome Amplification (WGA)
  - Gender Analysis
  - Genotyping (highly polymorphic microsatellite markers 사용)을 통한 가계도 확인 서비스(Verification of family pedigrees service)

유방암과 백혈병을 포함한 암 연구, 인간의 유전 변이(human genetic variation), 세포 분화 메카니즘, 그리고 다양한 유전병에 관한 연구 및 기초 연구와 임상연구를 같이 진행하고 있다. 구체적인 연구 현황은 ■표 12와 같다.

표 12

Coriell 연구 현황

- 암(유방암과 백혈병 포함), human genetic variation, 세포 분화 mechanism, 유전병에 관한 기초 연구 및 임상연구 수행
- 새로운 항암치료제 개발
- 알츠하이머의 조기 발병(early-onset Alzheimer Disease)관련 유전자 분리
- 혈관확장성 운동실조증(Ataxia Telangiectasia, AT) 관련 유전자 분리
- 보유하고 있는 질병 관련 세포주를 이용한 헌팅턴병, 낭포성 섬유증, 알츠하이머병, 다운증후군, 조울증 등의 다양한 질병 관련 유전자 동정

세포배양에 관한 역사, 이론, 유지 방법에 관한 강의와 실습을 하는 '세포배양과정(Cell Culture Course)'과 여름에 coriell 내의 실험실에서 인턴으로 연수를 받을 수 있는 'Summer Internships Program'을 통해 교육과정을 제공하고 있다.

(5) NLGIP(National Laboratory for the Genetics of Israeli Populations)

1994년 이스라엘에 거주하는 다양한 인종의 인간 세포주 수집을 위해 국가에서 설립한 세포자원은행이다. 유대인(Jewish), 베두인인(Bedouin), 드루즈인(Druze), 팔레스타인인(Palestinian)을 포함하는 이스라엘인에 대한 1673개 인간 세포주를 수집, 제작하여 보유하고 있다. 이 세포주는 유전자원(DNA, 세포)이 생물의학 연구에 사용되는 것을 동의한 18세 이상의 이스라엘인이 기증한 혈액에서 제작되었고, 유태인 기증자의 경우는 4대 조부모의 출생지역(독일·폴란드·러시아계, 에티오피아계, 그루지야계, 이란계, 아라크계, 인도계, 리비아계, 모나코계, 스페인·포르투갈계-터키계, 불가리아계, 튀니지계, 예멘계)에 따라 구분하여 수집하였다. 그 외에도 이스라엘 내 특이한 유전자 이상과 관련된 개인이나 가족의 세포를 보유하고 있다.

NLGIP의 DNA 시료를 사용한 연구 논문이 100편 이상이며, 인간 세포주 (LCLs, EBV-transformed human B-cell lymphoblastoid lines)와 세포에서 분리한 DNA를 분양하고 있다. 이 시료들은 연구 목적으로만 사용할 수 있으며, 상업적으로 이용 할 경우 반드시 시료 제공자의 동의가 있을 때에만 분양이 이루어지고 있다.

분양 서비스 이외에 시료에 대한 백업 서비스와 EBV-transformation 서비스를 하고 있다. 개인적인 시료를 액체질소탱크에서 보관하는 백업 서비스를 시행하고 있으며, 세포주를 기탁하는 경우에는 무료로 서비스를 제공하고 있다. 그리고 혈액시료를 이용하여 B-세

포를 EBV로 불멸화하여 DNA, mRNA, 단백질과 같은 유전자원을 무한히 제공할 수 있는 LCLs을 제작하는 서비스를 제공하고 있다.

(6) HSRRB(Health Science Research Resources Bank)

일본 정부 연구기관의 자원은행으로 의약학 같은 보건 분야의 발전과 연구 증진을 위해 세포와 DNA를 수집, 표준화(standardized)하고 분양하는 역할을 한다. 포유동물 세포주, 정상 또는 다양한 질환과 관련된 다양한 인간유래 세포주를 보유하고 있으며, 특히 일본인 모집단의 유전자 분석을 위한 일본인 B 세포 (B cell)에서 유래 된 세포주 및 DNA 2,000여 건을 보유하고 있다. 그 외 여러 동물 세포에서 클로닝된 유전자, cDNA(EST, full-length) 및 다양한 질병과 관련된 유전자를 보유하고 있다.

세포주, DNA 클론, 동물태아, 인간 생체 조직을 일본 내외의 기업, 정부기관, 학교에 분양하고 있다. 연구목적으로만 사용이 가능하고, 특히 군사적 목적이나 상업적(직접적인 이익을 창출하는 분야) 용도로 사용되지 않도록 하고 있으며, 분양된 자원이 다른 곳으로 다시 분양되는 것을 금지하고 있다. 분양된 세포자원을 이용한 결과가 논문화된 경우 HSRRB에 결과를 보고해야 하고, 이 결과는 세포의 경우 http://cellbank.nibio.go.jp/ 사이트를 통해, DNA 경우는 JCRB data-base (http://genebank.nibio.go.jp/gbank/index_e.html)를 통해 다른 연구자들과 정보 공유하게 된다.

2.3 기타 바이오뱅크

가장 잘 알려진 사기업 바이오뱅크 중 하나는 deCode Genetics이며, 10만 명의 지원자로부터 채취한 유전자 샘플을 보관하고 있는 뱅크를 보유하고 있다.

Oxagen(Abingdon, Oxfordshire, United Kingdom), Galileo Genomics(St. Laurent, Quebec, Canada)와 유사한 다른 사기업들은 국가의 부분적 모집단에서 제공하여 바이오뱅크에 도움을 주는 연구를 수행하기 위해 세워졌다. 예를 들면, Galileo는 퀘벡 주민들의 유전적 정보로부터 얻어낸 특정 질병과 약물 반응의 원인과 관련된 유전자와 생물 표지(biomarkers)를 이해하는 데에 초점을 맞춘 유전자 회사이다. 포괄적인 계통에 대한 데이터로 인해 퀘백 주민들 70% 정도의 조상들은 약 2600 founders로 추적될 수 있다. 2600 founders는 낮은 수준의 근친결혼, 주민간의 높은 유전자 공유 수준을 가지는데 이는 이러한 연구를 가속시키는 데에 있어서 중요하다.

다른 바이오뱅크는 오직 조직과 샘플 뱅크로만 사용된다. 상대적으로 이러한 바이오뱅크의 대부분은 새로운 회사들이다. 이 중 미국 회사들로는 Ardais, Genomics Collaborative, Asterand, ILSbio 등이 있다. 이러한 바이오뱅크는 저장소의 크기, 샘플의 출처와 형태, 목표 시장, 관련된 임상적 데이터의 양, 제공되는 서비스 등에 따라 다양하나, 대부분은 약학과 생명공학 관련 연구 단체에 샘플을 판매하는 데에 초점을 맞추고 있다.

약학과 생명공학 관련 회사인 화이자, 로슈 등에서는 시료를 상업적 바이오뱅크로부터 구입할 뿐만 아니라 임상 시험의 등록자들로부터 샘플과 의학적 데이터를 채취하여 자체적인 저장고를 만든다. 약학과 생명공학 관련 회사는 적절한 상품을 개발하고, 효율적인 임상시험을 수행하며, 시장에서 효율적으로 상품을 판매할 목표를 정할 수 있도록, 상품에 대해 최적인 후보자들을 발견하는 데에 관심이 있다. 회사는 임상시험에서 얻어진 유전적 정보와 임상적 정보의 결합은 특정한 질병을 일으키는 요인에 대해 파악할 수 있게 해 주며, 따라서 보다 나은 약물과 치료법을 설계하는 데에 도움을 줄 것이다. 일단 약이 설계된 후 개발되고 나면, 약에 대한 반응자와 비반응자를 구별하는 것이 시장에서 약의 성공을 판갈음하는데 있어서 중요하다. 예를 들면, 와파린이나 다른 스타틴 계열의 약물과 같이 잘 알려진 특정 약물 군에 대해서뿐만 아니라 암 시장에서 새롭게 개발된 몇몇 치료법에 대해서, 어떤 사람이 반응하고 어떤 사람이 반응하지 않는지를 알아내려고 한다. 회사는 임상시험을 위한 코호트를 선정하는 것을 돕기 위해 이러한 정보를 이용하고 있고, 시장 내에서 잘 팔릴 물건을 개발하는 것을 목표로 하고 있으며, 그들의 약이 어떤 사람에게 도움이 될지를 확인하는 것을 도와줄 진단 기구를 개발하고 있다. 이러한 수요 때문에, 새로 창업한 회사들, 특히 그 중에서도 미국에 있는 회사들(예, BioStorage Technologies)은 표본·데이터 저장 및 취급 서비스를 제공하기 시작했다.

가. 대학과 비영리단체의 바이오뱅크

많은 비영리 기구가 전 세계에 존재하며, 몇몇은 여성과 같은 특정 인구를 대상으로 하는 코호트 기반 인체자원은행들이다. 예를 들면, 미국 Women's Health Initiative는 50-79세의 17만 명의 여성들에 대한 생물학적 표본과 건강 기록을 수집한다. 본 코호트 목적이 처음에는 호르몬 대체 요법과 식이요법의 변경에 대한 효과를 이해하는 데에 있었으나, 오늘날에는 생물학적 표본, 데이터, 그리고 의학적 정보를 이용하여 심장 질환과 골다공증과 같은 다른 질병을 일으키는 원인이 무엇인지, 그리고 왜 발병하는지를 이해하는 데까지 확장되었다. 한편 다른 바이오뱅크는 처음부터 특정 질병에 초점을 맞추고 있다. 예를 들면, National Marrow Donor Program과 Breast Cancer Family Registries는 특정 암 환자에 대한 생물학적·의학적 데이터를 수집하여 질병의 발병 원인과 치료법을 연구한다.

이러한 프로젝트 중 몇몇은 전 세계적으로 쉽게 이용할 수 있으며, 조사 결과와 임상적 데이터의 공유에 대한 필요에 의해 추진되었다. 예를 들면, dbMHC 데이터베이스는 인간의 주조직 적합복합체(MHC)와 관련된 DNA와 임상적 데이터에 대해 대중적으로 접근할 수 있는 데이터베이스를 제공하는 데에 초점을 맞춘 National Center for Biotechnology Information(NCBI), NIH, International Histocompatibility Working Group(IHWG)의 협동의 결과이다. 이 데이터베이스는 유전자 감식을 위한 피실험자와 MHC 연구 프로젝트에 참여한 개인들로부터 얻어낸 익명의 임상 데이터로 이루어져 있다.

다양한 대학과 연구 병원에도 바이오뱅크들이 있다. 예를 들면, 미국 North Carolina 대학은 유전자형, 환경적 요인, 질병의 상태 간의 연관성을 연구하기 위해 2만 명의 환자들로부터 채취한 DNA 시료를 보관할 Environmental Polymorphism Registry를 세우기 위해 National Institute of Environmental Health Sciences(NIEHS)와 일하고 있다. 스웨덴의 Karolinska Institute는 분자적·유전적 연구를 통한 과학적 발전을 촉진시킬 것을 목적으로 하는, 인체자원의 수집·처리·저장을 위한 비영리적 바이오뱅크를 국가적으로 구축하였다. 이러한 전형적인 바이오뱅크는 과학자문부서에 구체적인 연구 계획을 제출해야 하는 연구자들로 그 사용 범위를 제한하고 있다.

이제까지는 이러한 질병에 기초하는 기관과 협회의 대부분은 독립적으로 작업하는 경향이 있었다. 이제는, 연합 조직 활동이 증가하고 있으며, 이 중 대부분은 관련된 정보의 양, 형태, 그리고 복잡성 때문에 그러한 양상을 띠고 있다. 예를 들면, 최근에 북미에서 Multiple Myeloma Foundation은 Multiple Myeloma Research Consortium(MMRC)의 결성에 앞장섰다. 이 컨소시엄은 Dana-Farber Cancer Institute(Boston, MA), H. Lee Moffitt Cancer Center(Tampa, FL), Mayo Clinic(Rochester, MN), University Health Network(Princess Margaret Hospital, Toronto)로 구성된다. 목표는 신약 개발을 발전시키고, 최종적으로 다중 골수종에 대한 치료책을 찾는 것이다. MMRC의 구성 요소는 조직시료와 관련된 유전적·임상적 데이터를 관리하는 MMRC Tissue Bank와 실험적 데이터와 임상시험 데이터를 통합관리하는 정보 체계인 MMRC Data Bank이다. MMRC의 관리감독이자 회장인 Kenneth Anderson은 다음과 같이 말했다. "균일하게 표준화된 유전적 데이터와 조직 시료를 제공하여 통합된 검증과 다중 임상 시험이 가능할 뿐만 아니라, 약 개발 과정을 짧게는 몇 달, 길게는 몇 년까지 감소될 수 있을 것입니다." 최근 국제적 협력도 추진되어 2002년, MMRC는 International Myeloma Foundation(IMF)의 국제 작업 기구에 속해있는 약 20개의 골수종 협회가 참여한 "Bank On A Cure"라는 DNA 뱅크를 구축하기 시작하였다. 이 뱅크는 임상 데이터와 연계된 몇 천 개의 DNA 샘플을 보유하고 있다. 골수종 환자들의 DNA를 수집하고 분석하는 작업은 바이오뱅크 목적인 질병과 관련된 유전적 요소들의 이해, 치료에 대한 개인별 반응의 이해, 새로운 치료법의 개발을 가능하게 하는 데 있어서 중요한 요소이다

나. 상업용 바이오뱅크

(1) Oxagen(Abingdon, Oxfordshire, United Kingdom)

Oxagen은 중요한 생물약제학적 회사로, 염증 질환을 치료하는 약물을 수송하는 루트를 개발하는 데 주력하고 있다. 1997년 4월에 설립되었으며, 유전학을 통해 약물 타겟을 확인함으로써 처음으로 주목 받게 되었다. 그리고 2003년 이래로, 이 회사는 GPCR 타겟에 관한 약물 개발과 수송에 초점을 맞추어 연구하고 있다.

(2) Galileo Genomics(St. Laurent, Quebec, Canada)

Galileo Genomics는 질병의 발견에 도움이 되는 인구 유전학에 대해 연구하는 회사로, 유전 연구에 대해서는 인정받고 있는 기업이다. 이 회사는 퀘벡 주의 선조들과 현재 주민들을 대상으로 몇 가지의 중요한 질병을 일으키는 유전자를 발견하는 프로그램을 추진한다.

(3) Ardais(GulfStream Bioinformatics, Lexington, USA)

GulfStream Bioinformatics는 주된 문제에 대한 전문적 지식, 동맹 업체, 그리고 웹에 기반을 둔 포괄적인 해결책을 제시해주는 전문화된 소프트웨어의 독특한 조화를 통해 생물의학적 연구와 약물 개발을 수행하고 있다.

(4) SeraCare Life Sciences(Milford, MA, USA)

SeraCare Life Sciences는 질병의 진단 테스트나 치료제 개발 시에, 또는 제약 산업의 연구에 필요한 광범위한 생물학적 재료를 개발·제조·판매한다. SeraCare는 신약개발과 진단법 개발에 필요한 서비스를 제공하며 진단 시험 키트를 제조하여 공급한다.

(5) Asterand(USA)

Asterand는 약물을 개발하는 연구자들에게 고품질의 특성화된 인간 조직과 이를 기반으로 한 연구 서비스를 제공하는 기업이다. 이 회사의 미션은 인간 조직과 관련 서비스를 제공함으로써 약물 타겟의 확인과 증명을 가속화시키는 것이다.

2006년 1월, 인간 조직의 바이오뱅크를 담당하는 Asterand와 인간 조직에 관한 연구를 기반으로 하여 약물을 개발하는 회사인 Pharmagene이 합병하여 설립되었으며, 약학 및 생물학적 회사의 연구에 있어서 필요한 사항들을 포괄적으로 충족시켜줄 수 있는 독특한 회사이다.

Asterand는 세계적인 네트워크로 연결되어 있는 36개의 협동적 기증자 협회를 통해 타사와 비교하여 비길 데 없이 뛰어난 인체 조직을 수집하고 있다. 이곳의 XpressBANK™ 바이오뱅크는 다양한 치료를 받고 있는 여러 민족의 표본을 수십만 개 보유하고 있다. 이 회사가 제공하는 인체 조직은 고객들에게 큰 만족을 제공한다. 하나의 표본을 이용하여 다양한 실험을 수행할 수 있을 만한 양의 샘플을 제공한다. 또 훌륭한 품질 보증 절차는 표본의 수집 및 평가, 그리고 이를 기반으로 얻은 임상적 데이터를 엄격히 관리해준다. 이러한 과정의 일환으로, 이 회사는 독립적으로 조직의 병리학적 상태와 RNA의 완전성을 확인한다. 이 품질 관리의 결과는 연구자들이 조직을 구매하기 전에 그들에게 제공되며, 이로 인하여 그들의 연구에 최적인 샘플을 선택할 수 있다. 이 때, ProCURE™ 서비스를 통해, 고객의 필요조건에 적합한 인간 조직과 임상적 데이터를 제공할 수 있다.

(6) ILSbio(USA)

ILSbio는 환자의 익명성과 정보에 대한 기밀성 유지에 관한 엄격한 IRP 프로토콜 하에서 얻어진 다량의 임상적 인체 조직과 혈액 표본을 제공한다. 높은 품질의 연구 재료를 제공하며, 대학이나 기업의 생물 공학적 연구 기관을 지원한다.

(7) BioStorage Technologies(USA)

BioStorage Technologies는 장·단기간 생체 표본 저장, 시료 관리 등에 있어서 선두적이다. 이 회사는 세계적인 약학 및 생물공학 분야의 개발자와 제조자, 임상적 연구 시설, 동종이식을 위한 뱅크·조직, 과학 수사 실험실 등을 지원해준다. 이 회사는 광범위한 온도 조절이 가능한 시료 관리 체계와 현대적인 바이오뱅크 서비스를 제공한다.

참고문헌

IBM, BIOBANKS: ACCELERATING MOLECULAR MEDICINE, Challenges Facing the Global Biobanking Community.

3

윤리적, 법적, 사회적 이슈(ELSI)

바이오뱅크 시대가 도래하면서 생명과학은 새로운 생명윤리에 도전을 받게 되었다. 종래의 특정 질환 연구를 위해서 수집되는 시료들은 연구목적이 명확하여 동의서 획득의 범위가 제한적이었던데 비해 대부분의 바이오뱅크 시료들은 수집시점에서 시료의 사용처가 분명하게 지정되지 않을 경우가 많다. 따라서 바이오뱅크 연구과제들은 기존에 수립된 가이드라인에서 다루지 못하는 이슈들이 생겨나게 되었다. 예를 들어, 바이오뱅크 시료를 미래에 사용하기 위한 적합한 정보의 선정과 동의 절차를 확립해야 하고, 시료와 연관된 임상정보나 역학정보는 익명화해야 하며 또한, 연구결과들이 공여자에게 되돌려지는 것이 옳은지에 대한 논란들이 있을 수 있다.

3.1 ELSI의 정의

'ELSI'란 윤리적, 법적, 사회적 이슈(Ethical, Legal and Social Issues/Implications)의 줄임말로써 과학기술의 윤리적, 법적, 사회적 영향을 포함한 넓은 의미의 사회문화적 영향에 대한 평가와 정책 등에 관한 것들을 통칭하는 용어로 사용되고 있다. 미국의 ELSI에 관한 연구는 인체게놈프로젝트(Human Genome Project)가 개시되면서, 전체 연구비의 3~5%라는 상당 규모의 예산을 매년 ELSI연구에 투입함으로써, 국제적인 생명윤리(bioethics)의 모범적인 연구모델로 자리잡게 되었다. 이러한 ELSI는 인간유전체에 대한 연구를 포함한 유전체연구가 미래의 우리 삶에 끼칠 다양한 수준의 영향을 예상하고 관련된 부작용을 최소화시킬 수 있는 방안을 모색하는데 목적을 두었다. 인체게놈프로젝트의 ELSI 연구는 유전체연구에 대한 초기 반대와 일반시민의 불안감을 단순히 근거 없는 무지의 소치라고 무시하지 않고 그 근거와 해소방안을 모색하는 데서 출발하였다. 이와 같은 ELSI 연구는 연구자와 일반시민 사이의 매개 역할을 수행함으로써 유전체 연구에서 인권과 존엄성을 확보하는 데 상당한 도움을 주었다고 평가된다.

이후 미국과 유럽의 연구 선진국들은 ELSI 혹은 ELSA(Ethical, Legal and Social Aspects)라는 이름으로 국가가 지원하는 거대 과학기술 연구 프로젝트에 대해 그것의 사회문화적 영향을 체계적으로 연구해 그 연구결과를 연구계획과 수행과정에 반영하는 노력을 기울이고 있다. 우리나라에서도 명칭은 다양하지만 넓은 의미에서의 ELSI 연구가 인간유전체기능연구사업단, 바이오장기개발연구사업단 등에서 이뤄지고 있으며 앞으로 다른 국가주도 연구사업으로의 확대 실시가 기대된다.

우리나라에서도 2000년대 이후 생명 윤리 및 연구 윤리에 대한 논의가 본격화되기 시작하였다. 2001년 '인간유전체 기능연구사업'의 일환으로 ELSI 연구가 본격화되기 시작한 이래 웹 사이트 구축(www.elsikorea.com, www.elsikorea.org, elsi.kaist.ac.kr), 윤리지침 및 유전정보 보호 방안, 인간유전체 연구 및 활용에 대한 사회적 인식 조사 등의 연구활동을 벌여 왔다. ELSI 분야에 대한 접근은 인문사회과학 전문가와 유전체연구 및 보건의료 전문가 사이의 학제간 연구(inter-disciplinary)가 필요한 상황이다. 하지만 아직까지도 우리나라에서는 이러한 학제간 통합 연구가 이루어지지 못하고 있다. ELSI의 주요한 분야인 개인정보보호에 관해서도 보건의료분야와 법학계의 관점이 서로 다르다. 유전체연구 및 보건의료분야의 관점에서는 연구목적으로 운영되는 유전자은행에서 수집된 개인정보에 대한 보호방안과 기밀성 유지에 주요한 관심을 두는 반면, 법학계의 관점에서는 범죄자를 대상으로 하는 유전자 감식정보의 수집·관리를 위한 DNA 은행의 설립과 운영 및 수사과정에서의 개인정보보호와 오남용 가능성에 관심을 두고 있다. 이 두 종류의 바이오뱅크는 그 설립 목적과 이용방법이 상이한 것으로, 수집된 시료가 담고 있는 정보의 수준이 다르고, 운영방법 또한 다를 수밖에 없다. 2006년 8월에 정부안으로 제출되어 입법이 추진되었으나 인권침해와 정보유출의 우려에 대한 인권단체의 반대에 부딪혀 표류하고 있었던 "유전자 감식 정보의 수집 및 관리에 관한 법률안"의 경우가 바로 이러한 관점 차이를 반영한다고 볼 수 있다. 이 법률안은 제17대 국회에서 통과되지 못하였고, 최근 강력살인사건이 발생하면서 입법에 탄력을 받으면서 2009년 5월 'DNA신원확인정보의 이용 및 보호에 관한 법률(안)'으로 다시 입법 예고되었다..

3.2 바이오뱅크 관련 윤리 및 법률

가. 생명윤리에 관한 국제 가이드라인

인체자원관리의 기본 원칙은 인간의 존엄성을 존중하고, 인권을 보호할 수 있는 형태로 자

표 1

바이오뱅크 관련 국제 윤리 지침

Organization	Guideline	Reference
Councel of War Crime (Nurenberg Trials)	Nuremberg Code(1947)	
World Medical Association(WMA)	Declaration of Helsinki(1964, 2000) Declaration of Ethical Considerations regarding Health Database(2002)	http://www.wma.net/e/policy/b3.html
WHO	Directives from WHO(Manille, 1981-)	
Human Genome Organization(HUGO)	Statements on DNA Sampling: Control and Access(1998) Statement on Benefit Sharing(2000)	http://www.hugo-international.org/comm_hugoethicscommittee.php
UNESCO	Universal Declaration on the Human Genome and Human Rights(1997) Draft Report on the Collection, Treatment, Storage and Use of Genetic Data(2001)	http://www.unesco.org
Council of Europe	Recommendation on Human Tissue Banks(1994) Convention on Human Rights and Biomedicine (Oviedo Convention, 1997)	http://www.coe.int (conventions.coe.int/Treaty/en/Treaties/Html/164.htm)
European Society of Human Genetics(ESHG)	Recommendations ESHG(2001)	http://www.eshg.org
National Bioethics Advisory Committee(NBAC) in USA	An Ethical Framework on Biological Samples Policy(1999)	http://www.bioethics.gov
French and German Nation ethics committees	Biobanks for research. Opinion.(2004)	http://www.ethikrat.org/_english/publications/Opinion_Biobanksfor-research.pdf
US Department of Health and Human Services	Ethical Principles and Guidelines for the Protection of Human Subjects of Research(Belmont Report, 1979)	http://www.hhs.gov/ohrp/humansubjects/guidance/belmont.htm
NuGO (European Nutrigenomics Organization)	Bioethics Guidelines on Human Studies(2007)	http://nugo.dife.de/bot

원이 관리되는 것이다. 기본적으로 인체유래자원에 대하여 물권법적으로 어떻게 해석해야 하는가에 대해서는 법적 논란이 남아 있다. 하지만 그것을 무제한 활용하거나 증식하는 것에는 생명윤리상에 문제가 있다는 점에 대해서는 일반적으로 동의가 이루어진 상태이다. 또한, 유전자 검사를 통해 획득한 유전 정보 또한 프라이버시 보호 및 차별 금지 등의 문제와 관련하여 이슈가 되는 부분이다. 유전정보의 비밀유지는 필수적인 사항이지만, 보장의 정도와 연구 활용 방법 등이 여전히 과제로 남아있다. 유전자은행의 설립 및 운영 과정에서도 여러 법적·사회적·윤리적 논쟁이 발생할 수 있다. 따라서 세계 각국의 관련 기구들은 각각의 고유한 문화와 전통 및 법률 제도에 입각한 바이오뱅크 윤리 지침과 법률을 제정하여 시행하고 있다(■표 1).

바이오뱅크 및 인간 유전정보와 관련하여 국제적으로 통용되는 윤리지침들은 다음과 같다.

(1) 뉘른베르크 강령

뉘른베르크 강령(Nurenberg Code)은 2차 세계대전 기간 동안 개인별로 자행된 나찌의 잔인한 인체실험에 대한 누렌버그 전범재판에서 만들어진 것으로, 인체 혹은 인간을 대상으로 한 실험에 대한 연구윤리의 원칙 10가지를 말한다. 이후 이 강령은 전후의 인간의 권리에 관한 윤리적 의학행위의 표준지침으로 자리 잡게 되었다. 이 강령은 헬싱키 선언과 더불어 미국 보건성(US Dept. Health & Human Services)이 지원하는 연구과제에 대한 규정인 'Code of Fedral Regulations Title 45 Volume 46'의 기초가 되었다. 이 강령의 10가지 원칙중에서 가장 두드러진 원칙은, 강압이 아닌 자발적 의사에 의한 고지동의서, 적합하게 고안된 과학적 실험방법, 실험참여자를 위한 혜택 우선 등이다. 특히 주목할 만한 것은 '자발적 고지동의'의 원칙이 개개인이 자기 자신의 몸을 스스로 제어할 수 있는 권리를 보호해주는 것임을 천명한 것이다. 이 강령은 또한 인체실험에 동반되는 위험은 실험에 의해서 해결되는 문제의 인도주의적 중요성을 능가할 수 없다고 하였으며, 불필요한 고통과 고난을 피해야 된다는 것도 주지시키고 있다. 이 코드에 담겨있는 의학적 행위에 관한 윤리적 원칙들이 이제는 의학윤리의 바탕이 되었다.

(2) 헬싱키 선언

헬싱키 선언(Declaration of Helsinki)은 1964년 세계의사협회(World Medical Association, WMA)에서 채택된 '인간대상과 관련된 의학연구의 윤리 원칙들(Ethical Principles for Medical Research Involving Human Subjects)'에 관한 선언을 말한다. 처음 채택된 이후 2008년까지 8번의 수정과정을 거쳤던 헬싱키 선언은 도입부분 10개 조항, 의학연구를 위한 기본 원칙들 20개 조항 그리고 의료행위와 결합된 의학연구에 관한 부가적 윤리 원칙들 5개 조항으로 구성되어 있다. 헬싱키선언에서는 사람을 대상으로 하는 의학연구와 개체 식별이 가능한(identifiable) 인체자원에 관한 연구를 수행하는데 필요한 포괄적 윤리원칙들이 포함되어 있다. 이 선언이 주로 의사들에게 적용되는 것이기는 하지만, 사람을 대상으로 하는 의학연구의 모든 참여자들도 이러한 원칙을 따르도록 권고하고 있다. 무엇보다 헬싱키 선언에서는 의사들의 첫 번째 고려대상은 환자의 건강이어야 함을 강조하고 있다.

(3) 벨몬트 보고서

벨몬트 보고서(Belmont Report)는 미국 보건성(US Dept of Health and Human Services) 산하 국가위원회(National Commission of the Protection of Human Subjects of Biomedical and Behavior Research)에 의해서 제정된 '연구참여자 보호를 위한 윤리원칙 및 가이드라인'(Ethical Principles and Guidelines for the Protection of Human Subjects of Research)을 지칭하는 용어로서, 1979년 4월에 제정되었다. 이 벨몬트 보고서에서 다루는 내용 중에서 연구목적으로 인간을 이용할 때의 3가지 근본적인 윤리원칙은 다음과 같다.

(1) 사람에 대한 존중: 모든 사람들의 자율성을 보호하며, 정중하며 존귀하게 사람을 대할 것이며, 고지동의서가 허용되어야 함(Respect for persons: protecting the autonomy of all people and treating them with courtesy and respect and allowing for informed consent). (2) 혜택: 연구과제의 혜택을 극대화하며 연구대상자에 대한 위험을 최소화함(Beneficence: maximizing benefits for the research project while minimizing risks to the research subjects). (3) 정의: 합리적이며 착취적이지 않은 신중한 절차를 통해 공정하게 집행되어야 하며, 연구참여자에 대한 비용과 혜택의 공정한 분배가 보장되어야 함(Justice: ensuring reasonable, non-exploitative, and well-considered procedures are administered fairly(the fair distribution of costs and benefits to potential research participants). 이 세 가지 원칙은 현재 미국 보건성의 연구대상자 보호 규제안들의 기본 원칙이 되었으며, 오늘날 벨몬트 보고서는 미국 보건성의 지원을 받는 연구과제에 대한 IRB 심사의 핵심적 참고서로 활용되고 있다.

(4) UNESCO의 선언

모든 바이오뱅크 자원은 직간접적으로 유전학적 연구에 사용될 수 있으므로, 자원과 관련된 유전정보는 특별히 민감한 사안으로 취급되어야 한다. 인간유전체 연구정보와 관련하여 가장 포괄적인 규범으로 통용되고 있는 것은 UNESCO의 "생명윤리와 인권에 관한 보편적 선언(Universal Declaration on Bioethics and Human Rights, UDBHR, 2005)"과 "인간 유전정보에 관한 국제선언(International Declaration on Human Genetic Data, IDHGD, 2003)"이다. 본 절에서는 유네스코의 인체자원관리와 관련된 선언의 내용 중 유전자 은행과의 연관성이 높은 내용을 다루고 있는 IDHGD에 관한 선언을 살펴보고자 한다.

유네스코의 생명윤리 위원회에 의해서 2003년에 제정된 "인간 유전정보에 관한 국제선언(IDHGD, 2003)"은 서문과 27개의 조항으로 구성되어 있다. 그 선언의 내용으로는 먼저 일반조항 7개(목표와 범위, 용어의 정의, 개인 정체성, 특수지위, 정보의 용도, 정보 관리의 절차, 차별금지), 정보의 수집에 관한 조항 5개(동의, 동의의 철회, 연구결과에 대한 알권리와 모를 권리, 유전정보에 대한 상담, 법의학적 용도의 시료 수집), 정보의 가공에 관한 조항 3개(접근, 프라이버시와 기밀유지, 유전정보와 시료 가공에 대한 정확성 신뢰성 품질 및 보안성), 정보의 이용에 관한 조항 4개(목적의 변경, 저장된 시료, 순환 및 국제협력, 이익배분), 정보의 저장에 관한 조항 3개(유전정보의 감시 및 운영, 폐기, 정보와 시료의 목적별 사용 일치), 촉진과 도입에 관한 조항 5개(도입, 윤리교육, 국제생명윤리 위원회의 역할, 추적감시 활동, 기본권과 인간 존엄성에 위배되는 행위에 대한 거절) 등에 관한 내용을 선언하고 있다.

이 선언에는 다음과 같은 이유에 의해서 인간 유전정보가 특별한 지위를 갖는다고 규정하고 있다: ① 인간 유전정보(human genetic data)는 개인에 관한 유전적 소인을 예측할 수 있게 하며, 그 예측력은 유전정보가 생성될 시점에서 평가되는 것보다 더 강력할 수 있다. ② 인간 유전정보는 가족이나 후대의 자손들, 그 사람이 소속된 모든 사람들 전체에 대하여 심각한 영향을 끼칠 수도 있다. ③ 인간 유전정보는 시료수집 단계에서는 그 정보의 중요성이 미처 인지되지 못하는 정보를 포함할 수 도 있다. ④ 인간 유전정보는 사람들이나 단체에 대한 문화적 의미를 가질 수도 있다. 또한 이 선언에서는 유전정보와 단백체 정보를 포함하는 개인의 의학적 정보들은 똑같이 높은 등급의 기밀이 유지되도록 취급해야 한다고 강조하고 있다.

(5) CIOMS 지침

CIOMS(Council for International Organizations of Medical Sciences)은 1949년 WHO와 UNESCO가 합작하여 설립한 비영리단체로서 2002년에 '사람을 대상으로 하는 생명의과학 연구에 관한 국제 윤리지침'(International Ethical Guidlines for Biomedical Research Involving Human Subjects)을 발표하였다(http://www.cioms.ch).

나. 국내외 각국의 바이오뱅크 관련 법률

(1) 한국의 생명연구자원 관련 법률

국내의 인체자원의 수집·관리와 직접적으로 관련된 법률로는 「생명연구자원의 확보·관리 및 활용에 관한 법률(이하, 생명연구자원법)」과 「생명윤리 및 안전에 관한 법률(이하 생명윤리법)」이 있다. 생명연구자원법은 연구정보의 연계체계에 중점을 두고 있으며 생명윤리법은 유전자검사와 같이 인체자원 취급시 개인정보보호 및 생명윤리에 관한 사항이 포함되어 있다. 이와 같이 현재 국내에는 바이오뱅크사업을 전문적으로 뒷받침하는 법률은 없다. 즉 생명의과학 연구를 위한 인체자원의 대량확보, 체계적 관리 및 효율적 활용, 나아가 연구결과물의 치료 및 진단분야 이용 등을 다루는 바이오뱅크 전문법률은 아직 없다.

'생명연구자원의 효율적인 확보와 체계적인 관리를 통하여 지속가능한 활용을 도모하고 생명공학의 발전 기반을 조성함으로써 국민의 삶의 질 향상과 국가경제 발전에 기여하는 것을 목적'으로, "생명연구자원의 확보·관리 및 활용에 관한 법률[시행 2009.11.9]" [법률 제9639호, 2009.5.8, 제정]이 제정되었다. 이 법률에서 '생명연구자원'은 생명공학연구의 기반이 되는 자원으로서 산업적으로 유용한 동물, 식물, 미생물, 인체유래 연구자원 등 생물체의 실물(實物)과 정보로 정의하고 있다. 이 법률에 의하면, 관계 중앙행정기관의 장이 소관 분야의 생명연구자원과 국가연구개발사업의 연구 결과로 생산된 생명연구자원을 관리하도록 하고 있다. 관계 중앙행정기관은 농림수산식품부(농업·수산업분야), 지식경제부(산업분야), 보건복지가족부(보건·의료분야), 환경부(야생생물분야) 및 국토해양부(해양분야)를 말하며 해당분야의 생명연구자원의 확보 관리 및 활용체제를 조성하고 이를 지원하도록 하고 있다. 이러한 관계 중앙행정기관이 관리하는 생명연구자원에 관한 정보는 교육과학기술부장관이 종합적으로 관리하도록 규정하고 있다.

한편, 인체자원의 수집 및 관리에 관해서는 현재로서는 2005년 1월부터 시행된 "생명윤리 및 안전에 관한 법률"(이하, 생명윤리법 법률 제7150호, 2005.1월 시행)과 시행령(대통령령 제18621호 및 보건복지부령 제305호, 2004. 12월 제정공포)에서 다루고 있다. 이 법률에서는 인체자원을 채취, 보관, 검사하는 과정에서 피검자의 불이익에 해당하는 부분을 철저히 제한하고 있다.

(2) 연구용 시료 사용에 관한 미국의 법률 체계

미국에서 인체자원을 이용한 연구는 인간 대상 연구에 대한 연방법률(Federal Policy for the Protection of Human Subjects, Basic Department of Health and Human Service Policy for Protection of Human Research Subjects: 45 CFR 46 Subpart A)이 적용된다. 이 연방 법률은 일명 공통규칙(Common rules)이라고도 하는데, 연구행위에서 주요 3개 윤리원칙(인간에 대한 존엄, 혜택, 정의)을 다루었던 Belmont 보고서의 원칙에 바탕을 두고 있다. 이 연방법률에 의하면, 연구계획서는 독립적으로 과학적 및 윤리적 심의를 받아야 하며, 연구방법은 반드시 기관윤리심의위원회(IRB)의 심의를 받도록 하고 있다. 또한 특별한 경우를 제외하고는 참여자(시료기증자)로부터 고지동의서를 받도록 하고 있다. 개체식별자가 포함되어 있지 않거나 이미 보관중인 시료들에 대해서는 IRB 심의와 고지동의서가 면죄될 수도 있다고 하였다. 이러한 연방법률의 '공통규칙' 준수여부에 대한 감시 감독은 미국 보건성(Department of Health and Human Services)의 인간연구보호국(Office for Human Research Protection, OHRP)에 위임되어 있다. OHRP는 1997년 인체조직 및 레포지토리에 관한 지침을 제정하여 발표하였다(Issues to Consider in the Research Use of Stored Data or Tissues, 7 November 1997).

한편, FDA의 규제를 받고 있는 의약품과 관련된 연구과제들에 대해서는, 인간 혹은 인체자원을 이용하는 연구자들로 하여금 고지동의서와 IRB에 관한 21CFR50과 21CFR56의 규정을 따르도록 하고 있다. FDA 규정은 정의 및 범위 등에서 '공통규칙'과 다소 차이점을 보이는 것 이외에, '공통규칙'에서 허용되는 조직시료들에 대한 예외조항을 별도로 두지 않고 있다.

개인의 건강정보의 사용을 제한하는 보다 더 광범위한 표준 규제안은 미국 보건성에 의해서 1996년 제정된 HIPPA(Health Insurance Portability and Accountability Act)법률이다. 이 법률은 인체자원에 관한 직접적인 규제는 제외되어 있지만 연구자들에 의한 건강정보의 사용을 규제하고 있다. 개인식별자가 제거되지 않을 경우에는 관련 환자정보들도 사용이나 유출에 제한을 받도록 하고 있다. HIPPA에서는 다음과 같은 개인식별정보들(identifiers)은 건강정보(individually identifiable health information)로부터 제외하도록 규정하고 있다.

○ 이름

○ 거리의 이름이나 주소 또는 사서함번호(도시이름이나 우편번호는 제외)

○ 전화번호와 팩스 번호

○ 이메일 주소

○ 주민등록번호(SSN, Social security number)

○ 면허증/인허가증 번호

○ 자동차번호판 번호

○ URL와 IP 주소

○ 증명사진 등의 전체 얼굴사진

○ 건강보험증 번호(medical record numbers, health plan benficiary numbers 등)

○ 장치이력번호(device ID와 일련번호 등)

○ 생체인식정보(지문, 음성지문 등)

이 규정은 개인식별이 가능한 환자정보의 사용이나 유출에 대한 새로운 동의과정으로서의 '권한부여'(authorization)를 요구하게 되었다. 이러한 적법한 권한부여에는 정보의 사용이나 유출에 관한 금지조항들이 포함되어야 하고, 정보의 특정용도에 대해서 심사숙고할 것을 요구하고 있다. 이러한 요구사항들은 연구목적의 고지동의서를 획득해야 하는 요구사항과는 구별된다.

고지동의서가 연구자로 하여금 조직시료를 사용하도록 허락하는 것이기는 하지만, 시료와 정보의 소유권에 대한 뚜렷한 윤리적·법적 합의점은 아직 없다. 캘리포니아 대법원의 판례를 보면, 개인의 신체에서 떼어낸 세포는 개인이 소유권을 갖지 않지만, 자신이 참여하고 있는 사업의 연구목적과 시료의 사용처 그리고 연구참여의 동의 및 철회의 권리에 대하여 고지받을 권리가 있음을 판시한 사례가 있다. 이것은 캘리포니아주에 한정된 판례이며, 다른 몇몇 주(Colorado, Florida, Georgia, Louisiana)는 유전정보들은 개개인의 개인 자산이라고 선언하는 법률을 갖고 있다. 또한 대부분의 주의 법률은 건강정보보다는 유전정보의 획득과 사용에 대해 더 많은 우려를 하고 있으며, 제3자에 의해 유전정보가 무분별하게 사용되는 것을 제한하며 유전정보가 타인에 의해 사용될 때는 반드시 당사자에게 고지할 의무를 두고 있다.

(3) 유럽권역의 법률과 규제

유럽에서는 그동안 연구용으로 사용되는 인체조직을 보호대상으로 간주하지는 않았다. 인체를 대상으로 하는 연구에서 인간에 대한 법적 보호는 2004년에 발표된 '임상시험에 대한 유럽연합령'(European Union Directive on Clinical Trials)이 개시면서 시작되었다고 볼 수 있다. 유럽의 법률은 주로 정보보호와 관련되어 있다(■표 2). 조직시료와 관련된 환자 정보의 사용과 전이에 관한 사항은 EU 정보보호령(EU Data Protection Directive)에서 사적인 정보와 민감한 신상정보들을 다룰 때에는 개인의 기본권과 자유가 보호되도록 하고 있다. 유럽평의회(Council of Europe)에서 1999년 제정한 '인권과 의생명과학에 관한 대회'(Convention on Human Rights and Biomedicine, 일명 Oviedo Convention)에서는 의학연구, 유전학연구 및 고지동의서에 관하여 조직시료가 연구에 사용될 때 개인의 인권과 자기결정권의 원리를 규정하여, 회원국들에게 생명윤리의 가이드라인으로 활용토록 하고 있다.

유럽에서는 개인의 인권과 존엄에 관한 가장 보편적인 원칙을 선언한 헬싱키선언(Declaration of Helsinki) 이외에도 의학연구와 시료연구에 적용되는 몇몇 가이드라인들이 제정되었다. 특히 유럽 내의 많은 국가기관들은 조직시료 등 인체자원을 사용할 때, 보다 더 강화된 규정을 요구하는 경우에는 CIOMS(Council for International Organizations of Medical Sciences)에서 권고한 가이드라인을 채택하여 사용하기도 한다.

(4) 영국의 Human Tissue Act와 UK Biobank EGF

"Human Tissue Act 2004(HTA)"는 2004년 영국(England, Wales, Northern Irelend)에서 제정된 조직시료의 사용에 관한 법률로서 2006년 9월부터 시행되었으며. 스코틀랜드에서는 별도의 "Human Tissue Act 2006"가 제정되었다. 이 법률의 시행과 자문역할을 위하여 별도의 기구(Human Tissue Authority)가 설립되었으며, 이 기구에 의하여 HTA에 관한 세부 시행령(Codes of Practice)이 제정되었다. HTA는 종양 및 질병의 진단에 사용하고 남은 잔여시료를 무단으로 보관하고 있는 것에 대한 찬반 논란의 대응법안으로 도입되었다. 이 법의 제정으로 연구용 잔여 조직시료에 관한 세부적인 법적 근거들이 마련되었지만, 바이오뱅크 연구와 관련된 제반 이슈들을 충분히 다루지 못하고 있다는 견해들이 있다(McHale, *et al.*, 2007). 예를 들면, 조직시료의 소유권이나, 연구용 조직시료 사용에 동의하는 공여자들에게 얼마만큼의 정보를 정확하게 제공해야 하는지, 그리고 동의서가 얼마만큼 특수하거나 혹은 일반적이어야 하는지에 대한 이슈들에 대해서는 이 법률만으로는 해결책이 제시되지 못하고 있다. 따라서 이러한 관련 이슈들에 대해서는 여타의 관련 법률 체계를 준용하거나 연구윤리위원회의 자문을 받도록 해야 할 것이다.

HTA가 시행됨에 따라 영국 법률 체제에서는 시료를 채취하기 위한 수술절차를 위해서도 동의서가 필요하며, 부가적으로 연구용 조직시료의 저장과 사용을 위해서도 별도의 동의서가 필요하게 되었다. 대규모 인구집단을 대상으로 시료를 수집 및 저장하는 UK Biobank에서는 HTA의 법적 규제의 틀 속에서 별도의 윤리감독위원회(Ethics and Governance Council, EGC)를 구성함으로써 특수한 바이오뱅크 윤리 감독 강령(Ethics and Governance Framework, EGF)을 채택하여 운영하고 있다. EGC는 UK Biobank와는 독립적으로 운영되는 기구로서, 이사회(Board of Directors)와 기금출원기관들에게 바이오뱅크에 관한 제반 운영에 대한 자문을 제공하며, 연구참여자와 일반인들을 대상으로 윤리감독강령의 준수여부에 대한 보고서를 발표하는 역할을 하고 있다. EGF의 내용은 크게 4가지 주요 주제에 대한 지침을 제공하고 있다 즉, 참여자와의 관계(연구참여자의 모집, 동의서, 기밀유지), 연구자와의 관계(시료와 데이터에 관한 관할권 및 이용에 관한 방법과 원칙), 사회와의 관계(경영진의 역할 및 책임, 혜택공유, 자산의 이전), 기타 EGF의 시행에 관한 부분으로 구성되어 있다.

(5) 스웨덴의 바이오뱅크에 관한 법률

스웨덴의 바이오뱅크 사업은 기존에 진행 중인 몇 개의 바이오뱅크 관련 사업들(Diet and cancer cohort, microbiology cohort, maternity cohort, medical biobank 등)을 한데 묶어 컨소시엄 형태로 구성하여 네트워크화 된 바이오뱅크를 구축하였다(http://www.biobanks.se). 스웨덴 바이오뱅크 법률(Swedish Act on Biobanks, SF 2002:297)은 '바이오뱅크'에 대해서 다음과 같이 정의하고 있다.

Biobank is defined as Biological material from one or several human beings collected and stored indefinitely or for a specified time and whose origin can be traced to the human or humans from whom it originates.

이 법률에 의하면 연구용으로 수집된 시료의 규모는 크게 중요하지 않으며 하나의 인체자원도 바이오뱅크가 될 수 있다고 정의하고 있다. 게다가 연구용으로 수집되거나 일상 의료행위 과정에서 수집되는 시료에 대해서도 특별한 차이를 두지 않고 있다. 또한 이 법률에 따르면 개인식별정보가 제거되어 더 이상 개인식별이 불가능한 인체자원(unidentified human biological materials)은 바이오뱅크자원이라고 볼 수 없다. 그러나 시료가 암호화되어 있을 경우 암호와 개인식별자 사이의 전환키가 존재한다면 암호화된 인체자원은 바이오뱅크자원으로 간주된다. 따라서 이 스웨덴 바이오뱅크 법률은 이러한 정의에 따라 바이오뱅크 자원의 수집, 저장 및 이용에 관한 제반 사항을 다루고 있으며, 시료분석 결과물로서 생산된 정보들은 기타 관계법령(Act on Medical Records, Act on Personal Information, Official Secrets Act, Act on Ethics)에 의해 규제를 받고 있다.

(6) 기타

일본에서는 후생노동성, 문부과학성, 경제산업성이 공동으로 고시한 '인간게놈 유전자해석에 관한 윤리지침'이 마련되어 있다.

표 2

바이오뱅크 및 의료데이터 보호 관련 외국의 법률

국 가	법률/규정(시행연도)	동의서	동의의 철회	비고
US	Health Insurance Portability and Accountability Act (HIPPA; 1996) Associated Privacy Rule(2003)	개인식별정보가 시료에 연결되어 있지 않은 경우에는 연구용 조직을 사용할 때 동의서가 필요하지 않음.		
UK	Human Tissue Act(2004)	수술을 통한 조직채취와 저장·활용을 위해 동의서가 필요함.		
Estonia	Human Genes Research Act(2000)			
Latvia	Human Genome Research Law(2002)			
Iceland	Act on Biobanks No. 110(2000) Act on a Health Sector Database No. 139(1998) Act on the Rights of Patients No. 74(1997)	진단목적으로 수집될 경우에는 추정동의(presumed consent)가 가능함. 과학연구를 위해서 수집되거나 진단용으로 수집된 시료가 유전자연구에 사용될 때는 고지동의서(informed consent)가 필요하며, 국가생명윤리위원회(National Bioethics Committee, NBC)와 데이터보호국(Data Protection Authority, DPA)의 심의를 받아야 함.	항시가능, 그러나 임상시료를 보관중인 바이오뱅크의 경우에는 NBC와 DPA가 시료사용을 허가할수 있음.	
Sweden	Act on Biobanks in health care No. 297(2002)	- 시료 저장을 위해서는 고지동의서가 원칙이나, 일상적 의료행위로부터 채취된 시료가 2개월대상에서 이상 저장되지 않을 경우 제외함. - 추가 용도로 시료가 사용될 경우에는 새로운 동의서가 필요함. 그러나 그 용도가 연구 혹은 임상시험이라면 윤리위원회 심의에 의해 예외로 적용가능함.	항시가능, 단 인적사항이 제거되었다면 철회된 경우에도 시료 사용 가능.	
Norway	The Norwegian Act on Biobanks No. 12(2003)	- 진단과 치료목적을 위한 추정동의(presumed consent)가 가능하나, 연구목적을 위해서는 고지동의 필요함. - 용도이외의 목적으로 사용할 경우에는 윤리위원회가 증인한다면 동의없이도 제한적으로 시료 사용이 가능함.	항시가능, 그러나 시료와 정보가 여타 사업에 연계되어 있을 경우, 법률에 의해 규제되는 경우에는 예외로함.	

표 2

바이오뱅크 및 의료데이터 보호 관련 외국의 법률

국 가	법률/규정(시행연도)	동의서	동의의 철회	비고
France	Code de la Sante Publique(CSP) The French Data Protection Act			
Denmark	Act on rights of patients No. 482(1998) Act on processing of personal data No. 429(2000) Act on the biomedical research ethics committe system No. 402(2003) Danish Law on Biobanks(2004)	- 진단 및 치료를 위해 채취되는 시료에 대해서는 동의서 불필요, 그러나 연구목적일경우 고지된 서명동의서 필요. - 의학치료와 관련된 시료수집은 환자가 **opt-out**을 선택하지 않은 한 다른 용도로 별도의 동의서 없이도 사용가능함.	철회요청가능함, 그러나 임상연구를 위해서 수집된 시료에 대한 철회는 수용불가	
Finland	Act on the use of human organs and tissues for medical purposes No. 101(2001) Medical Research Act No. 488(1999)	- 시료저장을 위해서는 서면고지동의서 필요함(그러나 일상적인 진단 및 치료를 위해서 채취된 이후 저장되지 않을 시료인 경우에는 예외로 함). - 용도 이외의 목적으로 시료가 사용될 때는 추가 동의 필요함. 그러나 기증자가 사망했거나 용도에 따라 국가의학윤리사무국(National Authority for Medicolegal Affairs)에 의해 예외가 적용될 수 있음.	항시 가능	

3.3 바이오뱅크 관련 주요 ELSI 행위

가. 동의(Consent)

의료 및 생명의과학 연구에 있어서 인간연구 대상자(human research subjects)로 참여하는 사람으로부터 동의를 획득하도록 하는 것은 뉘른베르크 강령, 헬싱키 선언, 벨몬트 보고서 등에 명시되어 있는 개인의 자율성에 바탕을 둔 생명의과학 윤리의 핵심적인 요소이다. 이러한 윤리 지침들에서는 연구가 시작되기 전에 연구 참여자에게 자발적인 동의의 기회가 제공되어야 한다고 명시하고 있다. 자발적인 동의의 근간이 되는 원칙은 바로 개인의 자율성에 대한 존중이다. 주요 윤리강령에 근거하여 생명의료윤리의 4대 원칙으로서 제안된 것들은 자율성의 원칙(autonomy), 선행의 원칙(beneficience), 악행금지의 원칙(non-maleficience) 그리고 정의(Justice)의 원칙들이 있는데(Beauchamp and Childress, 1996), 이중에서 가장 으뜸인 원칙이 자율성 존중에 관한 원칙이다. 이러한 동의의 과정은 의료행위 혹은 연구가 시작되기 전에 치료 내용이나 목적 등에 관하여 충분한 설명을 듣고 이해한 다음, 자유의사에 의해 자발적으로 동의에 이르도록 하는 것이 개인의 자율성을 존중하는 실천적 윤리가 될 것이다. 대규모 인구집단으로부터 시료와 건강정보 등을 수집 저장 및 이용하는 바이오뱅크 연구가 활성화되면서 이러한 동의에 관한 범위와 절차 등이 점차 다변화되기 시작하였다(그림 1). 현재 각기 바이오뱅크의 특수 목적에 적합한 동의절차들이 제안되어 시행되고 있으므로, 다음에서는 이러한 다양한 동의 체계를 살펴보고자 한다.

(1) Traditional informed consent

의료행위와 의과학 연구에서 사용하는 '동의'에 관한 용어는 '충분한 설명에 근거한 자발적인 사전 동의'의 뜻을 내포하는 'informed consent'로 정의될 수 있다. Informed consent는 '사전 동의(서)', '서면 동의(서)', '설명 동의(서)' 등으로 번역되어 사용되기도 하지만, 여기에서는 '고지동의(서)'로 부르기로 한다. 전통적인 의미에서 고지동의서의 기본 구성요소로서는 제안된 연구과제에 대한 충분한 설명이 있어야 한다. 즉 연구의 목적, 연구참여자에게 발생할 수 있는 잠재적인 위험성과 혜택, 연구참여가 자발적이며 언제라도 동의 혹은 연구 참여의 철회(opt-out)가 가능함을 알려주어야 한다. 또한 고지동의서에는 연구와 인권에 관한 문의가 필요할 때 누구와 상담하는지에 대한 설명도 포함되어야 한다.

스웨덴의 바이오뱅크 법률에 의하면 한 개인의 정보는 사용할 때 마다 동의서를 획득하도록 하고 있다. 다만 후속 연구과제가 공여자가 동의했었던 처음의 용도와 유사한 경우에는 윤리위원회로부터 면제(waiver)를 받을 수 있도록 하고 있다. 영국이나 미국에서는 개인의 정보가 영구적으로 개인식별불능 처리가 되어 있고 윤리위원회로부터 해당 연구가 개인에게 상해가 되지 않는다는 것만 승인된다면 미래 후속 연구과제를 위해서 재동의를 받지 않아도 되도록 하고 있다(Maschke KJ, 2005).

유전체연구와 줄기세포 등의 생명의과학 분야의 기술발전에 따라 생명윤리에 대한 이슈들이 새롭게 등장하게 되면서, 연구용 바이오뱅크 자원에 대한 동의서 절차들이 제안되고 있다. 현실적으로 각 나라에서 윤리적 가이드라인이나 생명윤리 관련 법령이 제정되기 이전에 적절한 동의서 없이 자원이 보관되어 있거나 사용되는 경우가 발생하게 되었다. 이러한 자원의 보관 및 이용에 관한 윤리적 법적 근거를 확보하기 위해서는 무엇보다도 그 사용목적에 맞는 적절한 동의서를 획득하는 것이 필요하다. 그러나 ASHG(Satatement on informed consent for genetic research, 1996), NBAC(Research involving human biological materials: ethical issues and policy guidance, 1999), HUGO Ethics Committee(Statement on DNA sampling control and access, 1998)등의 여러 가지 윤리적 가이드라인에 의하면, 동의서를 획득하기 보다는 신원확인을 가능케하는 개인식별자가 제거된 시료에 한해서는 보관 및 이용이 가능하다는 입장을 보이고 있다. 그러나 일본의 건강검진코호트사업(Japan Public health Center-based Cohort Study, JPHC)에서 검진목적으로 수집된 혈액시료에 대해 유전자분석을 위한 목적으로 동의서가 획득되지 않았다는 이유로 유전자분석연구를 위한 목적으로 혈액시료 사용이 불허된 사례가 있다.

최근의 NUGO 생명윤리 가이드라인(European Nutrigenomics Organization - Bioethics Guidelines on Human Studies, 2007)에 의하면 보건의료행위과정에서 일상적으로 수집되는 시료를 포함하여 개인으로부터 시료와 정보를 수집할 경우에는 공여자로부터 반드시 동의서를 획득해야 하며, 사안마다(시료의 수집, 특정 연구를 위한 자원의 사용, 그 외 연구목적에 사용될 경우, 제 3자에 의한 자원의 사용, 상업적 사용) 별도의 동의서를 획득하도록 권고하고 있다.

(2) Presumed consent

Presumed consent(추정동의)는 사망자가 생전에 장기기증에 반대하지 않았다면 사망 후에는 장기기증자로 추정하게 되는 동의체계를 말한다. 일반적으로 기증장기의 숫자가 장기이식 수요를 충족시키기에는 많이 부족하다. 이 경우 추정동의제도를 채택한 국가에서는 장기기증률이 증가되는 경향이 나타났다(Rithalia *et al.*, 2009). 한편, 아이스랜드의 경우, 고지동의의 바탕위에 동의철회(opt-out) 조항에 일정한 제한을 둔, 소위 'presumed consent (추정동의)' 절차를 채택하고 있다. 즉 6개월이 지난 후에 연구참여의 철회를 결정한 사람은 데이터베이스로부터 개인건강정보가 제거될 수 없다는 특수규정을 두고 있다. 이러한 추정동의는 정보 수집에 크게 도움이 되고 있으며 아이슬랜드 데이터베이스의 질을 극대화하는 긍정적 측면에도 불구하고 이 법조항에 대한 반대여론도 여전히 존재하고 있다(Swede *et al.*, 2007).

(3) Balanced informed consent

Balanced informed consent(절충형동의) 모델은 시료 수집 시점에서 고지동의서를 의무화하는 것은 물론 연구참여자가 자기의 시료와 건강정보 등을 사용 목적과 용도에 따라 허락하거나 배제할 수 있도록 함으로써 후속 연구를 지정할 수 있도록 하고 있다. 또한 이 모델에 의하면 연구참여자들은 원하는 만큼의 재동의(re-consenting)의 범위를 지정할 수 있다. 이 모델은 제한이 많은 전통적 고지동의서와 더 보편적인 추정동의 모델사이의 적절한 균형점이 될 수도 있다.

(4) Tiered consent

Tiered consent(층계형동의)는 공여자가 특정 용처에만 시료와 정보를 사용토록 허락하고 다른 용도로 사용하기 위해서는 동의서를 갱신하도록 하는 것을 의미한다(Wolf and Lo, 2004). 개념적으로 층계형동의는 참여자들이 자원의 사용처를 지정할 수 있다는 의미에서 balanced informed consent와 유사하다. 이러한 층계형동의 모델은 참여를 촉진하기 위한 장치가 될 수 있으므로, 참여적 접근(participatory approach)을 실현하는 동의모델로 여겨지고 있다. 대규모 바이오뱅크 사업들이 성공하기 위해서는 연구참여자가 공여한 자원에 대한 대중적 신임(public trust)이 무엇보다도 중요하므로, 대중적신임을 증진시키기 위한 특별감독기구의 개설이 필요하다. 이를 위해서 UK Biobank에서도 별도의 독립적인 윤리감독위원회(Ethical Governance Coucil)를 창설하여 대중적신임을 증진시키는 역할을 하고 있다. 공여자가 제공한 자원에 대해 공여자가 그 자원이 어디에 사용되는지와 어떤 목적으로 사용되는지 등에 대해 직접 통제할 수 있도록 함으로서 대중적 신임이 증대될 것이다. 따라서 이러한 참여적 접근법에 바탕을 둔 층계형동의는 대중적신임을 확보하는데 적합한 모델이 될 수 있다.

(5) Broad /general consent

전통적 고지동의서에 요구되는 만큼 자세하게 세부사항을 제시하지 않고 다목적용으로 시료와 정보에 대한 광범위한 사용처에 대해 동의하는 것이 broad consent(광범위동의) 혹은 general consent(일반동의)에 해당된다. 광범위/일반 동의는 연구대상에 대한 상해가 최소이며 미래에 철회할 수 있는 권리가 보장된다는 전제하에, 아직 미수립된 미지의 연구과제에 대한 미래의 동의도 포함되어 있음을 의미한다. 광범위/일반 동의는 동의의 범위와 지속기간에 대한 제한이 없음을 의미한다.

광범위/일반 동의는 정의에 의해 필연적으로 충분한 정보의 사전 설명이 이루어질 수 없음을 의미한다. 즉 동의의 범위가 일반적이고 보편적일수록 참여자에게 정보는 덜 고지된다는 뜻이 된다. 따라서 광범위/일반 동의는 공여자가 자율성에 입각하여 연구 개시전에 자발적으로 연구참여에 동의하는 절차를 취하기는 하지만, 제공하게 되는 시료와 정보가 훗날 미지의 사용처에도 이용될 수 있을 것이다. 그러므로 초기 사용목적에 대한 사전 설명 이외에는 언제, 어떤 목적으로 시료와 정보가 사용될지 참여 시점에서는 참여자에게 충분히 설명될 수 없는 상황이 된다. 그러나 바이오뱅크라는 것 자체가 훗날 무엇에 어떻게 활용할 것인지가 디자인되어 있지 않은 미지의 연구과제를 위해서 수집되는 경우가 있을 수 있으므로 바이오뱅크의 포괄적 목표에 대한 설명만으로도 '충분한 설명에 의한 사전 동의'의 원칙이 지켜지는 셈이 될 것이다.

바이오뱅크 연구와 관련하여 연구참여자에게 얼마만큼의 적절한 정보를 제공할 것이며, 얼마나 적절한 동의절차를 채택하는 것이냐가 주요 이슈중의 하나이다. 연구목적을 위해 사용될 자원의 공여를 위하여 명확한 지정동의(specified consent)를 주장하는 사람이 있는 반면, 바이오뱅킹에서 동의체제를 윤리적 만능해결사로 신봉하는 것에 대해 비판적인 사람들도 있다. 바이오뱅크 시대에는 데이터 보호를 강화한다는 전제하에 공동의 유대감(solidarity)과 호혜(reciprocity)가 새로운 생명윤리의 원칙으로 자리잡고 있는 경향이 있다. 이것은 그 동안 생명윤리의 근간이었던 개인의 권리를 더 중요시하는 자율성(autonomous)으로부터 벗어나고 있음을 의미한다. 공동의 유대와 호혜는 공공의 선을 위하여 시료와 데이터의 자발적 공유에 바탕을 두면서, 집단과 집단사이 그리고 세대와 세대사이의 공동유대감이 자율성에 우선시되고 있는 것이다. 바이오뱅크의 규모가 대규모화되고 특히 공개데이타의 활용에 기반을 둔 HapMap이나 PGP에서는 이러한 공동유대감과 호혜의 원칙이 더욱 중요하게 적용되고 있다(Hansson, 2009).

일반적으로, 미국의 생명윤리 환경에서는 자원수집시 제시되었던 연구목적에 따라 자원이 활용되도록 하고, 그 외의 목적으로 사용될 때는 별도의 동의를 획득하도록 하게 함으로써, 미국은 광범위/일반 동의에 대한 반대입장을 보이고 있는 반면, 유럽국가들은 일찍이 일반동의 절차를 채택하고 있다. 유전자-환경 사이의 상호관계에 대한 연구를 위한 대규모 인구집단을 대상으로 하는 바이오뱅크 사업으로부터 수집되는 자원의 활용도를 높이기 위해서는 이러한 광범위/일반 동의가 점차 적합한 동의절차의 모델로서 받아들여지고 있다(Hansson, 2009; Elger and Caplan, 2006). Hansson 등은 대규모 인구집단에 근거한 바이오뱅크 사업에 참여하는 연구자들로부터의 동의는 이러한 광범위동의가 바람직한 모델이라고 주장하고 있다(Hansson et al. 2006). 더욱이 유럽의회에서도 바이오뱅크 연구에 대해서 광범위/일반 동의가 허용될 수 있음을 밝히고 있다(Council of Europe, 2006). 실제로, UK Biobank를 비롯하여 에스토니아 및 라트비아 게놈 프로젝트에서 이러한 광범위/일반 동의를 채택하고 있다.

(6) Open consent

Open consent(개방형동의)는 건강정보와 연구정보들에 대한 무제한 공개에 대해 동의함을 의미하며, 자율성, 프라이버시 또는 기밀유지에 관한 어떠한 보장도 받을 수 없음을 의미한다. 개방형동의의 도덕적 으뜸 원칙은 진실성(veracity)이며 개방형동의 과정에서 진실성은 자율성에 우선한다. 미국 NIH의 personal genome project(PGP)를 제안하면서 포괄적인 유전정보와 관련된 대용량의 데이터에 대한 동의를 얻기 위해서는 혁신적인 방법이 필요하였으며 이에 따라 개방형동의의 모델이 제안되었다(Lunshof et al., 2008). PGP에서 채택하고 있는 개방형동의의 도덕적 목표는 적법한 동의의 전제조건으로서 진실성(veracity)를 달성하고 또한 실질적인 고지동의의 전제조건으로서는 엄격한 적법기준을 통하여 자발성을 달성함으로써 적법한 동의를 구하는 것이다. 개방형동의는 연구참여자가 다음과 같은 내용을 수락했음을 의미한다.

- ○ 참여자의 데이터가 자유접속이 가능한(open-access) 공개용 데이터베이스에 포함될 수 있음
- ○ 자율성, 프라이버시 및 기밀유지에 관한 어떠한 보장도 없음
- ○ 연구에 참여함으로써 참여자 본인과 혈연관계인 사람들에게 어떤 상해의 위험이 있을 수 있음
- ○ 연구에 참여하는 것이 어떠한 방식으로든 참여자에게 혜택이 되지는 않음
- ○ 참여자의 안녕에 관한 모니터링을 위한 분기별 설문조사에 응해야 함
- ○ 연구사업으로부터 철회는 항시 가능함
- ○ 공개용 데이터베이스에 공개되었던 데이터의 완전 제거는 불가능할 수 있음

한편, 전장유전체분석법(GWAS)과 같은 대규모 데이터를 다루는 연구에서는 개방형 동의가 필요하다는 주장도 있다. 왜냐하면 유전자변이 정보, 임상역학 정보 및 개인적 건강정보 등을 통합분석하게 되면, 그 통합정보 자체가 개인식별자가 되기 때문이다. 실제로 미국 인간유전학회(ASGH)의 Policy Statement Archives(ASHG Response to NIH on Genome-wide Association Studies)에서는 '가장 확실한 개인식별자(identifier)는 그 사람의 DNA 염기서열 즉 유전자정보이며, 인구학적 변수보다도 유전자정보 자체가 더 정확하게 신원을 확인하게 할 수 있다'는 것을 인식하고 있다고 하였다. 개인의 유전자정보가 혈액형처럼 일상적으로 이용되게 되는 맞춤의학 시대를 위해서는 현재의 동의과정도 그에 발맞춰 진화해야 할 것이다.

(7) Blanket consent

Blanket consent(포괄동의)는 임상의료 및 연구 목적이외에도 법의학적 사용, 친자감별, 출입국 관리업무 등의 모든 용도에 대해서 시료와 데이터가 사용될 수 있도록 허락함을 의미하는 것이다. 즉, 동의의 범위와 지속기간 등에 대한 제한을 두지 않는다. 따라서 포괄동의는 연구목적에만 국한하는 광범위/일반(broad/general consent)과는 구별된다(Hansson, 2009). 한편, 포괄동의는 또 다른 의미에서 역설적으로, 충분한 설명의 의무에 소홀해 질 수 있는 여지가 있다. 왜냐하면 자원 제공시점에서는 공여자원이 훗날 무엇에 사용될 것인지에 대한 정보를 미리 알려줄 수 없는 한계를 가지고 있기 때문이다. 일반적으로 생명의과학 연구와 관련된 자원이나 연구정보들이 의학 및 보건의료 분야 이외의 목적으로 이용될 수 있는 여지가 충분히 있으므로, 이러한 확대된 응용분야에 대해서는 또 다른 법률 체계에 의해 다루어져야 할 것이다.

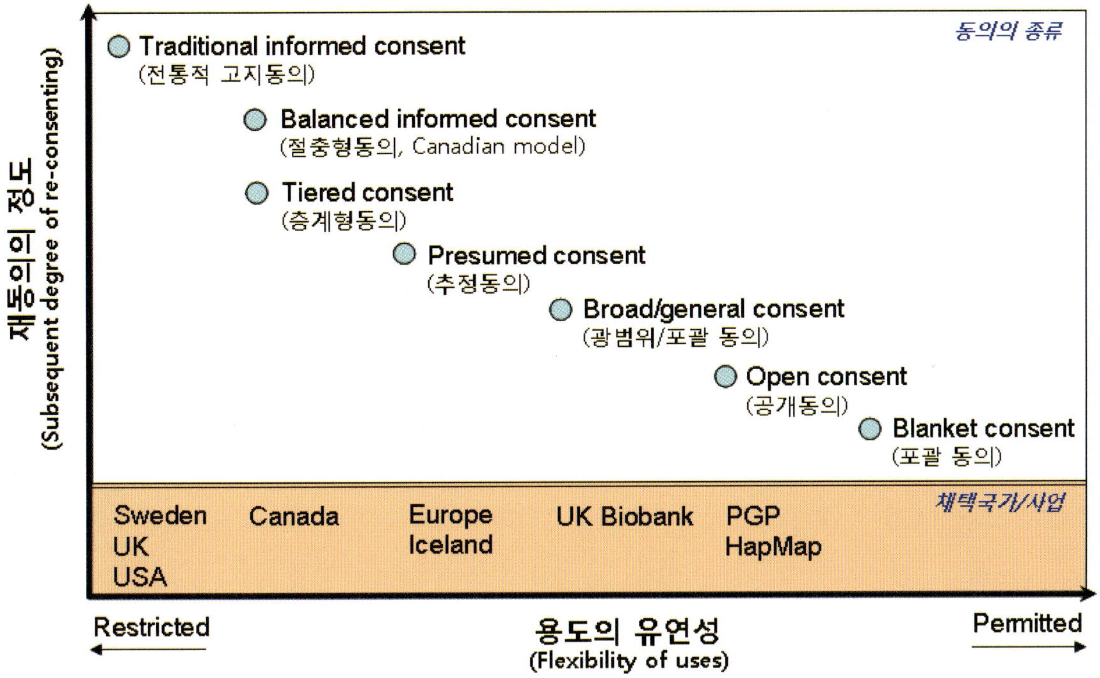

그림 1 동의의 종류와 재동의 및 용도 유연성과의 관계.

나. 사생활 보호(Privacy)와 기밀유지(Confidentiality)

(1) 개념 및 정의

바이오뱅크에서 사생활 보호에 관한 개념은 유전자 프라이버시(genetic privacy)에 해당되며, 이것은 대개 건강정보에 관한 프라이버시(informational privacy)를 말한다. 유전자정보에 관한 프라이버시 보호가 실패하거나 건강정보가 남용될 경우에는 특정 집단이나 종족에 대한 차별 혹은 낙인(stigmatization)의 위험에 노출될 수 있다. 개인정보보호에는 기밀유지(confidentiality), 익명성(anonymity) 그리고 비밀엄수(secrecy)에 관한 개념이 포함되어 있다(Allen, 1997). 건강기록이나 유전자 정보들이 완전하게 익명화되어 있다 하더라도 이들 유전정보가 몇몇 개인 신상정보(키, 피부색, 지역명, 등)와 조합된다면 더 이상 프라이버시 보호와 기밀유지를 담보하기 어려운 상황이 발생할 수 있다(Lunshof *et al.*, 2008). 바이오뱅크에서 프라이버시는 컴퓨터 해킹, 신원확인용 암호키의 도난, 유전정보 추론 등의 여러 경로에 의해 침해당할 수 있으나, 프라이버시의 침해가 도덕적 실패를 의미하지는 않는다. 그와는 반대로, 기밀유지 위반은 보안을 유지해야할 의무가 있는 사람들의 위반행위이므로 도덕적 책임이 따르게 된다.

(2) 신원정보 보호를 위한 시료의 익명화(anonymization)

● 익명화 방법

공여자의 신원을 보호하기 위하여 바이오뱅크에서는 대부분 시료로부터 공여자의 개인식별정보를 익명화(anonymization)하고 있으며(그림 2), 익명화에 관한 국제 가이드라인의 공통점은 연구가 가능한 범위내에서 시료와 정보의 익명화 수준(degree of anonymization)은 가장 보안성이 높은 단계를 사용토록 하고 있다. 익명화 방법으로는 첫째, 이중암호화 방법(double-coding)으로서 공여자와 시료에 대하여 익명성의 개인식별번호를 부여하는 것이다. 개인식별정보와 익명성의 암호화된 번호를 연결하는 코드는 별도의 안전한 장소에 보관되어야 하며, 극소수의 코드취급 인가자에 의해서만 취급할 수 있도록 한다. 둘째, 시료를 익명화하는 방법으로서 시료에 붙여져 있던 개인식별자(identifier)를 나중에 시료로부터 가역적 혹은 비가역적으로 제거하는 것이다. 셋째, 초기단계부터 시료를 완전익명으로 처리함으로서 시료 수집단계부터 공여자의 개인식별정보를 없애버리는 것이다. 익명화 정도에 따라 개인의 신원확인이 가능한지의 여부는 연구참여자에게 돌아가는 위험과 혜택을 평가하는데 중요한 결정인자가 된다.

이러한 익명화 방법에는 개인식별이 가능한 정도에 따라 여러 가지 명명법이 제안되었

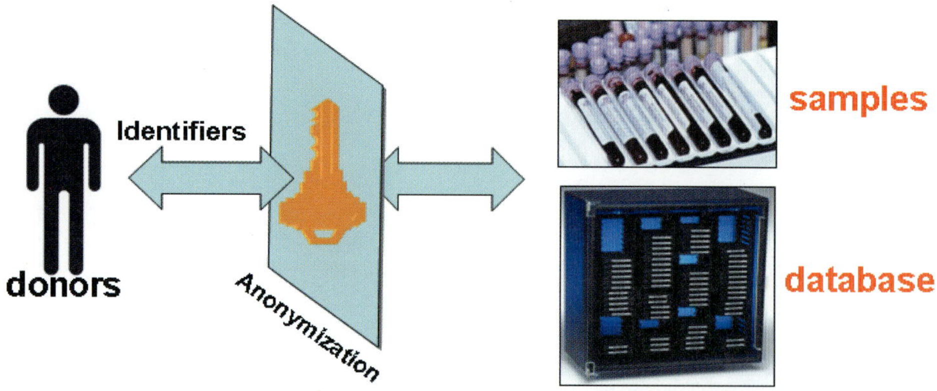

그림 2 공여자 신원정보의 익명화(anonymization)

다. 먼저 미국인간유전학회(ASHG)에서 정의한 익명화 등급을 보면 다음과 같다(ASHG reprot, 1996). 첫째, 'identified(신원확인)'는 이름, 환자번호 등의 개인식별자(identifier)가 시료에 붙여져 있어서 연구자들에게 개인식별자가 제공된다. 둘째, 'identifiable, coded traceable(개인식별가능한 암호화)'는 연구용으로 사용되는 시료로부터 직접적으로 신원이 확인되지는 않지만 어떤 암호에 의해서 공여자의 신원을 추적할 수 있다. 셋째, 'anonymized(비가역적 익명화)'는 시료수집 단계에서는 신원확인이 되지만 그 이후 단계에서 모든 개인식별정보를 비가역적으로 제거하여 더 이상 공여자의 신원확인이 불가능하게 한다. 넷째, 'anonymous(완전익명화)'는 시료수집 단계부터 일체의 개인식별자를 사용하지 않고 완전 익명으로 처리하여 절대 공여자의 신원을 확인 할 수 없게 된다.

한편, 미국의 국가생명윤리 자문위원회(American National Bioethics Advisory Commission, NBAC)에 의한 익명화 등급을 보면, 첫째 'identifed(신원확인)'는 개인식별자가 부착되어 있는 경우이며, 둘째 'coded(암호화)'는 암호가 부착되어 있는 시료가 연구자에게 분양되는 것으로, 이것은 가끔씩 'linked' 또는 'identifiable'로 부르기도 한다. 셋째 'unlinked'는 개인식별자나 암호가 시료에 붙어있지 않기 때문에 시료를 공여자와 연결시킬 수 없는 상태를 말하며, 일명 'anonymized'라고 하기도 한다. 넷째 'unidentifed'는 수집단계부터 개인식별자를 사용하지 않고 완전 익명으로 취급하는 경우를 말한다.

그 외에 익명화에 관한 다양한 명명법과 용어들이 제안되었으며(Knoppers and Saginur, 2005). 그 중에서 Cambon-Thomsen이 제안한 익명화 명명법을 살펴보면 ■표 3과 같다(Anne Cambon-Thomsen, 2004).

표 3

Cambon-Thomsen이 제안한 익명화 명명법

신원확인수준	Description
Identifiable(식별가능)	개인별 고유번호(예, 주민등록번호)가 시료와 데이터에 직접적으로 첨부되거나 linked되는 경우
Traceable or coded(암호부착)	코드가 시료와 데이터에 부착되었지만 코드와 ID사이의 일치성은 물리적으로 시료/데이터로부터 분리되어 있는 경우
Encrypted(가역적 암호화)	코드를 몇 개의 문자조합으로 변형시키고, 이 문자조합이 다시 제3자의 간섭을 받는 코드와 연결됨
Anonymized(비가역적 익명화)	시료/데이터와 개인식별(ID) 사이의 링크가 비가역적으로 끊어져 있는 상태
Anonymous(완전익명화)	시료채취시 ID없이 수집함으로써, 시료와 부착데이터가 임의의 공여자와 링크될 가능성이 완전히 배제되어 복원 불능

● 익명화의 장단점

바이오뱅크에서 관리하고 있는 자원을 익명화하였을 경우에는 절대적 기밀유지를 보장할 수 있고, 정보의 2차 사용과 관련된 상해를 제거할 수 있는 장점이 있다. 그러나 시료가 연구참여자의 의료기록과 연결될 수 없어서 시간이 지나면서 그 가치가 줄어들게 된다. 또한 연구결과에 의해 참여자에게 혜택이 돌아갈 수 있는 정보를 발견하였을 경우 그 정보가 참여자 혹은 주치의에게 전달될 수 없게 되며, 참여자가 훗날 동의를 철회하였을 경우, 시료의 폐기가 불가능하게 되는 단점이 있다. 연구자에게 제공되는 신원정보들의 흐름을 통제하기 위하여, 개체식별 가능한 모델을 사용하든 영구적 익명화 모델을 사용하든지 간에 어느 방법이라도 완전한 것은 없다. 한편, 최근의 바이오뱅크 자원에 관한 익명화 전략을 보면, 익명처리(anonymous)보다는 암호화하는 전략에 대한 수요가 더 높아지고 있다(Auray-Blais and Patenaude, 2006). 예를 들어, UK Biobank, deCode Genetics 등의 대규모 인구집단 기반 바이오뱅크에서는 가역적암호화(encrypted) 방법을 사용하고 있다.

다. 지적재산권(Intellectual property)

소유권에 관한 문제는 특히 DNA시료와 같이 잠재적인 상업적 가치를 가질 수 있는 시료에 대해서 주로 발생한다. 시료를 이용하여 생산한 연구결과물이 발명 특허권과 관계될 경우에는 문제는 더욱 복잡해질 수 있다. 소유권에 관한 사항은 법률로서 규정되지는 않고, 당사자간 혹은 다자간 계약에 의해서 결정이 된다. NUGO의 생명윤리지침에 의하면, 시료와 그와 관련된 데이터들을 포함한 바이오뱅크의 소유권은 기관에게 있으며, 바이오뱅크의 책임자(principle investigator, PI)는 큐레이터(curator)의 역할을 맡게 되며, 제3자의 자원 이용에 관한 사항은 연구계약에 의해서 결정하도록 하고 있다(NUGO bioethics guideline 8). 미국인간유전학회(ASHG)에서는 뱅킹되어 있는 DNA는 특별한 조항이 명시되어 있지 않다면 공여자의 재산이라는 입장을 보이고 있다. 한편, 영국의 MRC(Medical Research Council) 워킹그룹에서는 연구용으로 수집되는 시료의 소유권은 기금원(funding body)에 귀속되며, 연구자들은 수집에 관한 관리인(custodian)으로 간주하였다(MRC guideline, 2001). UK Biobank의 EGF에 의하면, 시료와 데이터베이스의 법적 소유주는 UK Biobank가 되며, 그러한 소유권은 시료와 데이터베이스의 비인가자에 의한 접근 및 이용에 관한 법적 조치를 취할 권리와 시료를 판매하거나 파괴할 권리 등을 포함한다. 공여자들은 시료에 대한 재산권을 갖지 않을 것이라고 하였다. 한편, 정보에 대한 소유권은 그 정보를 생산한 연구자에게 속하며 공여자는 해당 연구에 대한 법적인 권리가 없다는 주장도 있다(Reilly,

1999).

바이오뱅크와 관련된 특허 이슈에 대해서는 아직 국제적인 명확한 지침이 확립되어 있지 않다. 다만, 유럽평의회의 권고안(Council of Europe's recommendation, 1994)에 의하면 '인간은 법률의 주체이지 객체가 될 수 없다'고 명시하였고, 1999년 제정된 '인권과 의생명과학에 관한 대회'(Convention on Human Rights and Biomedicine, 일명 Oviedo Convention)에서는 '인체 혹은 인체일부가 금전적 이득을 발생해서는 안된다'라고 하였다. 또한 1998년 유럽위원회의 생명공학 발명품에 대한 법적 보호에 관한 지침(European Commission Directive, 1998)의 조항3에 의하면 '인체일부 혹은 염기서열은 특허대상이 될 수 없다'고 하였고, 조항9에서는 '특허 가능한 발명에 대해서도 대중적 지지나 도덕성에 위배된다면 특허대상에서 배제되어야 한다'고 규정하였다.

바이오뱅크 자원에 대한 소유권 장벽이 연구자들간의 시료와 데이터의 공유에 장애가 되기도 한다. 소유권 장벽 해소와 자원활용성 증대 및 자원수집에 대한 보상과 혜택을 보장해주는 장치로서 바이오뱅크 인용 및 활용 지수(Biobank Impact Factor, BIF)를 개발하는 것이 필요하다. BIF는 프랑스의 Cambon-Thomson 박사가 처음 제안한 것으로(Combon-Thomsen, 2003), 학술논문의 질을 평가하기 위하여 흔히 사용되는 journal impact factor의 개념에 바탕을 두고 있으며, 특정 바이오뱅크의 시료와 데이터가 연구자들에 의해 얼마만큼 자주 연구에 사용되어 학술논문으로 발표되었는지를 평가하는 것을 기본 개념으로 하고 있다. 이러한 BIF는 출판문에 인용되는 바이오뱅크의 인용지수가 되며, 학술논문의 본문에서 인용되는 바이오뱅크의 이름, 저자의 소속기관, 본문에 명시된 자원출처 등을 인덱싱함으로써 해당 바이오뱅크가 어느 논문에 얼마만큼 기여했는지를 수치화하는 것이다. 또한 네트워크체제로 운영되는 바이오뱅크에서는 중앙은행이 분양시료의 연구결과에 대한 결과보고(feed-back report)와 네트워크 DB에 의한 분양현황 등을 BIF 산출근거로 활용할 수 있다. 따라서 BIF가 높을수록 해당 바이오뱅크의 시료의 연구활용도 및 신용도가 높다는 것을 의미하게 된다.

라. 바이오뱅크 자원의 이용권한과 분양원칙

일반적으로 바이오뱅크의 자원은 유한성을 갖고 있으므로, 이러한 제한된 자원을 연구자들에게 제공할 경우 분양의 제1원칙은 우선순위(prioritization)의 원칙에 의해 분양이 되는 것이 바람직하다. 즉 우선순위의 원칙은 한정된 시료를 이용해서 누가 먼저 가장 좋은 연구결과를 도출할 수 있느냐에 따라 우선적으로 분양되어야 한다는 것을 의미한다. 분양에 대한 우선순위원칙 이외에 NCI 가이드라인(NCI guideline, 2007)에서 제시하는 분양 심의과정에서 고려되어야 할 일반적인 원칙들은 다음과 같다.

- ㅇ 시간에 맞게, 공평하고 적절한 분양이 되도록 하되, 부당한 행정적 부담이 없도록 함
- ㅇ 공정하고 명확하게 분양 절차를 집행함
- ㅇ 원칙과 윤리적 사항들을 주요 인자로 고려함
- ㅇ 연구수행기관의 능력과 특장점, 연구계획서에 대한 신청자의 검증된 경험, 그리고 가설에 대한 연구계획의 부합성
- ㅇ 연구의 특성(발견, 유병율, 초기검증, 가설검증)에 기초하여 자원을 적절하게 배분하였는지, 그리고 공여자의 신원확인 수준이 제안된 연구와 얼마나 부합하는지
- ㅇ 배분결정에 대한 논쟁에 대처하기 위한 호소 절차
- ㅇ 시료와 관련 데이터의 기밀유지, 사용, 폐기 및 보안에 관한 연구자의 동의
- ㅇ 시료이전동의서(Material Transfer Agreement, MTA)에 관한 당사자들의 각서

이러한 일반적인 분양원칙들을 고려하여 각각의 바이오뱅크 특성에 맞게 분양지침을 마련하는 것이 필요하다. 예를 들어 우선순위의 원칙에 입각해서 시료의 중요도에 따라 자원을 등급별로 구분해 놓았다가 분양신청시 등급별로 분양심사를 진행한다면 일률적으로 진행될 수도 있을 불필요한 행정절차를 줄일 수 있다. 실제로 UK Biobank의 분양지침에 의하면, 자원의 민감성 정도에 따라 등급별로 분양심사 절차가 구분되어 있다(■표 4).

표 4

UK Biobank의 분양심의 절차

접근등급	분양심의 주체	분양심의 및 결정 과정
Level 1	UK Biobank staff	ㅇ 일상적이며 민감성이 매우 낮은 자원 ㅇ 지정된 간부가 심사 및 분양을 결정하며, 모든 분양신청서류 및 결과는 이사회와 EGC에 보고함.
Level 2	Access committee	ㅇ 일상적이기는 하나 제한된 민감성을 갖는 자원 ㅇ 분양심의위원회(access committee)에 의해서 심의와 분양이 결정되며, 분양신청서와 분양결과는 이사회와 EGC에 보고토록 함.
Level 3	Board of Directors	ㅇ 보호가 필요하다고 분류된 자원 ㅇ 분양심의위원회로 분양 신청서가 제출되면 심사를 거친후, 이사회로 분양 허가를 추천하고, 이때 분양심의위원회의 추천내용과 분양신청 요약서를 EGC에 제출하여 분양과 관련된 문제점들에 관한 자문이나 권고사항을 바탕으로, 이사회가 최종적으로 자원분양을 결정함.

마. 기타 이슈

IRB(Institutional Review Board)는 인간을 연구대상으로 하는 생명의과학 연구에 대해서 인권을 보호하기 위하여 연구와 관련된 제반 윤리적 이슈를 심의, 승인 및 감시하기 위한 해당 연구기관내 심의기구의 의미로 사용되고 있으며, IRB라는 용어는 미국의 연방법률(Title 45 CFR part 46)에서 유래하였다. 따라서 IRB는 생명의과학 분야의 제반 윤리문제를 심의하는 기관내 심의기구이므로 생명윤리, 연구윤리 등의 심의분야에 따라 여러 가지 이름으로 사용될 수 있으며, 기관의 특성에 따라 생명윤리만을 심의하거나 생명윤리와 연구윤리를 모두 심의하도록 권한을 부여할 수도 있다.

우리나라의 경우 '생명윤리 및 안전에 관한 법률' 제 9조 및 10조에 기관생명윤리심의위원회의 구성 및 운영에 관한 내용이 규정되어 있다. 이 법률에 의하면, 배아생성의료기관, 배아연구기관, 체세포복제배아연구기관, 유전자검사기관, 유전자은행, 유전자치료기관, 그 밖에 윤리적 사회적으로 심각한 영향을 미칠 수 있는 생명의과학기술을 연구개발 또는 이용하는 기관 등은 기관생명윤리심의위원회를 설치하여 연구계획서의 윤리적 과학적 타당성과 공여자 혹은 참여자로부터의 적법한 절차에 의한 동의 여부를 심사해야 한다.

법률적 의무사항인 이러한 IRB설치와는 별개로, 자율적인 윤리위원회(ethical committee, ethical council)를 운영함으로써 제반 윤리지침이나 정책적 가이드라인에 따라 해당 연구 혹은 사업이 진행되고 있는지를 연구사업 관련 당사자들이 상시적으로 모니터링

할 수도 있다. 실제로 UK Biobank의 EGC(Ethical Governance Council)와 에스토니아의 게놈연구사업재단(Estonian Genome Project Foundation)에서와 같이 바이오뱅크 수행기관이 자체적인 윤리위원회를 두어, 법률적 규제대상 뿐만아니라 법률에서 다루지 못하는 사회적으로 민감한 윤리적 문제들을 자율적으로 풀어가거나 사회적 공감대를 형성하는 역할을 하고 있다.

사회적인 이슈중의 하나는 공여자 혹은 시료 수집자들에 대한 정당한 혜택을 어떻게 공유하는가 하는 것이다. 공여자에게는 일정한 형태의 세제혜택 방안이나 일정수준의 무료 건강검진을 제공하는 방안이 제안되기도 하였다.

바이오뱅크에 관한 ELSI도 여타의 생명의과학 분야에서처럼 획일적인 규정은 있을 수 없을 것이다. ELSI에 관한 최적의 접근 방법은 토론을 통한 합일점을 찾아가는 과정이라고 볼 수 있다. 대개 윤리는 그 사회를 구성하는 사람들 사이의 도덕이며, 일반적으로 이러한 도덕의 최소한이 법으로 제정되게 된다. 그리고 윤리와 법제는 그 사회의 역사 및 문화와 밀착되어 있다고 볼 수 있다. 따라서 생명연구윤리에 관한 옳고 그름에 관한 판단은 국가와 사회에 따라 다르게 나타날 수 있다. 바이오뱅크와 관련된 윤리, 법령, 사회적인 이슈들에 대해 대처하는 방법중의 하나로서 이러한 실질적인 이슈들에 대한 질문을 스스로 던진 후 다양한 토론을 통해서 공통의 합일점을 찾아가는 것이라고 볼 수 있다. 따라서 바이오뱅크 생명윤리와 관련된 여러 가지 질문들에 대한 다양한 의견으로부터 공통적인 관점이 도출될 것이며, 그것이 그 시대 그 사회의 최적 생명윤리가 될 것이다.

참고문헌

Allen AL(1997) in Genetic Secrets: Protecting Privacy and Confidentiality in the Genetics Era(ed. Rothstein, MA) 31–59.(Yale University Press, New Haven)

Anne Cambon–Thomsen.(2004). The social and ethical issues of post–genomic human biobanks. Nat. Rev. Genet. 5:869–872).

ASHG reprot: Statement on informed consent for genetic research. Am. J. Hum. Genet.(1996) 59:471–474.

Auray–Blais C, Patenaude J.(2006) A biobank management model applicable to biomedical research. BMC Medical Ethics. 7:E4.

Beauchamp TL, Childress JF.(1996) Principles of Biomedical Ethics, 4th ed. New

York: Oxford University Press.

Cambon-Thomsen A(2003). Assessing the impact of biobanks. Nat. Genet. 34:25-27.

Council of Europe(1994) Recommendations on the protection and patentability of material of human origin

Council of Europe(2006) Draft explanatory memorandum to the draft recommendation on research on biological materials of human origin, Strasbourg: Council of Europe Steering Committee on Bioethics, http://wcd.coe.int/

Elger BS, Caplan AL(2006) Consent and anonymization in research involving biobanks. EMBO R 7:661-666.

European Commission Directive(1998) Legal Protection of Biotechnology Inventions.

Hansson MG, Dillner J, Bartram CR, Carlson JA, Helgesson G.(2006) Should donors be allowed to give broad consent to future biobank research? Lancet Oncol 7: 266-269.

Hansson MG.(2009). Ethics and biobanks. Br. J. Cancer 100: 8-12.

HUGO(1995) Human Genome Organization: Statement on patenting of DNA sequences. Genome Digest 6: 2

Knoppers BM and Saginur M(2005) The Babel of genetic data terminology. Nat. Biotechnol. 23:925-926.

Lunshof JE, Daniel RC, Vorhaus DB, Church GM(2008) From genetic privacy to open consent. Nat. Rev Genet. 9: 406-411.

Maschke KJ.(2005) Navigating an ethical patchwork: human gene banks. Nat. Biotechnol 23: 539-545.

McHale J, Habiba M, Dixon-Woods M, Cavers D, Heney D, Pritchard-Johnes K.(2007) Consent for childhood cancer tissue banking in the UK: the effect of the Human Tissue Act 2004. Lancet Onc. 8: 266-272.

Medical Research Council(2001) Human Tissue and Biological Samples for use in research , operational and ethical guidelines.

Reilly PR(1999) Efforts to regulate the collection and use of genetic information. Arch Pathol Lab Med 123: 1066-1070.

Rithalia A, McDaid C, Suekarran S, Myers Lindsey, Sowden A.(2009) BMJ 338: a3162.

Swede H, Stone CL, Norwood AR.(2007) National population-based biobanks for genetic research. Genet. Med. 9: 141-149.

Wolf LE, Lo B(2004). Untapped potential: IRB guidance for the ethical research use of stored biological materials. IRB 26: 1-8.

4

바이오뱅크 관련 지침

4.1 개요

인체자원을 수집·저장하고 있는 소규모 혹은 대규모 바이오뱅크에서는 사업수행상의 정책과 운영에 관한 세부내용들을 명문화하여 지침서 혹은 가이드라인으로 활용하고 있다. 그리고 자원수집기관이나 네트워크 혹은 지원기관들도 고품질의 수집자원이 연구에 사용되어 최고의 연구성과를 달성할 수 있도록 자원관리에 관한 세부지침과 운영에 관한 지침을 제정하고 있다. 인체자원을 관리하는 바이오뱅크들이 이러한 바이오뱅크 운영지침들을 따르도록 함으로써 자원과 정보가 표준화되며 고품질 자원을 연구자에게 제공하여 신뢰성있는 연구결과를 도출하는데 기여하고 있다. 미국의 국립암연구소, 미국내 네트워크, 영국의 대형 바이오뱅크 사업을 비롯한 유럽의 대형 바이오뱅크 사업 그리고 경제협력개발기구 등에서는 수많은 바이오뱅크들의 협력체제를 제안하는 관련 운영지침들을 제정하였다.

바이오뱅크는 운영, 정책, 자원관리 및 윤리사회적 이슈들에 대한 지침을 마련함으로써 자원관리 및 활용의 투명성을 높이고, 자원과 정보의 표준화를 통하여 고품질의 자원을 확보함으로써 신뢰성있는 연구결과를 생산할 수 있을 것이다. 명문화된 지침은 시료기증자 혹은 기금후원기관 등 바이오뱅크 관련 당사자들과의 원활한 의사소통에도 도움을 줄 것이다. 따라서 국내 바이오뱅크에서도 적절한 운영지침을 마련하고 그에 따라 세부적인 표준자원관리절차들이 제정되어야 할 것이다.

4.2 관련지침

가. OECD 지침서

경제협력개발기구(OECD, Organization for Economic Co-operation and Development)의 생물공학분과에서 생물자원센터(BRC, Biological Resource Center)에 대한 지원사항에 관한 조사가 1998년 일본에 의해 제안된 이후, 이듬해 2월 도쿄에서 "과학기술 인프라 - BRCs를 위한 지원"에 관한 OECD 워크숍이 개최되었다. 그로부터 2년 후, BRC에 관한 68쪽 분량의 보고서(Biological Resource Centres: Underpinning the Future of Life Sciences and Biotechnology)가 OECD 생물공학분과와 BRC 실무추진반(T/F팀)에 발표되었다. 이 보고서의 내용은 BRCs의 필요성, 생물다양성과 유전체학의 도전, 생물자원센터 운영기금지원, 자원의 품질강화, 자원활용에 관한 제약, BRC 네트워크 구축 및 OECD 국가들에 의한 참여 요청 등에 관한 내용을 담고 있다.

그 후 이 보고서에서 제시된 BRC에 관한 권고사항들은 과학계의 자문을 거쳐 OECD 생물공학 워킹분과에 의해 'BRCs에 관한 OECD 지침서(OECD Best Practice Guidelines for BRCs - 2007)'로 확정되었으며, 이어 OECD 과학기술정책위원회(OECD's Committe on Scientific and Technology Policy)에서 최종적으로 추인되었다. 이 지침서에는 OECD의 BRC 개념에 의해서 인체자원을 비롯한 모든 종류의 생물자원뿐만 아니라 생물다양성 및 생물정보에 관한 포괄적인 개념의 생물자원 관리업무에 관한 모범지침을 다루고 있다.

● **OECD에서 정의하는 생물자원센터(BRC)의 정의**: BRC는 바이오테크놀로지를 뒷받침하는 인프라의 필수요소이다. BRC의 구성요소는 살아있는 세포의 레포지토리와 그 서비스 제공자, 생명체의 게놈, 유전정보 및 생명현상과 관련된 기능정보 등이다. BRC는 배양이 가능한 생명체(미생물, 식물, 동물 및 인간유래 세포)의 수집자원, 이들에게서 유래한 복제 가능한 자원(genomes, plasmids, viruses, cDNAs), 살아있지만 배양 불가능한 생명체, 세포 및 조직, 그리고 이들 수집본들과 관련되어 있는 각종 정보들의 데이터베이스, 그와 관련된

생물정보학 등을 포함한다. BRC는 생물자원과 정보의 전달을 위해서 국제적인 과학 및 산업계에 의해 요구되는 품질기준과 기술요건을 충족해야 한다. 또한 생명과학과 관련기술의 발전을 위한 R&D에 이러한 생물자원이 이용되도록 하여야 한다. 이 BRC에 관한 OECD의 정의는 1999년 개최된 'BRC에 관한 도쿄 워크숍'에서 채택된 정의에 바탕을 두고 있다.

● **OECD 지침서의 구성**: 이 지침서는 모두 2개의 파트로 나뉘어져 있으며, 제1파트는 지침서의 필요성과 작성 경위 등에 관한 일반사항을 다루고 있고, 제2파트는 BRC의 운영에 관한 일반적 사항, BRC의 생물보안(biosecurity), 미생물 자원 및 인체자원(Human-derived materials)에 대한 BRC의 운영 및 BRC의 생물보안에 관한 모범지침은 보유하고 있는 생물자원의 종류에 상관없이 모두 적용될 수 있으며, 생물자원의 종류별(인체자원, 미생물자원)로 모범지침이 제시되었다. 동물과 식물에 관한 모범지침도 함께 검토되었으나, 2007년 OECD 가이드라인에는 포함되어 있지 않다.

BRCs에 대한 일반(General Best Practice Guidelines for all BRCs): 생물자원의 획득, 관리 및 제공에 관한 지침을 제공하고, OECD가 정의하는 BRCs의 운영에 관한 지침을 제공하고 있다. 기본적으로는 CABRI(Common Access to Biological Resources and Information) 가이드라인과 UKNCC(UK National Culture Collection)의 정도관리 시스템을 바탕으로 하고 있다. 일반 모범지침에는 세부 지침들에게 적용되는 용어정의, 구성조직 및 기구의 요건, 건물 유지 및 접근, 장비, 기록관리, 데이터 및 정보학, 실험시약, 기탁물의 등록, 보존 및 분양, 품질검사 및 심의 등에 관한 내용을 다루고 있다.

BRCs의 생물안전(Best Practice Guidelines on Biosecurity for BRCs): 대부분의 BRCs는 일부 위험한 생물자원을 관리하고 공유하도록 위임되어있다. 사회는 BRCs로 하여금 그러한 위험한 생물자원의 안전관리에 대한 책임과 안전한 이용에 대한 권한을 믿고 맡겨 놓은 거나 마찬가지이다. 생물테러의 위협이 증가하고 있는 오늘날, 생물학적 위험물질의 도난이나 분실을 막기 위한 특별한 주의가 필요하다. 그래서 생물자원의 활용성과를 극대화하기 위해서 BRCs는 과학적인 관점에서 자원의 공개성을 촉진시켜야 할 뿐만 아니라, 생물보안을 더욱 강화해야 한다. 그러므로 이러한 '생물보안에 관한 모범지침'을 균형있게 적용하는 것이 생물학적 위험물질이 비인가자 혹은 연구이외의 목적으로 사용되는 것을 예방할 수 있는 방법이 될 것이다. '생물안전에 관한 모범지침'은 모든 종류의 생물자원(동식물, 미생물 및 인체자원 등)에 대해 해당 자원의 위험성에 비례하여 보안성을 유지할 수 있도록 지침이 작성되었다. 예를 들어, 생물보안을 위하여 위험성에 따라 등급별로 생물자원을 목록화하여 위험정도에 따라 자원을 관리하는 방법이 있다.

미생물자원(Best Practice Guidelines for the Micro-Organism Domain): 새로운 미생물 자원이 학술적 혹은 산업적 목적으로 점점 더 많이 사용되기 시작하면서 미생물자원에 대한 품질보증을 강화하기 위하여 국제적으로 용인되는 모범지침이 필요하게 되었다. 이러한 모범지침은 미생물자원 및 관련 정보에 대한 정도관리, 지적재산권보호 및 배양자원들의 지속성 등을 보장해 줄 수 있다. 미생물자원에 대한 모범지침은 대부분 'BRCs에 관한 일반 모범지침'을 따르고 있다.

인체자원(Best Practice Guidelines for Human-Derive Material): 인체자원에 관한 모범지침은 BRCs의 운영전반을 다루고 있으며, 특히 개인정보보호 및 윤리적 이슈, 인체자원의 보존 및 분양 그리고 지적재산권에 관한 내용을 포함하고 있다. 이러한 지침은 BRCs 구성 국가의 법률과 규정에 맞게 운영절차가 수행될 수 있도록 도와줄 것이다.

동식물자원(Best Practice Guidelines for Animal and Plant BRCs): OECD 워킹그룹의 T/F팀이 동식물 자원을 모니터링하고 공급하는 BRCs를 위한 모범지침이 개발되어야 됨을 인식하고 있었으나, T/F팀이 운영되는 동안 다른 현안 사업들 등의 여러 가지 사정상 OECD는 본 지침서에서 동식물자원에 관한 지침은 제외시키로 결정하였으나 향후에는 동식물자원에 관한 모범지침이 개발되어야 할 것이다.

나. ISBER 모범실행지침

국제 생물환경 레포지토리 학회(ISBER, International Society for Biological and Environmental Repositories)에서는 2005년도에 처음으로 연구용 인체자원의 수집, 저장 및 관리에 관한 지침(2005 Best Practices for Repositories I: Collection, Storage, and Retrieval of Human Biological Materials for Research)을 발표하였다(Grizzle, 2005). 그 후, 2008년도에는 개정판이 발표되었는데(ISBER, 2008), 2년마다 개정이 될 예정이다. 이 지침은 바이오뱅크 운영에 관한 강제적인 지침이 아니라 자발적 의사에 따라 채택여부를 결정할 수 있도록 권고용으로 제정되었다.

ISBER에서 제정한 이 지침은 인체자원의 수집 및 보존, 관리, 분양 등 바이오뱅크 운영의 전 과정에서 발생할 수 있는 운영관리에 대한 가이드라인을 작성·활용하여 바이오뱅크 운영 표준화를 도모하고자 작성되었다. 인체자원은행 운영을 위한 조직구성, 관리, 시설, 장비, 정도관리, 안전관리, 인력교육, 생물학적 물질 추적, 자원 포장 및 운송, 자원 저장·

처리·검색, 인체자원 관련 법 및 윤리적 문제 등 총 11개의 섹션으로 구성되어 있다. 2008년도 개정판에는 인체자원 수집뿐만 아니라 환경자원 수집에 대한 내용을 포함하고 있으며, 자원의 활용에 대한 국제협력 및 표준화에 대한 가이드라인도 포함되어 있는 것이 특징이다. 각 섹션별 주요 특징과 지침들은 아래와 같다.

● **Section A. Organizational requirements of a repository** : 레포지토리의 인적구성에 관한 일반적 지침들이 기술되어 있다. 이 지침에서 정의하는 '레포지토리(repository)란 자원을 수집, 저장, 가공 및 분양하는 곳'을 말한다. 그것은 물리적인 공간뿐만 아니라 그와 관련된 모든 활동까지 포함한다. 레포지토리는 임무가 분명해야하며 운영절차는 기록관리되어 있어야 한다. 레포지토리는 기관설립과 같은 물리적 실체로 구축 할 것인지 혹은 네트워크에 의한 가상 레포지토리로 운영할 것인지 등이 명확하게 정의되어야 한다. 바이오뱅크 운영 및 조직구성은 총괄 관리자(은행장), 인사관리자, 기술인력 등으로 구성된다. Quality assurance(QA)/ Quality management system(QMS)을 통해 모든 SOP와 정책 등에 따라 바이오뱅크 운영의 적절성에 대한 품질보증을 실시해야한다. QA/QMS 인력은 관리자와 분리된 부서에 배치되어야 한다.

● **Section B. Records management** : 교육일지, SOP, 동의서, 조달관련문서, 처리기록서, 장비유지기록서, 감사문서, 자원위치저장정보, 분양정보, 정도관리정보 등 바이오뱅크 운영관리 정보는 기록하여 관리할 것을 권장하고 있다. 저장된 기록은 '보안시스템'하에 관리되어야 하며, 환자정보 또는 임상정보 등을 포함한 서식은 방재·방수재질 등의 포장지로 포장하여 문서고(잠금장치가 있는 보관함)에 넣어두어야 한다. 또한 서식(전자문서 포함) 수정·변경 시 변경사항은 기록하여 보관한다. 전자문서는 네트워크 또는 원격서버에 매일 백업해야 하며 정기적으로 CD, DVD 등에 저장해야 한다.

● **Section C. Facilities** : 저장실 온도, 공기순환, 조명, 접근·보안, 방문자 접근 시 정책, 보안시스템, 화재 방지시스템, 응급 시 준비사항 등 자원 저장실의 환경조건 및 보안, 응급대책 등에 대한 가이드라인을 준수해야 한다.

● **Section D. Storage equipment and environments** : 액체질소탱크(기체 또는 액체), 저장 컨테이너, 액체질소공급기, 산소센서, 개인보호구, 초저온냉동고, 냉장 및 냉동고, 백업

저장 공간, 저장고 모니터링 시스템 등 자원 저장고, 은행 운영 관련 장비의 조건 및 구비 사항 등에 대한 가이드라인을 준수해야 한다.

● **Section E. Quality assurance and quality control** : 정도보증(QA, Quality Assurance)은 어떤 공정이나 제품이 해당 사업에서 요구되는 타입과 품질을 보장할 수 있도록 하는 일련의 계획, 실시, 기록, 평가 및 개선 등과 관련된 경영활동의 통합시스템을 말한다. 그에 비해 정도관리(QC, Quality Control)는 공정이나 제품의 속성 및 수행능력을 측정하는 기술적 활동 체제로서, 지정된 요구량을 충족시키도록 하는 기술적 행위들을 말한다.

바이오뱅크 운영시에도 정도보증(QA, Quality Assurance)/QMS(Quality Management System)이 있어야 하며 QA/QMS 인력은 자원수집·관리·저장 및 분양 시 자원 정보 및 자원의 질 보증 등을 조사하기 위한 책임 및 권한이 있어야 한다. SOP 작성시 필수적인 사항들을 제시하고 있으며, 바이오뱅크 운영 시 SOP를 준수해야하며 정기적인 개정작업이 필요하다. SOP는 바이오뱅크 운영 인력이 항시 이용 할 수 있도록 복사본을 배치해야한다. 자원의 국제적 교류와 협력을 위해서는 국제표준화기구(ISO, International organization for standardization)에서 인증하는 요구사항들이 충족되어야 한다. 품질경영시스템에 대한 요구사항은 ISO9001:2000에서, 실험방법에 관해서는 ISO/IEC 17025 그리고 표준물질에 관해서는 ISO Guide 34:2000에서 규정하고 있다. 또한 바이오뱅크는 정기적인 감사(audit)를 받아야 하며, SOP에 따라 운영되고 있는지 분기별, 반기별 또는 연별 감사를 받아야 한다. 조직자원의 정도관리시험(안정성검증법)은 연구 프로토콜에 적절해야 하며, 정도관리 범위는 병리학적 또는 세포 생물학적 검증에서부터 DNA, protein 변화를 이용한 분자생물학적 방법까지 다양하다.

● **Section F. Safety** : 안전관리 기본시설, 은행 운영인력의 안전관리 교육, 개인보호구, 주요 안전관리 항목(생물학적 안전, 화학물질에 대한 안전, 장비사용과 관련된 안전, 화재, 방사선 노출 등)에 대한 가이드라인을 준수해야 한다.

● **Section G. Training** : 인체자원은행 운영인력은 자원관리 뿐만 아니라 생명윤리, 정책 또는 규정 준수 등과 관련된 교육을 받아야 한다. 생물안전 등 안전관리가 특히 필요한 바이오뱅크의 경우 국가 법률에 근거하여 특정 교육프로그램을 실시해야 한다. 바이오뱅크 운영인력이 받아야 할 교육 프로그램 및 참여횟수 등은 SOP에 작성되어진 내용에 따라 정기

적인 교육을 수행해야 한다. 바이오뱅크 운영에 대한 교육을 받은 후 직접 운영에 참여할 때 뱅크 운영에 참여할때 바이오뱅크 운영인력은 다양한 업무요청이 있어도 수행할 수 있다. 교육이수자 정보, 교육내용 개요 등 교육내용을 기록한다. 교육관련 파일은 QA에 중요한 자료가 되므로 반드시 보관해야 한다.

● **Section H. Biological material tracking** : 인체자원의 수집에서부터 저장, 보관위치, 분양 등 특정한 자원관련정보를 추적하기 위한 시스템이 필요하다. 프린터된 라벨을 사용해야 하며 라벨은 시약 등의 용제에 대한 내구성이 있어야 한다. 또한 자원위치 등을 육안으로 식별할 수 있도록 읽기 쉬운 형태이어야 한다. 바코드는 1D 바코드 및 2D 바코드 모두 사용 가능하나 2D 바코드 사용을 권장하고 있다. 인체자원은 개인정보를 익명화한 라벨을 부착하고 각 자원에 대한 유일한 식별번호가 부여되어야 하며, 인체자원이 아닌 경우에는 종명, 수집관련 정보, 샘플 타입, 채취량 등에 대한 정보가 포함되어야 한다. 자원추적시스템으로는 자원 위치, 자원종류, 바이알 형태, 분주량, 수집일, 처리일, 처리방법, 보관온도, 수집 시 기타정보 등에 대해 관리한다. 인체자원에 대한 부가적인 정보(진단, 진단과정, 치료정보, 수술정보, 투약정보, 역학정보 등)를 관리한다. 인체자원 분양시 외부 기관으로 자원을 이송하기 전에 자원이전협약서(MTA, material transfer agreements) 또는 이와 유사한 자원이전에 대한 협약서를 작성해야한다.

● **Section I. Packing and shipping** : 인체자원을 운송할 때 운송온도 및 습도, 조도, 적절한 운송 자원양 등을 고려하여야 하며 운송 전 시범 운송을 실시하여 안전한 상태임을 확인한다. 운송과정 중에도 자원의 추적이 가능해야 한다.

● **Section J. Specimen collection, processing and retrieval** : 자원수집에서부터 분양시 까지 각 단계별 정도관리는 자원의 품질관리에 중요하며, 인체자원은 온도 및 습도변화에 민감하여 분해되기 쉬우므로 체계적인 정도관리를 수행해야 한다. 냉동/해동 주기: 잦은 냉동과 해동은 자원 품질에 영향을 미치므로 연구에 사용될 수 있는 적당량만큼 분주하여 저장하는 것이 좋다. 적정한 습도유지 또한 자원의 품질유지에 영향을 미친다. 자원의 품질저하 특히 RNA 분해정도를 감소시키기 위해 자원 수집, 처리 과정 시 사용되는 실험기구는 멸균하여 사용한다. 자원의 안정성은 기타 첨가물질(항응고제, 멸균제 등)에 의해서도 영향을 받는다. 연구를 위한 자원수집은 환자의 진단이나 치료에 방해가 되지 않는 상태에

서 수행되어야 한다. 병리의사는 혈액, 조직자원 등 진단에 사용되지 않는 잔여자원을 적절한 프로토콜에 따라 수집한다.

인체자원은 신선하고, 깨끗한 환경에서 수집되어야 한다. 건조한 타월은 사용하지 않아야 하며, 멸균장갑 등을 착용하고 깨끗한 블레이드를 사용하여 조직을 채취한다. 조직 적출 후에는 식염수 등에 넣어서 이동해야 하지만, 동결조직의 경우는 얼음결정 생성의 원인이 될 수 있으므로 생략한다. 모든 시료에는 바코드/patient ID가 부착되기 전, 환자정보를 확인하기 위해 라벨을 붙여야한다. 연구를 위한 자원 수집은 환자의 진단이나 예후에 영향을 미치지 않아야 하며, 특히 조직자원은 진단을 위한 조직검사를 우선으로 하며 잔여자원을 수집대상 자원으로 한다. 조직자원의 활용정도를 결정하기 위해 병리의사로부터 확보한 시료에 대해 순도, 수술 자원의 normal %, tumor %, 괴사, 섬유화 등의 정보는 기록하여 보관한다.

혈액자원을 수집할 때 항응고제를 사용(plasma/buffy coat/RBC)하거나 응고촉진제를 사용(serum/clot)하여 채혈한다. 채혈 시 연구목적에 적합한 항응고제를 선택하여 향후 연구결과에 영향을 미치지 않도록 한다. 수집하는 동안 아이스에 보관하거나 냉장상태를 유지해야 한다. 소변을 수집하기 위한 수집용기는 50ml~3L 용량의 입구가 넓은 용기를 선택한다. EDTA와 sodium metabisulfite는 소변 수집 시 가장 널리 사용되는 보존제이다. 손톱이나 머리카락은 미량금속 분석을 위해 사용되는 인체자원으로서 수집과 보관이 용이하며, DNA 추출에도 이용된다. 타액, 구강세포세척액은 자원 수집과 보관이 용이하며, 구강세포 DNA 추출시 많이 사용된다. 모유시료는 멸균된 병에 수집해야 한다.

저장자원의 검색 및 분양을 위한 Inventory system은 자원의 위치를 추적할 수 있어야 한다. 분양시 해동 및 자원의 분주는 냉장고(4-8℃)에서 서서히 해동한 후 분주한다. Resin straws는 37℃ 항온수조에서 즉시 해동한다. 세포자원의 경우, 동결 방법에 따라 세포생존율이 달라지므로 적절한 냉동방법을 이용한다. 상온에서부터 1분당 -1℃씩 온도를 하강하여 동결하는 방법이 세포생존에 효율적이다. 일반적으로 -20~-30℃에서 냉동한 후 LN_2에서 동결하는 2단계 동결방법이 널리 사용된다.

● **Section K. Legal and ethical issues for human specimens** : 인체자원은 다른 생물자원과는 달리 생명윤리에 입각하여 연구에 활용되므로 기관생명윤리심의위원회(Institutional review board, IRB) 및 윤리위원회(Ethics review committee)는 자원 분양 시 분양신청과제에 대한 철저한 심의 후 연구활용 승인을 해야 한다. 환자로부터 인체자원기증에 대한 동

의서를 확보해야 한다. 인체자원을 연구에 활용하기 위해서는 동의서를 확보해야 하며, IRB 및 윤리위원회의 승인을 얻은 후 분양 및 연구에 활용 가능하다.

다. NCI 가이드라인

미국 NCI는 연구용으로 수집되는 인체자원(human specimens)과 그와 관련된 정보 그리고 시료 보관 시설 및 관련 절차와 정책들의 집합체를 통틀어 생체자원(biospecimen resource)이라고 정의하고 있다. 생체자원(biospecimen resources)은 개별 연구자들의 소규모 냉동고에 보관중인 자원에서부터 기관이나 연구소의 정형화된 레포지토리에 이르기까지 다양하며, 이러한 생체자원들은 유전체학 및 단백체학을 활용하는 암 연구를 위한 필수 불가결한 요소임을 인식하고, NCI 가이드라인을 제정하게 되었다. 이 가이드라인의 초판은 2005년에 발표된 'First-Generation Guidelines for NCI-supported Biorepositories NCI guideline)'였으며, 2007년 6월에 개정판으로서 'NCI Best Practices for Biospecimen Resources(NCI Best practices)'를 발표하게 되었다. NCI는 생체자원이 최고 품질을 달성하도록 하고, 질 높은 연구과제에 대해 연구비를 지원한다는 NCI의 목표를 달성하기 위해서, 연구자 혹은 바이오뱅크들에 의해 이러한 '미국암연구소 모범지침(NCI Best Practices)'이 자발적으로 이행되기를 바라고 있다. 미국암연구소 모범지침은 바이오뱅크 운영에 관한 다음과 같은 분야에 대해서 모범지침을 권고하고 있다.

○ 가이드라인의 범위, 응용성 및 이행

○ 실무와 운영에 관한 모범지침
- 시료의 수집, 처리, 저장, 회수 및 분양
- 임상정보의 수집 및 관리
- 정도보증 및 정도관리
- 생물안전
- 자원관리 정보학 및 시료추적

○ 윤리사회적 이슈
- 후견인
- 고지 동의
- 개인정보보호
- 시료 및 정보의 이용
- 지적재산권 및 자원 공유

생체자원은 연구과제의 목적에 맞게 수집 및 제작되지만, 모든 시료의 종류에 대해 공통의 절차와 원리들이 적용되어야 한다. 시료의 수집, 저장 및 분석을 위한 표준화가 중요함을 인식하게 되면서, NCI는 최근에 생체자원 연구 네트워크(Biospecimen Research Network, BRN)를 개시하였다. BRN은 NCI 내외부과제, 임상센터와 분석실험실 등으로 구성되어 있으며, 시료 관리상의 변수들에 따라 유전체학 및 단백체 연구결과들이 어떻게 영향을 받는지에 대한 연구를 진행하고 있다. BRN의 연구에서 얻어지는 데이터들은 증거에 기반한 표준운영절차(evidence-based SOPs)를 개발하는데 기여할 것이다(http://biospecimens.cancer.gov/sciences/symposium.asp).

라. UK Biobank 가이드라인

UK Biobank의 정책과 제반 활동 및 윤리적 이슈에 관한 개괄적인 정책과 방향에 관한 사항은 "UK Biobank Ethics and Governance of Framework(EGF)"에 기록되어 있다. UK Biobank 이사회(Board of Directors)가 EGF를 채택하고 집행하는 책임을 갖는다. EGF의 개정 및 보완은 '윤리 및 감독 위원회'(Ethics and Governance Council)와 이사회 등이 요청할 수 있다.

- UK biobank에서 수집하고 있는 시료는 중장기 연구를 위한 자원이며 건강관리 프로그램이 아님. 시료와 정보가 수집될 것이며 개인에 따라 특별히 민감한 정보가 포함될 수 있음.
- 참여자의 진료기록과 건강정보들이 연계될 것이고 참여자는 이러한 연계에 동의함으로써 연구자원으로서의 UK Biobank의 가치를 가능한 최대화할수 있을 것임.
- 데이터베이스와 수집된 시료의 소유자는 UK Biobank가 될 것이며, 참여자는 시료에 대한 소유권이 없음.
- 데이터와 시료는 가역적으로 익명화된 형태로 관리될 것이며, 익명화되지 않은 데이터와 시료는 엄격히 접근이 제한될 것임.
- 데이터와 시료는 오로지 연구목적으로만 사용될 것이며, UK Biobank와 윤리위원회의 승인을 거쳐 익명화된 형태로 연구자들에게 분양될 것임.
- 기업체에서도 UK Biobank 자원을 이용할 수도 있음.
- 시료 제공 이후 훗날 UK Biobank가 다시 연락할 수 도 있음.
- 참여자가 사망하거나 사고에 의한 판단력 상실시에도 연구목적으로 참여자와 관련된 데이터에 접근을 허용함. 참여의사는 언제 어느 때라도 무조건 철회할 수 있음.

UK biobank는 영국에 거주하는 40~69세 인구 중 자발적으로 자원 기증을 원하는 기증자를 대상으로 50만명분의 자원 확보를 목표로 하며, 본 가이드라인은 기증자로부터 자원 확보시 고려해야 할 윤리적 및 법적 문제 등을 제시하고 있다. EGF는 공여자와의 관계, 연구자와의 관계, 사회와의 관계, 채택·이행·개정 등 네 부분으로 구성되어 있다. 그 중에서 공여자 및 연구자와의 관계에 대한 지침에 대해 살펴보면 다음과 같다.

(1) 공여자와의 관계(Relationship with participants)

● **공여자 모집**: 질병에 걸리지 않은 건강인을 대상으로 우편 등을 통해 참가 신청을 받은 후, 지역 검진센터에서 시료를 채취하며, 역학 설문조사 및 공여자의 동의서를 반드시 확보해야 한다. NHS records에서 공여자에 대한 정보를 확인하며(임상정보에는 접근하지 않음), 공여자에 대한 정보는 Data Protection Act와 다른 관련법규에 의거 관리되도록 한다.

● **동의서(Informed consent)**: 동의서에는 다음 사항에 대한 충분한 이해와 설명을 전제로 한다.

▷ **공여자 정보수집**: 공여자에 대한 건강관련 정보를 지속적으로 추적·관리한다. UK biobank는 NHS records system에서 데이터를 수집한다.

▷ **공여자에게 건강정보 제공**: UK Biobank는 원칙적으로 공여자에게 건강검진을 제공하는 것은 아니지만, 다음 3가지 단계중에서 임상검사 혹은 검진 결과값이 참여자에게 제공될 수 도 있다. 즉 검진센터 방문시 현장에서 측정한 혈압이나 체지방 등의 검진항목, 시료가 저장되기 직전 백혈구 수치값 혹은 훗날 수행되는 분석실험의 결과값으로서 유전정보 등이 참여자에게 제공될 수도 있다.

▷ **UK Biobank 사업에 대한 홍보**: 웹사이트, 뉴스레터, 공청회 등과 같은 다양한 매체를 통해서 UK biobank 프로젝트에 참여하는 방법, 공여 자원의 활용방법 및 연구결과 등 사업 전반에 대한 내용을 공유하도록 한다.

▷ **추적조사**: 공여자에 대한 새로운 정보를 수집하는 등 몇 년 마다 일부 공여증자에 대해 추적 조사가 실시된다.

▷ **철회 권리**: 참여의사는 언제라도 철회 가능하지만, 사후에는 철회할 수 없다. 최초 등록시 3가지 철회 방법중에 1가지를 선택할 수 있게 하였다. 그중에서 '추후 연락 금지(no further contact)' 선택사항은 최초 등록이후 직접 참여자에게 연락하지 못하도록 하지만, 여전히 시료와 정보의 사용은 허락하도록 하는 것이며, '추후 활용 금지(no further access)'는 추후 연락도 하지 말고 추가 건강정보 등의 수집도 금지시키지만 이미 제공된 시료와 정보의 활용은 허락하는 것이다. '추후 사용 금지' 선택사항은 더 이상 참여자와 연락하는 것이나 추가 정보 수집도 허락하지 않도록 하는 것 이외에, 이미 수집된 정보와 시료들을 모두 폐기하도록 하는 것이다.

▷ **사망한 참여자에 대한 존중**: 사망한 이후에는 가족이나 친척에 의해서도 시료와 정보 제공에 대한 동의가 철회될 수 없다. 다만 생전에 철회 권리가 위임되어 있는 경우에는 위

임자에 의한 철회가 가능하다.

▷ **금전적 보상**: 참여자들은 어떠한 물질적·금전적 보상이 제공되지 않지만, 여비 혹은 주차비와 같은 실비는 제공될 수 있다.

● **기밀유지(Confidentiality)**: UK biobank는 시료와 정보를 익명화하여 데이터의 보안을 유지한다. 공여자에게 동의서 작성시 자원 및 정보의 보호에 대해 설명한다.

▷ **정보기밀유지를 위한 위탁·위임**: 데이터 보호를 위해 엄격한 기준을 유지하고, 시료와 정보는 익명화하여 보안 규정에 따라 처리·관리하여 보관한다. 인체자원을 활용하는 연구자들은 익명화된 자원과 자원정보에만 접근할 수 있다.

▷ **익명화**: 검진센터(assessment centre)는 공여자가 방문하는 동안 공여자로부터 확보한 정보와 함께 개인정보(이름, 주소, 생년월일, NHS 번호)를 유지해야하며, 정보보안을 위해 암호화해야 한다. 각 센터에서 수집된 정보는 UK biobank central system으로 전송되며 UK biobank coordinating center에 정보가 도착하면 공여자 자원정보에서 개인정보를 삭제하고 NHS 번호가 아닌 임의의 번호코드를 사용하여 그 정보를 연계해둔다. UK biobank가 중앙에서 정보를 관리하고 일부 관리자들에 한해 공여자정보의 're-linking'을 위해 key를 이용해 접근할 수 있다.

▷ **Re-identification**: Key code를 이용한 공여자 정보 접근은 UK biobank 직원에게만 허용되며, 연구자는 공여자의 개인정보에 접근할 수 없다.

▷ **보안**: 공여자의 임상정보와 역학정보는 연구에 활용가능하나, 윤리적 기준에 따라 연구에 이용하여야 한다.

(2) 연구자와의 관계(Relationship with research users)

● **시료와 데이터의 관할 권리(stewardship of data and samples)**: 수집된 시료와 정보데이터들의 법적 소유권은 UK Biobank가 갖게 되며, 이러한 권리는 수집된 자원의 처분에 관한 법적 권리를 갖게 되며, 공여자는 이러한 권리를 가질 수 없다.

● **연구를 위한 자원의 이용**

▷ **자원 이용에 관한 일반 원칙**: UK Biobank 자원이 어떠한 의과학 연구에 활용되더라도 연구분야를 배척하지 않지만 모든 연구과제들은 반드시 과학적 심의와 윤리적 승인을 거쳐야하며, UK Biobank는 분양신청서 제출 후 공여자의 동의와 일치하는지, UK biobank 윤리기준에 맞는지 심의를 거치게 된다.

- ▻ **자원 이용에 관한 결정:** UK biobank 이사회는 자원의 사용에 대해 승인 및 결정 권한을 갖는다. UK biobank는 공여자 또는 연구자 등을 대상으로 자원 접근기준에 대해 설명해야 하며, 자원 활용의 우선순위 선정 조절, 분양 시 공평하고 투명한 자원 분배 등 전반적인 정책 및 접근 기준을 개발해야 한다.
- ▻ **특별연구를 위한 특약:** 시료 및 정보의 활용은 UK biobank 목적에 일관되고 과학적, 윤리적으로 승인된 연구의 경우 특약(licence)에 의해 허가될 수 있다. 특약에 의한 자원 활용시에는 일정한 수수료가 부과될 수 있으며, 금전적 이익이 생길 수 있는 경우에는 수수료가 높게 책정될 수 있다.
- ▻ **데이터와 연구결과물의 공유:** 참여자에 대한 임상검사 결과와 자원 활용으로부터 생산된 모든 연구결과는 UK Biobank database에 반드시 등록하며 등록한 연구결과는 과학적 및 윤리적 기준에 적합한 모든 연구자들이 이용할 수 있도록 함으로써, 자원의 가치를 극대화하게 한다.

마. NBN 가이드라인

RAND 보고서에서 언급된 모범지침에 관한 내용은 바이오뱅크 운영에 관한 가이드라인으로 활용될 수 있는 유용한 내용을 포함하고 있다. 미국에서 암과 관련된 업무 종사자들의 모임인 NDC(National Dialogue on Cancer)는 2002년 초, NDC 연구 모임에서 시료의 이용 및 접근이 유전체학과 단백체학에 기반한 치료법 개발 연구에서 주요 장벽으로 대두되었음을 인식하게 되었다. 그 후, 이러한 조직시료의 활용에 관한 장벽해소를 위하여 '시료활용 워킹그룹'(TAWG, Tissue Access Working Group)이 구성되면서, 곧이어 TAWG의 하부그룹으로서 NBN 구축팀(National Biospecimen Network Design Team)이 구성되었다. NBN 구축팀은 자체적으로 'NBN blueprint'를 작성함과 동시에 RAND Corporation에 의뢰하여, 2003년에 기존 바이오뱅크 사례 조사와 시료 활용에 관한 모범지침(best practices)을 작성하여 보고하게 되었다(Eiseman, 2003).

시료활용에 관한 NBN의 가이드라인은 유전체학 및 단백체학 기술을 이용한 암 연구 활성화를 위해 조직의 수집, 관리 및 분양에 관한 "best practice guideline"을 제안하였다. NBN 가이드라인은 서론, 바이오뱅크 운영 방법론, 자원의 수집·처리·보관, 자원정보 및 데이터관리, 자원분양, 사업모델 및 운영, 공여자의 정보보호 및 윤리적 문제, 지적자산 및 법적문제, 마케팅 및 홍보·교육, 요약 및 결론 등 총 10개의 장으로 구성되어 있다. 모범지침(best practices)의 주요 내용을 살펴보면 다음과 같다.

● **시료 관리(Biospecimen collection, processing, annotation, storage and distribution)**: 고품질 시료의 양과 다양성을 확보하기 위해서는 시료를 수집하는 검진사이트와 병원들 사이의 네트워크를 구축하는 것이며, 다양한 범위의 질병에 대한 시료를 수집하며, 이때 대조군 조직과 기타 부수적인 시료(혈액, 혈청, 혈장 등)도 동시에 수집하는 것이 모범지침이 된다. 또한 다양한 연령대에 걸쳐서 다양한 종족집단으로부터 시료를 수집함으로써 연구에 사용될 시료들을 다양화하는 것이 필요하다. 무엇보다 중요한 것은 시료수집보다는 환자의 진단과 치료에 우선순위를 두도록 함으로써 환자를 보호하고 지속적으로 시료를 공여하는데 방해되지 않도록 한다.

데이터 수집에 대한 모범지침은 레포지토리의 임무에 따라 달라지지만, 관련 데이터들의 양이 얼마나 되든지 간에 모범지침을 적용할 수 있어야 한다. 시료와 관련된 데이터들은 표준화된 공통 데이터 요소들을 갖추어야 한다. 일단 데이터가 수집되고 나면 레포지토리의 데이터베이스에 입력되어야 한다. 바코드 시스템을 적용하여 레포지토리에 보관되어 있는 모든 기간 동안 시료와 정보의 추적이 가능해야 한다. 데이터의 오류를 줄이고 정확성을 높이기 위한 모범지침은 표준화된 용어와 전산입력양식, 스캔이 가능한 바코드, 데이터 수정기술(parcing technology)을 사용하는 것이다. 저장방법에 관한 표준은 시료종류와 보존조건에 따라 달라진다. 급속동결된(snap-frozen) 시료는 보통 -80℃ 냉동고 혹은 액체질소 탱크에서 보관된다. 파라핀 고정 조직과 조직어레이(tissue microarray)는 실온에서 보관하되, 기후에 영향을 받지 않는 환경에서 보관한다. 그러나 시료 저장에 대한 최적 조건은 아직까지 학계에서도 합의점이 도출되어 있지 않은 상태이다.

일단 시료가 저장고에 보관되기 시작하면 보관환경과 저장조건이 항상 일정하게 유지되도록 하는 것이 필요하다. 시료저장에 적합한 온도와 조건에서 보관되는 동안 시료의 안정성이 손상받지 않도록 하기 위해서는 저장시설에 관한 표준운영절차, 적절한 백업장비 및 다수의 저장시설에 분산보관하는 것 등이 모범지침이 될 것이다. 운송과정 중 모든 시료는 시료의 운송에 관한 표준화된 절차와 바코드, 스마트칩 혹은 RFID(radiofrequency identification tag)등에 의한 지속적인 모니터링이 필요하다. 시료 분양에 관한 모범지침은 레포지토리의 목적에 맞게 시료가 사용이 될 수 있도록 분양정책과 목표를 정하는 것이다.

정도보증(quality assurance)은 성공적인 레포지토리 운영의 근간이 된다. 시료의 수집, 저장, 가공 및 분양에 관한 표준화된 프로토콜을 사용하고 개별적인 네트워크 참여기관에서 공통 데이터 요소들을 사용하며 데이터를 표준화 하는 것이 필요하다. 정도관리업무는 수집단계부터 최종적으로 연구자에게 분양되기까지 전 기간에 걸쳐서 통합적인 정도관리 시스템이 운영되어야 한다. 정도관리의 출발점은 시료가 수집되기 직전 실무자 교육에서부터 출발하며, 연구자들이 보내오는 시료의 품질에 관한 사용만족도(feedback)까지 반영되어야 한다.

● **생물정보학(Bioinformatics)**: 확장성을 갖춘 표준화된 전산정보 시스템은 모든 레포지토리의 근본이 된다. 자원관리자, 연구자, 환자 등을 위해 Web을 통해 자원의 검색 및 접근이 용이하게 하는 전산정보시스템이 가장 좋은 모범지침이다. 엄격한 네트워크 보안 시스템과 접근관리는 자원공여자의 개인정보보호를 위해 필수적이다. 시스템에 자원정보를 입력하고 데이터를 분류하기 위해 표준용어를 사용하는 것은 수집군 중 자원 특징의 비교 대조를 위해 필수적이다.

● **자원 수요자의 요구사항(Consumer/User needs)**: 레포지토리의 성공은 자원 수요자의 요구를 얼마나 잘 충족시키느냐에 달려있다. 자원분양 신청에 대한 심의에서 분양 우선권을 결정하는 방법은 일반적으로 다음의 4 가지 중의 1가지가 될 것이다: ① 분양신청 순서에 따라 우선권 부여(선착순, first-come first-served), ② 네트워크참여자, 협력기관, 레포지토리에 기여한 관계자에게 우선권 부여, ③ 연구계획서의 기대성과에 의거 우선권 부여, ④ 해당 레포지토리의 정책적 결정에 의한 우선권 부여. 가능한 많은 연구자들에게 공정하게 자원이 분양될 수 있도록 하는 모범지침(best practices)은 첫째, 자원(분양)활용위원회를 운영하여 연구계획서의 기대성과에 근거한 분양우선권을 부여하도록 하는 것이며, 둘째, 희귀시료와 마지막 잔여시료의 분양은 통제하고, 한명의 연구자가 시료 전량 혹은 특정 시료를 사용하지 않도록 하는 정책들을 수립하여 운영하는 것이다.

● **운영기금과 이윤추구**: 일반적으로 레포지토리의 운영기금은 정부, 학술단체, 기업체 및 개인 등에 의해 지원이 된다. 바이오뱅크 대비 후향적 수집 및 분양, 네트워크 대비 개별 검진소, 중앙집중화 대비 비집중화된 수집, 저장 및 전산정보시스템 등에 따라 레포지토리의 비즈니스 모델이 달라진다.

2003년도 RAND 보고서에 의하면, 시료의 수집, 저장 및 분양에 소요되는 시료별 단가는 60~150불이었으며, 시료에 연결된 임상정보의 양에 따라 단가는 차이가 났었다. 정보의 양이 많을수록 수집비용은 높았다. 반면에 연구자들에게 부과되는 시료 비용은 무료에서부터 200불이상인 경우도 있었다. 실제 시료관리 비용을 산출하고, 비용회수기반(cost recovery basis)으로 레포지토리를 운영하기 위한 실제 비용을 산출하여 모범지침을 마련해야 할 것이다.

새로운 기법이나 장비를 레포지토리에 적용시킬 수 있도록 정기적인 회의나 워크숍 등이 필요하며, 연구자들의 요구사항들을 유연하게 반영하고 새로운 자원관리기법에 관한 개선점들을 적용하도록 해야 한다. 레포지토리의 자원을 이용한 연구결과가 논문으로 출판된 경우, 시료의 출처에 관한 내용이 표기되도록 하며, 일정한 문구를 제시하는 것도 모범지침중의 하나이다. 그렇게 함으로써 자원의 투명성을 높이고, 자원제공을 독려하게 되며, 자원활용성을 제고할 수 있을 뿐만 아니라, 시료활용에 대한 과학적성과를 추적관리할 수 있기 때문이다.

● **사회윤리 문제(Privacy, Ethical concerns, and consent issues)**: 기관생명윤리심의위원회(Institutional review board, IRB)는 자원공여자의 개인정보가 보호되고, 자원정보 기밀성이 유지되는지 확인하는 것 등을 포함한 인체자원 연구 활용에 관한 심의를 수행할 책임이 있다. 각 레포지토리는 시료와 관련 데이타의 수집, 저장 및 분양에 관하여 IRB 승인을 받도록 하며, 시료를 사용하게 될 연구자들의 연구계획서도 IRB 승인을 받도록 하는 것은 개인의 사생활보호와 개인정보를 보호하는데 필수적이다. 그와 더불어 윤리위원회 혹은 기타 감독위원회로 하여금 한 번 더 윤리, 사회, 법적 이슈들을 점검하는 장치가 필요하다. 개인식별정보와 자원을 서로 연결시키는 암호체계에 관한 엄격한 통제를 통해서 개인식별정보가 유출되지 않도록 하는 것이 개인 사생활 보호와 보안을 위한 모범지침이 될 것이다. 또한 자원제공자에게 충분히 자원수집에 관한 제반 절차를 충분히 인지시킴과 동시에 동의를 구한후에 시료를 수집하는 것이 모범지침중의 하나가 될 것이다. 이때 시료의 종류, 시료가 사용될 연구 분야, 제공될 임상정보 등을 공여자가 선택할 수 있도록 하는 것이 필요하다. 이상적으로는 시료제공에 관한 동의는 수술동의와 별개로 진행되어야 한다. 수술동의와 자원공여 동의가 분리될 수 없는 부득이한 경우에는 적어도 이 2가지 사안에 대한 동의서를 분리하여 서명을 받도록 한다.

● **지적재산권과 법적 이슈**: 공여자는 동의서를 철회하고 공여된 자원을 회수할 수 있는 권리를 갖고 있다. 그러므로 자원 공여자를 추적할 수 있는 자원식별자가 제거된 경우가 아니

면서 그리고 연구자에게 분양되기 전이라면 동의서와 시료, 임상정보 및 기타 관련 전산기록물들을 레포지토리부터 회수할 수 있도록 해야 한다. 대부분의 레포지토리는 일단 자원이 연구자에게 분양된 이후, 연구결과물에 의해 생산된 지적재산권에 대한 권리는 가질 수 없다. 또한 대부분의 경우, 시료수집에 기여했던 기관들도 레포지토리에 기탁된 이후에는 시료에 대한 어떠한 권리도 포기하거나 공여자 혹은 시료제공기관과 연구자들 사이의 이러한 권리의 충돌을 피하고 권리의 범위를 분명하게 하기 위하여, 지적재산권에 관한 특별규정을 공표하는 것이 모범지침이 될 수 있다. 또 다른 모범지침으로는 시료수집에 기여했던 기관들이 사용할 수 있는 일정분량의 시료를 예비해둔 다음 나머지 시료에 대해서는 분양우선권 규정에 의거 분양이 되는 방법도 있다. 연구자들에게 시료사용과 관련된 법적인 문제들을 다루는 자원이전협약서(MTA, material transfer agreement)에 서명을 요구하는 것도 모범지침이 될 것이다. 이러한 협약서에는 다음과 같은 내용들이 포함되도록 한다. 분양신청서에 명시된 연구목적으로만 시료를 사용하며, 개인식별정보를 획득하지 않을 것이며, 레포지토리의 사전승인 없이 어떠한 시료도 제 3 자에게 판매 또는 양도하지 않으며, 모든 시료는 잠재적 감염원으로 다루어야 하며, 시료를 다루는 실무자는 잘 훈련된 인력이어야 하며, 시료에는 보증기간이 없음을 인지하며, 시료활용 연구결과물을 발표할때에는 시료의 출처(레포지토리)를 고지토록 하며, 시료사용시 발생되는 모든 위험들에 대한 안전준수 책임은 사용자/기관에게 있음 인지한다.

● **홍보, 마케팅 및 교육**: 홍보, 마케팅 및 교육도 또한 바이오뱅크의 성공에 아주 중요한 역할을 한다. 관련 학회에서 전시/발표, 저널, 뉴스지, 웹사이트 등에 광고하기, 우편보내기, 입소문 등등 다양한 방법으로 레포지토리의 자원들을 대중에게 알림으로서 레포지토리, 자원, 임무 등의 투명성을 높이게 될 것이다. 또한 전문가와 환자들이 참여하는 워크숍을 통해서 공여자, 임상의사, 연구자들에도 시료활용결과(feedback)를 제공하는 것도 모범지침 중의 하나가 될 수 있을 것이다.

나. 주요 가이드라인 비교

가이드라인	발행처	주요내용	특징
[1]OECD best practice guidelines for biological resource centres	OECD, 2007	- 생물자원은 미생물, 식물, 동물, 인체유래생물자원 등 4가지로 분류 - 1부 프로젝트 타당성과 추진방안 및 2부 모범운영지침 등으로 분류 - 모범운영지침은 모든 생물자원센터를 위한 일반 지침, 생물자원센터를 위한 생물안전성 및 위해성 지침, 인체유래생물자원을 위한 지침, 미생물 분야를 위한 지침 등으로 구성	- 인체유래 및 미생물자원 뿐만 아니라 식물, 동물유래자원 등 다양한 생물자원의 가이드라인 제시 - BRCs 필수 장비목록과 품질관리 방법 및 권장 보존방법을 제시
[2]Best practices repositories	ISBER, 2008	- 바이오뱅크 운영을 위한 조직구성, 서식관리, 시설 및 장비, 정도관리, 안전관리, 인력교육, 자원추적, 자원 운송, 자원저장·처리·검색, 인체자원 관련 법 및 윤리적 문제 등 총 11개 섹션으로 구성	- non human specimen에 대한 가이드라인포함 - 조직자원의 수집·저장·보관을 위한 상세한 가이드라인 제시
[3]NCI Best Practices	NCI, 2007	- 생체자원이 최고 품질을 달성하여 질 높은 연구에 사용될 수 있도록 하기 위하여 NCI가 지원하는 바이오뱅크의 모범지침을 제정하였음 - 가이드라인의 범위, 응용성 및 이행, 실무와 운영에 관한 모범지침, 윤리사회적 이슈 등 시료은행 운영전반에 관한 내용으로 구성됨	- 초판은 2005년에 발표된 'First-Generation Guidelines for NCI-supported Biorepositories NCI guideline)'였으며, 2007년 6월에 개정판으로서 'NCI Best Practices for Biospecimen Resources(NCI Best practices)'를 발표
[4]UK biobank ethics and governance framework	UK biobank, 2007	- 공여자 및 자원정보 보호를 위해 UK biobank와 공여자 및 연구자간의 관계를 제시	- 인체자원의 수집·분양 시 고려해야할 법 및 윤리적 문제 제시

[5]National Biospecimen Network	NCI, NDC 2003	- 국가인체자원 네트워크의 필요성 및 바이오뱅크의 윤리 및 법적 문제와 고려사항을 제시 - 국가인체자원네트워크에 구성되어 있는 바이오뱅크는 NBN의 표준화된 절차를 통해 자원을 수집 및 관리 - 생물정보학 데이터관리, NBN사업모델, 인체자원을 활용한 연구사례 연구 및 사업모델형태별 바이오뱅크의 사례 등을 부록으로 제시	- 암 예방연구에 활용할 수 있는 인체자원을 수집·관리하는 NBN 소속 바이오뱅크 준수사항 제시
[6]Case studies of existing Human Tissue Repositories -Best practices for biospecimen resource for the genomic and proteomic era	RAND Science and Technology 2003	- 서론, 바이오뱅크 운영 방법론, 자원의 수집·처리·보관, 자원정보 및 데이터관리, 자원분양, 사업모델 및 운영, 자원기증자의 정보보호 및 윤리적 문제, 지적자산 및 법적문제, 마케팅 및 홍보·교육, 요약 및 결론 등 총 10개의 챕터로 구성	- 암 연구 활성화를 위해 활용될 수 있는 조직자원의 수집·보관·관리에 대한 상세 가이드라인 제시

1) OECD Best Practice Guidelines for Biological Resource Centers. OECD Working Party on Biotechnology. 2007

2) ISBER(2008) 2008 Best Practices for Repositories Collection, Storage, Retrieval and Distribution of Biological Materials for Research. CELL PRESERVATION TECHNOLOGY. 6(1): 5~58.

3) NCI 가이드라인(2007) NCI Best Practices for Biospecimen Resources(NCI Best practices)'

4) UK BIOBANK ETHICS AND GOVERNANCE FRAMEWORK. Version 2.0, May 2006

5) NBN(National Biospecimen Network) Blueprint, A Friede, R Grossman, R Hunt, et al., Eds.(Durham, NC: Constella Group, Inc., 2003). http://www.ndoc.org/about_ndc/reports/NBN_comment.asp.

6) Eiseman E., Brower J., Olmsted S., Clancy N., and Bloom G.(2003). Case Studies of Existing Human Tissue Repositories: "Best Practices" for a Biospecimen Resource for the Genomic and Proteomic Era. RAND Science and Technology(August 28).

참고문헌

Eiseman E., Brower J., Olmsted S., Clancy N., and Bloom G.(2003). Case Studies of Existing Human Tissue Repositories: "Best Practices" for a Biospecimen Resource for the Genomic and Proteomic Era. RAND Science and Technology(August 28).

Grizzle WE.(2005) Best Practices for Repositories I: Collection, Storage, and Retrieval of Human Biological Materials for Research. CELL PRESERVATION TECHNOLOGY 3(1): 5~48.

ISBER(2008) 2008 Best Practices for Repositories Collection, Storage, Retrieval and Distribution of Biological Materials for Research. CELL PRESERVATION TECHNOLOGY. 6(1): 5~58.

NCI 가이드라인(2007) NCI Best Practices for Biospecimen Resources(NCI Best practices).

OECD Best Practice Guidelines for Biological Resource Centers. OECD Working Party on Biotechnology. 2007

5 바이오뱅크 관련 표준 및 인증

5.1 ISO 표준 및 인증

바이오뱅크(biobank)의 수집과 준비, 저장 및 분양에 대한 표준절차를 수립하는 것은 매우 중요한 부분이다. 이러한 절차들은 객관적으로 공인된 인증기관과 절차를 통해 이루어져야 하며, ISO 9001:2000 인증 프로그램은 그 예가 될 수 있다.

ISO 인증프로그램의 바이오뱅크에 대한 적합성에 대해 Nevalainen 등은 혈액은행(blood bank)에서 ISO 9000 시리즈와 같은 국제 기준의 사용은 조직 내, 지역수준의 조직 간, 도시 내, 그리고 전 세계를 기본으로 하는 국가간의 품질(quality) 수준을 상승시킨다고 하였다. 그리고 ISO 9000 시리즈의 사용은 통제기관 및 사람들에게 혈액은행의 운영에 있어 세계적 수준의 품질관리 시스템을 이행하고 있음을 가시적으로 보여줌으로써 긍정적인 인식을 줄 것임을 제안하였다. Kalmin 등은 혈액센터(blood center)에서 ISO 9000 모델의 사용은 American Association of Blood Bank에서 요구되는 품질 계획(quality plan)을 설립하기 위해가장 적합하다고 보고한 바 있다 (Kalmin *et al.* 1998).

표 5-1

바이오뱅크와 관련된 국제표준기준 및 활용

표준 및 인증	내용	인증획득기관
ISO 9001	품질경영시스템(quality management system)을 위한 표준	• Management system of the Estonian Genome Project • Singapore Tissue Network (STN) • UK Biobank • DSMZ • MoBa
ISO 11179	metadata registry에서 조직을 위한 metadata를 나타내기 위한 표준	• Australian Institute of Health and Welfare - Metadata • Online Registry (METeOR) • US Environmental Protection Agency - Environmental • Data Registry • US Health Information Knowledgebase (USHIK) • US National Cancer Institute - Cancer Data Standards • Repository (caDSR)
ISO 17025	실험실의 교정(calibration)과 시험(testing)을 하는데 사용되는 주요한 표준	• KI Biobank(Karolinska Institutet) • DNAvision (http://www.dnavision.be)
ISO 15189	의학 실험실에서 품질경영 시스템(quality management system) 의 필수조건을 명기	
ISO Guide 34	기준물질(reference material)의 생산을 위한 품질 시스템 가이드라인	• ATCC

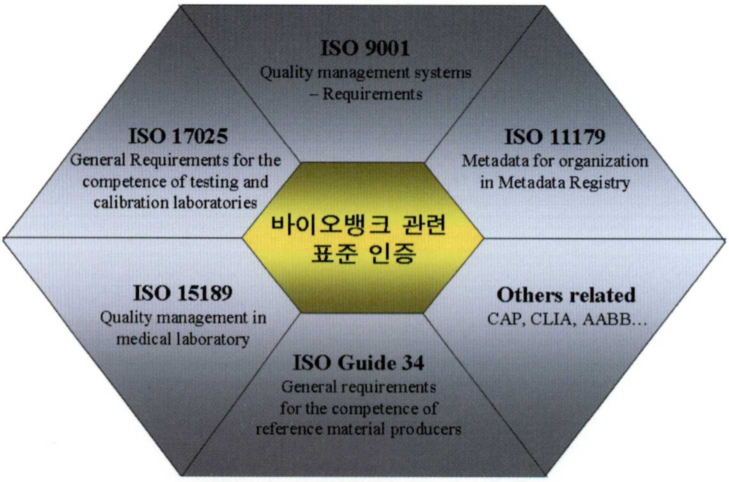

그림 1 바이오뱅크 관련 표준 및 인증

가. ISO 9001

International Organization for Standardization(ISO)은 1947년에 설립된 비정부간 기구로서 약 148개국의 회원국을 보유하고 있다. ISO의 목적은 제품 및 서비스의 국제적 교환을 촉진하기 위한 국제 규격을 제정하고 보급하며, 기술발전을 위한 정보 및 지식의 국제간 교류를 촉진하고자 한다.

ISO 9000 시리즈는 품질경영 시스템(quality management system)을 위한 표준 시리즈로 3개의 핵심규격을 이루어져 있다(http://www.iso9000council.org).

● 핵심규격

① ISO 9000:2000 – 품질경영시스템에 대한 기본사항을 서술하고 품질경영시스템에 대한 용어를 정의

② ISO 9001:2000 – 조직이 고객 및 규제사항을 만족시키는 생산물을 제공하는 능력을 증명하기 위해 갖추어야할 요구사항을 제시

③ ISO 9004:2000 – 조직이 고객 및 이해관계자의 만족에 기여하는, 지속적인 개선을 통해 조직의 성과를 향상시키도록 절차를 개선하고 조직의 품질경영시스템의 완성도를 평가하는데 사용되도록 지침을 제시

ISO 9000 시리즈 중에 ISO 9001은 우리나라의 질병관리본부 생물자원은행을 비롯한 UK Biobank, 독일의 DSMZ 등의 여러 바이오뱅크에서 인증을 받아 품질경영시스템에 적용하고 있다.

ISO 9001은 다음의 필요조건이 있다.

○ business에서 모든 주요 과정을 포함하는 절차

○ 이러한 절차가 효과적임을 입증할 수 있는 모니터링 절차

○ 적절한 기록의 유지

○ 필요한 곳에서의 적절하고 정확한 행동과 함께 결점 보완을 위한 결과물의 체크

○ 효율성을 위한 품질시스템(quality system)과 각각의 수행절차의 정기적인 검토

○ 계속적 개선을 위한 순조로운 진행

싱가포르의 National University Hospital(NUH) Tissue bank는 정도관리(quality control)와 표준을 위해 ISO 9001:2000을 비롯한 ISO 14001, OHSAS 18001을 인증 받았

으며, 이에 따라 정확한 문서화와 공여자에 대한 엄격한 선정 기준 프로토콜을 채택함으로써 높은 품질(quality)의 조직을 제공하고 있다(Nather, 2004).

Norwegain Mother and Child Cohort Study(MoBa)는 1999년에서 2008년까지 1,000,000명 산모의 생물학적 시료(biological material)와 이들 아이의 제대혈(cord blood) 시료 및 80,000명 아버지의 시료를 수집하여 장기 보관을 하고자 하였다. MoBa는 장기간의 대규모 연구에는 시간에 따른 변화를 추적할 수 있는 품질 보증 프로그램(quality assurance program)이 필요함을 인식하고, 그에 따라 표준작업 절차서(Standard Operating Procedures, SOPs) 작성과 ISO 9001을 인증을 받았다(Ronningen *et al.*, 2006).

Mart 등은 조직은행의 운영에 있어 연구, 개발, 디자인, 교육, 훈련, 전문적 문서화, 정확한 행동, 고객 만족과 같은 품질경영(quality management)의 일반적인 측면뿐만 아니라 특별한 방법론을 포함하는 품질 구조(quality frame)가 필요함을 제안하였다(Mart *et al.*, 2007). 그리고, 이러한 구조는 ISO 9001:2000에 따라 품질경영 시스템(Quality Management System, QMS)을 개발함으로써 이루어질 수 있음을 강조하였다 .

나. ISO 11179

바이오뱅크는 검진센터 및 병원의 환자로부터 많은 시료를 획득하며, 이들 시료들의 역학자료도 함께 수집되어 매우 많은 데이터를 관리, 통합하는 일들이 이루어진다. 따라서 바이오뱅크가 수집하고 있는 많은 데이터를 관리하는 것도 표준화가 필요하다.

ISO/IEC 11179는 통제된 환경 내에 기업의 metadata를 저장하기 위한 완성된 표준 중의 하나이며, metadata registry에서 조직 시료를 위한 metadata를 나타내기 위한 표준이다.

U.S. NCI에 의해 설립된 4개 기관의 컨소시엄인 Cooperative Prostate Cancer Tissue Resource(CPCTR)은 연구자들에게 전립선암 조직 샘플을 제공하기위해 인구 통계적, 병리적 처리와 임상 결과 데이터를 수집하는데 사용할 수 있는 공통자료항목(Common Data Elements; CDEs)을 얻는 것을 중요하게 생각하였다. 따라서 CPCRT 연구자들은 수집된 전립선 조직의 annotation을 위해 CDE을 개발하고 실행하기 위한 CDE curation subcommittee를 소집하여 ISO 11179에 따라 CDE들을 만들고 annotating하였다 (Tatel *et al.*, 2005).

ISO/IEC 11179 metadata registries를 사용하고 있는 기관

○ Australian Institute of Health and Welfare – Metadata Online Registry (METeOR)
○ US Environmental Protection Agency – Environmental Data Registry
○ US Health Information Knowledgebase (USHIK)
○ US National Cancer Institute – Cancer Data Standards Repository (caDSR)

다. ISO 17025

ISO 17025는 실험실에서 교정(calibration)과 시험(testing)을 실시하는데 요구되는 자격에 대한 일반요구사항을 규정하는 표준이다. 그리고 직접적으로 시험과 교정을 통해 결과를 도출해내는 기관에 적용된다. 검사실에서는 타당성이 있는 결과를 일관적으로 생산하는 능력을 개선하기위하여 ISO/IEC 17025를 사용한다. ISO/IEC 17025는 경영적 필수조건(management requirements)과 기술적 필수조건(technical requirements)의 두 부분으로 나누어진다. 관리적 필수조건은 조직, 품질 시스템, 문서관리, 요청, 신청 및 계약에 대한 재검토, 시험과 교정에 대한 계약, 장비 및 서비스에 대한 구매, 고객에 대한 서비스와 불평에 대한 해결, 시험과 교정 작업에 대한 관리, 기록 관리 및 운영에 대한 재검토 등을 포함한다. 이는 주로 실험실에서의 품질 경영 시스템(quality management system)의 유효성 및 운영에 관계되어 있다. 기술적 필수조건은 충분한 자격을 갖춘 직원, 편의시설 및 환경적 조건, 시험 및 교정 방법과 그 방법에 대한 타당성, 장비, 측정의 추적 가능성, 샘플링 및 시험과 교정 항목에 대한 취급, 시험과 교정 결과의 질에 대한 입증, 결과 보고 등을 포함한다. 기술적 필수조건은 방법론, 시험/교정 장비의 능력을 나타낸다. KI (Karolinska Institute) Biobank는 품질 보증을 위한 명확한 절차를 가진 조직으로, 모든 품질 관리 시스템은 ISO 17025:2005에서 요구하는 필요조건을 충족시키도록 디자인하였고, 핵심 시설들은 모두 ISO 17025에 대한 인증을 받았다. 이러한 인증은 인간의 생물학적 물질(human biological material)의 처리절차, 저장 및 분배 뿐만 아니라 연구 통합의 적합성을 보증하는 것이다.

라. ISO 15189

ISO 15189는 의학 및 임상 실험실을 위한 인증과 품질 시스템의 개발에 있어서 중요한 표준이다. ISO 15189:2007의 관리적 필수조건은 품질관리 시스템, 문서와 기록에 대한 관리, 외부 장비, 제조품 및 서비스의 적합성, 불평 및 문제점에 대한 해결, 사용자의 피드백에 의해 평가, 내부 감사 등을 포함하고 있으며, 기술적 필수조건으로는 자격을 갖추고 있는 직원, 시험방법의 타당성과 적합성, 시험 측정에 대한 추적가능성과 내부 기준에 대한 교정, 시험 환경, 시험 재료에 대한 샘플링, 취급 및 운송, 정보 시스템에 대한 타당성을 포함하고 있다. ISO 15189는 ISO/IEC 17025와 ISO 9001에 기초하지만, 특별히 의료 환경의 필요요소들과 환자 관리에 대한 의학 실험실 서비스에 필요한 조건을 강조한다. 의학 실험실 서비스는 환자 준비, 환자 확인, 시료 수집, 수송, 저장, 임상 시료의 처리 절차와 연구, 설명, 보고, 조언, 의학 실험실 작업의 안정과 윤리를 포함한다(Kenny, 2001). 많은 바이오뱅크는 의학센터나 병원 등에 설립되어 임상에서 인체 시료를 수집하여 처리하고, 수송, 저장하는 단계들을 거친다. 따라서 바이오뱅크가 ISO 15189와 같은 의학 실험실의 인증을 획득할 필요가 있다고 사료된다.

마. ISO Guide 34

ISO Guide 34는 기준 물질(reference material)의 생산을 위한 품질 시스템 가이드라인으로 이 가이드는 기준 물질의 품질을 증명하기 위한 것이 아니라 기준 물질의 생산자에 대한 과학적, 기술적 능력을 입증하기 위해서 세워진 기준이다. American Type Culture Collection(ATCC)은 2008년에 생물학적 기준 물질의 생산에 대한 ISO Guide 34 인증을 받음으로써 최고의 생물자원센터로서의 위상을 높였다.

○ ISO Guide 34의 구성

○ 도입
○ 범위
○ 참고문헌
○ 정의
○ 조직적 필수사항 : 환경, 품질정책과 시스템, 관리, 직원과 훈련, 공동자, 물질취급 및 저장, 기록 및 보고, 후분배 서비스
○ 생산관리 : 계획, 재료 준비, 동질성과 안정성에 대한 평가, 측정 방법, 측정 기구, 추적성 및 타당성, 데이터 평가, 특성에 대한 접근법, 특성적 가치에 대한 지정
○ 부록

5.2 기타 인증

가. CLIA

환자를 대상으로 시행되는 유전자검사 등을 수행하는 미국의 모든 임상검사기관은 1988년 제정된 CLIA(Clinical Laboratory Improvement Amendments)의 표준과 규제를 받도록 하고 있다. CLIA는 인체 시료를 검사하는 모든 실험실에서 임상검사의 품질을 높이기 위한 표준을 확립하기 위해 설립되었다. 현재 CLIA 프로그램은 미국 CDC산하의 CMS(Centers for Medicare & Medicaid Service, http://www.cms.hhs.gov/)에 의해 집행이 되고 있으며, 약 200,000개의 실험실이 인증을 받았다.

CLIA를 위해 수행해야하는 규정은 다음의 몇가지 요구사항을 충족시켜야한다. 1) 실험실은 수행 설명서를 따르며 정확하고 신뢰성 있는 결과를 제공하는 물질을 사용해야한다. 2) 문서화된 절차 메뉴얼을 갖추어야 한다. 3) 실험실은 시설 제조사에 의해 명기된 유지 및 기능 체크를 실시해야만 한다. 4) 시설들은 제조사의 지시에 따른 입증된 교정(calibration)을 실시해야 한다. 5) 실험실은 품질관리 수단을 사용해야한다. 6) 직원은 특정의 교육과 일에 대한 경험적 기준을 충족시켜야 한다.

CLIA는 보류된 시험(waived tests), 중간 정도의 복잡성 시험(moderate complexity tests), 고도의 복잡성 시험(high complexity tests)을 포함하는 3개 범주의 시험(test)을 정하고 있다. 보류된 시험은 잘못된 결과에 의해 무의미한 위험을 가지는 간단한 실험과 절차를 나타낸다. 보류된 시험은 제조사의 엄격한 지시사항을 따라 수행하기만 하면 사실상 모든 CLIA 규정을 면제받는다. 반면에 중간 및 고도의 복잡성 시험은 검사를 수행하거나 관리하는 모든 직원들이 규정에 따라 최소한의 자격조건을 갖추어야하며, 실험실은 승인된 능력 시험 프로그램에 성공적으로 참여해야한다. 중간 및 고도의 복잡성 실험실은 시험 장비를 모니터링하기 위한 시스템 및 방법, 정확한 결과와 적절한 시험 수행을 확인할 수 있는 절차, 그리고 실험실 운영의 모든 측면의 품질을 감시하는 계획을 가지고 있어야한다. 중간 및 고도의 복잡성 실험실은 적어도 2년마다 현지 조사를 받게 되며, 이러한 조사는 연방 CLIA 프로그램, CMS와 계약된 주 조사 기관 또는 COLA, JCAHO, CAP와 같은 CMS를 승인받은 사설 기관에 의해 실시된다.

나. AABB

AABB (American Association of Blood Banks, http://www.aabb.org)는 CLIA 하에 인증된 조직으로서, AABB Accreditation Program은 혈액과 혈액으로부터 유래된 시료의 수집, 처리, 시험, 분배 및 관리할 때의 안전과 품질을 개선하기위해 힘쓰고 있다. 본 프로그램은 혈액 수집, 처리 및 관리하는 기관의 작동 시스템과 품질을 평가하며, 혈액과 혈액의 구성성분의 수집, 처리, 분배, 관리를 위한 인증이다. AABB 인증은 혈액 뱅킹, 수혈 의학 및 관련된 실험, 재대혈 및 그 외의 세포학적 치료에 대해 AABB 기준과 연방 관리감독의 필수조건을 충족시키고 있음을 인증하며, 제공된 서비스의 질을 개선하기 위한 목적을 가지고 있다. 따라서 이 프로그램은 공급품을 제공하는 회사에 대한 승인 과정, 동의를 받는 과정, 공여자 선발과 수집 과정, 산출물의 질, 시험 및 처리절차, 저장 및 방출 과정, 시설 및 장비의 유지, 직원 선발 및 훈련 과정, 서비스 질의 모니터링과 개선 과정들이 모두 엄격한 기준을 따르고 있음을 증명하는 것이다.

다. COLA

COLA's accreditation program (http://www.cola.org)은 검사실이 CLIA와 Joint Commission on Accreditation of Healthcare Organizations (JCAHO)의 필수조건을 충실히 수행하고 뛰어난 품질 보증 기술을 가지고 있음을 인증하는 프로그램이다. COLA는 화학, 뇨분석학, 혈액학, 미생물학, 면역학, 면역혈액학, 세포학, 병리학 분야의 검사실을 대상으로 인증을 실시한다.

라. AATB

AATB(American Association of Tissue Banks, http://www.aatb.org) accreditation program은 AATB 회원 조직은행들이 조직을 뱅킹하는데 AATB 기준을 이해하고 적용하고 있음을 확증하기 위해 만들어졌다. AATB 프로그램은 직접 은행에서 사전검사 체크리스트를 이용하여 AATB 기준(standards)에 따라 은행 정책과 절차를 준수하고 있는지를 확인하는 자가평가(self-assessment)와 훈련된 AATB 감독자가 은행에 방문하여 은행에서 행해지는 전반적인 측면의 운용을 자세히 조사하는 현장 조사(on-site inspection)를 실시한다.

※ **AATB**인증을 받은 바이오뱅크

- Alamo Tissue Services
- California Cryobank, Inc. - Cambridge
- Central Florida Tissue Bank, Inc.
- Blood & Tissue Center of Central Texas
- LifeLink Tissue Bank
- Regional Tissue Bank

마. CAP

CAP(College of American Pathology, http://www.cap.org) Laboratory Accreditation Program은 질병의 진단과 치료를 위해 환자에게 시험을 수행하는 실험실 또는 의료 장치의 시도 및 약물 적용을 위한 임상적 시험을 수행하는 실험실을 위해 디자인되었고, 국제적으로 인정된 프로그램이다. 이 프로그램은 1961년부터 미국 College of American Pathologists (CAP)에 의해 검사 업무의 질 향상을 목적으로 시작되어 전 세계 17,000명의 병리학자들과 검사실에 의학적 정보를 제공하고 있다. 전 세계적으로 6,000여 기관이 CAP 인증을 받았으며, 23,000개의 검사실이 CAP proficiency 시험 프로그램을 통해 외부정도 관리를 받고 있다.

CAP 인증 프로그램은 1) 검사실 서비스의 질을 개선하고 정확성을 입증하기 위한 검사실 관리 프로그램과 검사 기술의 설치, 2) CAP 조사를 중심으로 한 검사의 정확성 유지 및 개선, 3) 안전 및 위생 관리의 완벽함, 4) 직원과 능력 관리에 의한 검사실 서비스의 수행에 있어서의 제한, 5) 의사에 의한 적절한 정보의 제공과 의사들 간의 원활한 의사소통에 의한 환자 치료의 질 개선을 위한 기여, 6) 운영 비용과 인사 비용의 감소, 7) 검사 에러의 감소를 추구하고자 한다. CAP 검사실 인증 프로그램은 대학 의료센터에서 병원의 연구실까지 다양한 실험실의 필요사항을 충족시키며, 기술관리, 데이터 관리, 업무 관리가 체계적으로 실천되어야한다. CAP에서는 2008년 말에 ISO 15189:2007을 토대로 한 CAP 15189 인증 프로그램을 내놓았다.

참고문헌

AABB인증(http://www.aabb.org)

AATB인증(http://www.aatb.org)

Biobank: Accelerating molecular medicine challenges facing the global Biobanking community. (2004) IDC.

CAP인증(http://www.cap.org)

CLIA인증(http://www.cms.hhs.gov/)

COLA인증(http://www.cola.org)

International Organization for standardization, ISO(http://www.iso9000council.org/)

Kalmin ND, Myers LK, Fisk MB. (1998) ISO 9000 model ideally suited for quality plan at blood centers. Transfusion 38(1):79–85.

Kenny D. (2001) ISO and CEN documents on quality in medical laboratories. Clinica Chimica Acta 309:121–125.

KSA 한국표준협회. ISO 9000 내부심사원.

Mart nez-Pardo ME, Mariano-Margana D. (2007) The tissue bank at the Instituto Nacional de Investigaciones Nucleares: ISO 9001:2000 certification of its quality management system. Cell Tissue Bank 8(3):221–231.

Nather A. (2004) Musculoskeletal tissue banking in Singapore: 15 years of experience(1988–2003). Journal of Orthopaedic Surgery 12(2):184–190.

Nevalainen DE, Lloyd HL. (1995) ISO 9000 quality standards: a model for blood banking? Transfusion 35(6):521–524.

Patel AA, Kaydacsy-Balla A, Berman JJ, Bosland M, Datta MW, Dhir R, Gilbertson J, Melamed J, Orenstein J, Tai KF, Becich MJ. (2005) The development of common data elements for a multi-institute prostate cancer tissue bank: The Cooperative Prostate Cancer Tissue Resource(CPCTR) experience. BMC Cancer 5:108.

Ronningen KS, Meltzer HM, Nordhagen R, Lie KK, Hovengen R, Haugen M, Nystad W, Magnus P, Hoppin JA. (2006) The biobank of the Norwegian mother and child cohort Study: A resource for the next 100 years, Eur J Epidemiol. 21(8): 619–625.

제2장

인체자원 관리실무

1. 시료의 수집

2. 시료의 저장

3. 정도관리/품질보증

4. 바이오뱅크 자동화

5. 바이오뱅크 정보학 및 네트워크

1

시료의 수집(Sample collection)

1.1 채혈시 고려사항

가. 항응고제의 유형별 특성

혈액시료는 역학조사, 질병관련 유전인자 등의 연구에서 매우 중요한 자원으로 이용되고 있다. 일반적으로 혈액은 연구 목적에 따라 항응고된 혈액 또는 응고된 혈액을 수집할 것인지를 결정해야 한다. 항응고된 혈액을 채취하는 경우에 EDTA, heparin, ACD 등의 항응고제가 첨가된 채혈튜브를 사용하고, 응고된 혈액은 혈청분리용 젤(gel)을 포함한 튜브에 수집한다(표 1). 대부분의 항응고제는 혈액에서 생체외 사이토카인(*in vitro* cytokine) 생산의 유도를 일으킬 수도 있으므로, 실험목적에 맞는 적합한 항응고제를 선택하여야 한다(Yokota *et al.*, 1999, Holland *et al.*, 2003).

EDTA는 EDTA K_2 혹은 EDTA K_3형태로 채혈튜브 내부에 덮여있으며, 칼슘이온과 결합하여 혈액응고과정을 차단한다. EDTA로 처리된 혈액에서 erythrocytes, leukocytes 및 thrombocytes는 최장 24시간까지 안정하다고 알려져 있다. EDTA는 DNA based assay와

LCL(EBV-transformed Lymphoblastoid Cell Line)를 제작할 때는 적합하지만, Mg^{2+} 농도에 영향을 주며, 세포유전학적 분석(cytogenetic analysis) 시에 영향을 끼칠 수 있다. EDTA와 ascorbic acid는 혈액 내의 엽산을 안정화시키므로 분석을 위해서는 혈액 채취 후 가능한 한 빨리 첨가되어야 한다.

헤파린은 호염기구(basophils)와 비만세포(mast cells)에 의해 생산되는 천연 항응고제이며, tissue plasminogen activator처럼 응고된 혈액을 분해할 수는 없지만 antithrombin을 활성화하여 thrombin과 factor Xa 등의 혈액응고과정에 관여하는 protease를 불활성화시킴으로써 혈액응고과정을 저해한다. 헤파린 응고제는 보통 lithium heparin, ammonium heparin 또는 sodium heparin등으로 튜브 내부가 응고제로 코팅되어있는 채혈튜브로 전혈(whole blood) 혹은 혈장(plasma)을 수집할 때 사용된다. Lithium heparin은 세포학적 연구에 사용되지만, DNA 추출과 백혈구(white blood cell)의 형질전환(transformation)에 적절하지 않다. 또한 잔존하는 lithium heparin은 PCR 반응을 방해할 수 있고, T세포 증식에도 영향을 미칠 수 있으며, 혈액 내 단백질들과도 결합할 수 있다.

ACD (acid citrate dextrose)는 Loutit와 Mollison에 의해 만들어졌으며, citric acid, sodium citrate 및 dextrose를 혼합하여 혈액 희석 비율을 줄이면서 혈액이 응고되지 않은 상태로 21일간이나 보존할 수 있게 되었다(Loutit and Mollison, 1943). 그보다 먼저 sodium citrate가 항응고 작용이 있음을 알게 된 것은 1914년이었으나 이때는 항응고 효과를 보기 위해서는 많은 양의 sodium citrate를 혈액과 섞어 주어야 했기 때문에 혈액이 희석될 수 밖에 없었다. Sodium citrate는 기능적 혈액응고 분석(functional clotting assay)에 추천되는 항응고제이다. Citrate는 혈액응고 요소(clotting factor)의 활성을 유지하는 효과가 있으며, dextrose는 적혈구 보존제의 역할을 한다. 그러나 ACD에 의해 보존되는 혈액은 citric acid 독성에 의한 hypocalcaemia가 생길 수 있으며, ACD는 저장된 적혈구의 변형을 유발하기도 한다고 알려져 있다(Galea, 1986). 현재 두 종류의 ACD 용액(ACD-A, ACD-B)이 혈액응고 및 보존제로서 개발되었다. ACD-A용액의 조성은 trisodium citrate(22.0 g/l), citric acid(8.0 g/l), dextrose(24.5 g/l)이며 ACD-B용액은 trisodium citrate(13.2 g/l), citric acid(4.8 g/l), dextrose(14.7 g/l)로서 ACD-A용액이 ACD-B용액보다 항응고제 농도가 높다. ACD는 혈액은행 연구, HLA phenotyping, flow cytometry testing, tissue typing 및 DNA 실험등에 사용되고 있다. 특히 ACD는 LCL 제작용 채혈시에 사용되며, 혈액 수집과 처리 사이에 시간적 경과가 필요할 때 더 적절하다. Citrate로 처리된 혈액으로부터 질 좋은 RNA와 DNA를 추출할 수 있으며, 세포배양을 위해 많은 양의 lymphocyte를 얻을 수 있다(Wiwanitkit, 2003). 혈소판 응집을 유도하는 EDTA나 헤파린과는 달리 ACD는 혈소판 응집을 방지하는 효과가 있으며, 생체외 혈소판 반응성을 최장 6~8시간까지 정상적으로 유지시키는 효과가 있어서 혈소판 연구용 채혈시 적합한 항응고제로 알려져 있다(Landry *et al.*, 1997).

기타 항응고제로는 1957년에 개발된 CPD(citrate-phosphate-dextrose)가 있으며, 최근에는 여기에 adenin을 첨가한 CPDA-1을 항응고 보존제로 사용하게 되어 적혈구제제를 무려 35일간이나 보존할 수 있게 되었다. CDPA는 ACD와 더불어 혈액형 검사 또는 세포동결보존에 사용되고 있다.

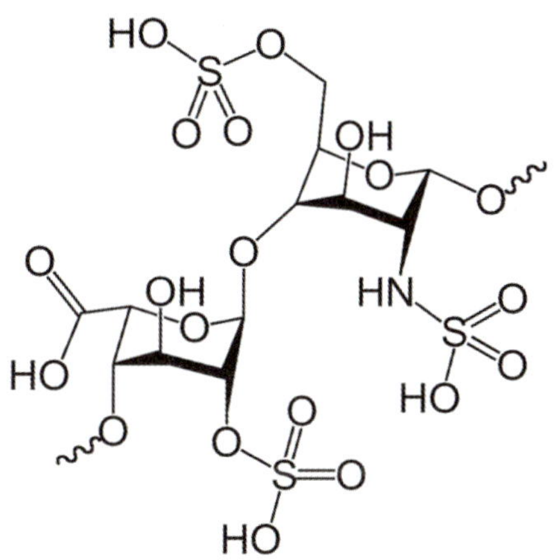

그림 1 Heparin 구조

표 1

채혈 시 사용되는 항응고제와 채혈튜브의 연구목적에 따른 장단점

튜브형태	시료종류	임시 저장	항응고제 종류	용도	비고
	혈청	4℃	응고촉진제 - silica particles - thrombin	Blood bank (ABO typing) Serology test (CRP test)	Thyroxin, cortisol assay에 부적합 Proteomics에 부적합
	전혈 혈장	4℃	Sodium Citrate CTAD	Coagulation test	혈소판 안정성에 탁월함
	혈장 buffy coat	4℃	Heparin	Clinical chemistry -hepatic function test -trace elements -sex hormone, -lysosomal enzyme	DNA based assay에 부적절, WBC transformation에 부적절, T cell proliferation에 영향
	혈장	4℃	EDTA	Hematology test (Hb A1C) Molecular/viral load testing HIV RNA level, inflammation test Cytokine analysis	Multi-purpose tube Proteomics에 이용할 경우 EDTA처리된 혈액은 다소 불안정하므로 신속한 처리가 요구되며, EDTA에 의해 저해되는 protease가 있을 수 있음.
	혈장	4℃	NaF potassium Oxalate plus NaF NaF plus Na2 EDTA	Glucose level Blood alcohol Lactate Bicarbonate	IL-2, soluble transferin receptor 연구에 부적합
	혈장 세포	RT	ACD-A, ACD-B	White blood cells 및 LCL제작에 적합 HLA tissue typing, paternity testing, DNA 분리, LCL 제작	Plasma수집에는 부적합 채혈후 10일까지도 백혈구 분리 가능

CTAD: Citrate, theophylline, adenosine, dipyridamole
NaF: Sodium fluoride
ACD: Acid citrate dextrose

여러 종류의 채혈튜브를 사용할 때는 첨가제의 상호오염을 방지하기 위해서 특별한 순서에 따라 채혈하는 것이 중요하다. 예를 들면, 보라색 뚜껑 튜브에 있는 첨가제가 초록색 뚜껑에 묻어서 오염되게 되면 칼슘농도가 낮아지거나 칼륨농도가 높아질 수도 있을 것이다. 그러므로 바람직한 채혈순서는 다음과 같다(■표 2).

표 2
채혈순서

Order	Tube	Stopper color
1	Sterile/blood cultures	Yellow
2	Red label for trace metal analysis	Royal blue
3	Coagulation tests	Light blue
4	Non-additive	Red
5	Red Gel (SST) tube with clot activator	Tiger
6	Sodium heparin	Green
7	Lithium heparin tube with gel	Lime green
8	EDTA	Lavender/purple
9	Oxalate/fluorde tube	Gray

(Wiwanitkit, 2003)

나. 연구목적에 따른 용도별 항응고제

연구 혹은 분석 목적에 따른 항응고제의 사용과 처리시간 및 수집용 튜브 타입에 관한 연구는 다양하게 보고되고 있다. 혈당 혹은 젖산 측정용 채혈을 위해서는 EDTA와 sodium fluoride, potassium oxalate와 sodium fluoride, sodium heparin과 sodium fluoride, lithium heparin과 iodoacetate 등의 항응고제가 사용된다. 혈액형 검사용 혹은 세포보존(cell preservation)을 위한 채혈에는 ACD 혹은 CPDA가 사용된다. 미량원소(Cu, Zn, Pb 등) 측정을 위한 채혈에는 sodium heparin 또는 혈액응고 촉진제(clot activator)가 포함된 채혈튜브가 사용될 수 있다.

① Thyroxin과 cortisol

Serum separator tubes와 Cell preparation tubes(Becton Dickinson)는 혈액을 편리하게 분리하는데 도움을 주지만 티록신(thyroxin)과 코티졸(cortisol)과 같은 일부 호르몬 분석에 영향을 준다(Vaught, 2006). 특히 코티졸은 일간 변동이 심하며 냉장 시 하루정도 안정하다.

② **호르몬(Hormones)**

성호르몬은 혈청이나 EDTA 혹은 헤파린으로 처리된 혈장에서 측정이 가능하며, estradiol(E2)은 24시간 이내에 분리하는 것이 좋고, 냉장보관 시 1일, 냉동보관 시에는 2개월 정도까지 안정하지만, 가능한 72시간 이내에 처리하는 것이 좋다(Tworoger and Hankinson, 2006). Gonadotropin은 냉장보관 시 2주까지 안정하고, thyrotropin은 냉장보관 시 5일까지 안정하다고 알려져 있다. 인슐린은 전혈상태로 실온에서 5시간정도 안정하며 냉장보관 시 일주일정도까지 안정하다.

③ **Ascorbic acid와 carotenoids**

혈청과 헤파린 처리된 혈장을 사용하는 것이 기본이나 EDTA 처리된 혈장도 사용가능하다. 실내등에는 노출되어도 되지만 태양광선에 노출시키지 말아야한다. 시료는 냉장보관하면 처리시간은 1주일 정도까지는 가능하다(Tworoger and Hankinson, 2006).

④ **염증표지인자(Markers of inflammation)**

EDTA 처리된 혈장이 가장 좋으며, 냉장보관하여 48시간 내에 처리하여야 한다. Tumor necrosis factor-α와 IFN-γ는 즉시 처리된 시료에서만 측정할 수 있다(Tworoger and Hankinson, 2006). 특히 보체(C3,C4)는 매우 불안정하므로 즉시 분리하여 냉동(-70℃)하는 것이 바람직하다.

⑤ **단백체 분석(Proteomic assays)**

혈청은 추천되지 않으며, EDTA, 헤파린, 또는 citrate 등의 항응고제는 연구목적에 따라 선택해야 한다. 혈액 시료를 즉시 처리하거나 적어도 1-2 시간 내에 처리하는 것이 좋다(Tworoger and Hankinson,2006). 혈소판은 sodium citrate 튜브에서 가장 안정적이며, 수집과 처리 과정 사이에 2시간 이상의 시간이 걸린다면 이 튜브를 사용한다(Banks *et al.*, 2005). Lithium heparin 처리된 혈액은 단백체 분석에 안정적이나 헤파린이 많은 단백질과 결합하므로 일부 affinity 과정에 방해를 초래할 수 있다(Rai *et al.*, 2005, Banks *et al.*, 2005). EDTA tubes 내의 혈액 샘플은 다른 항응고제에 비해 덜 안정적이지만, EDTA가 protease에 의한 단백질의 파괴를 막아준다(Banks *et al.*, 2005).

⑥ 사이토카인(Cytokine)

SST tube, SST tube에서 분리한 혈청에 K_2EDTA 첨가하거나, EDTA, citrate, 혹은 헤파린으로 처리된 튜브를 사용하여 혈액을 채취한 후 혈장 또는 혈청 내의 사이토카인을 측정하였을 때, IL-6와 sIL-6R는 항응고제에 영향을 받지 않지만 IL-2의 농도는 EDTA 혈장에서 10배 증가하였다는 보고가 있다. 또한 전혈과 혈청이 EDTA와 접촉하면 soluble transferrin receptor의 농도를 증가시키는 결과를 초래시킨다(Jongh *et al.*, 1997).

⑦ Lysosomal enzymes

β glucuronidase, total hexosaminidase, hexosaminidase A, arylsulfatase A, β galactosidase 등의 활성에 관한 혈액시료 처리방법에 따른 영향을 평가한 결과, 혈액 수집에 있어서 플라스틱 주사기 또는 vacuum glass tubes의 사용은 효소 활성에 영향을 미치지 않았으며, 시료 처리 전 72시간 이상의 실온에서 저장한 혈액은 대부분의 leukocyte를 분리할 수가 없었다(Burin *et al.*, 2000). 헤파린은 lysosomal enzyme 활성을 측정할 때 더 선호하는 항응고제이고, 24시간 이내에 처리하는 것이 좋지만, 24시간 이상 수송시간이 소요된다면, 시료는 얼음이 포함된 스티로폼 상자에 넣어 항공으로 수송하는 것이 좋다.

⑧ 혈액 내 HIV RNA level 검출

CPT(cell preparation tube), PPT(plasma preparation tube), SST(serum separation tube), sodium heparin, acid citrate dextrose, sodium citrate, potassium EDTA 튜브에 수집된 혈액의 혈장에서 HIV virion RNA의 수준을 비교한 결과, sodium citrate CPT로부터 즉시 분리된 혈장은 실온 또는 4℃에서 혈액을 놓아두는 것보다 HIV RNA equivalent의 안정성이 더 좋게 나타났다. HIV RNA equivalent는 EDTA 채혈튜브에서 가장 높은 수를 나타내었고, SST 채혈튜브에서 수집된 혈장이 HIV RNA equivalents가 가장 낮았다. 30시간 후의 HIV RNA equivalents는 acid citrate dextrose 채혈튜브의 혈장 내 HIV RNA equivalent가 큰 감소를 나타내었다(Holodniy *et al.*, 1995).

1.2 시료처리 소요시간과 온도

생물학적 샘플의 수집과 처리 과정 사이의 시간은 연구 대상이 되는 물질과 그 물질의 안정성에 달려있다. 만약 높은 세포 생존력을 원한다면 혈액의 처리과정은 24-48 시간 내에 해야 한다. 세포의 생존력은 48시간 후에 빠르게 감소하여 단백질과 핵산의 파괴 및 슬라이드 제작시에 약한 세포 구조를 초래한다(Holland *et al.*, 2003).

사이토카인 분석(cytokine analysis)에서 전혈 내의 사이토카인(cytokine)은 혈액 채취 후 즉시 분리되거나 4℃에 저장되는 것이 안정성이 높으며, EDTA가 처리된 샘플이 가장 안정적이다(Thavasu et al., 1992). 엽산의 수준을 측정할 때에도 혈액 채취와 처리과정 사이의 시간적 지연이 영향을 미친다. 채혈직후 혈액의 저장 온도는 4℃에서 보존하는 것이 세포의 생존력과 민감한 단백질 생체인자(biomarker)의 효소적 파괴를 막을 수 있다(Holland *et al.*, 2003).

혈액응고촉진튜브(clotting activator tubes) 내에 혈청은 응고의 효과를 최소화하기 위해 혈액채취 후 30-60분 내에 처리 과정을 수행해야 한다(Banks *et al.*, 2005). 성호르몬의 측정은 채혈 후 72시간 내, carotenoid는 냉장 보관 시 처리시간은 1주일 정도까지는 가능하지만, ascorbic acid는 냉장에 보관하더라도 24시간 이상의 시간이 경과 시에는 수치가 떨어진다. 또한 염증표지인자(inflammation marker)는 채혈 후 냉장 보관해야하며 48시간 내에 처리하여야하고, TNF-α와 IFN-γ는 즉시 처리된 샘플에서만 측정할 수 있다. 단백체 분석을 위해서는 실온에서 즉시하거나 적어도 1-2시간 이내에 처리해야한다고 보고된 바 있다(Tworoger and Hankinson, 2006).

NCCLS 가이드라인에서는 혈청과 혈장은 수집된 후 최대 2시간 내에 빨리 분리하도록 하고 있다. 분리된 혈청과 혈장은 15℃~30℃에서 8시간 이내로 저장 가능하고, 만약 8시간 내에 분석이 끝나지 않으면 2℃~8℃에서 저장해야한다. 만약 48시간 내에 끝나지 않는다면, -15℃~20℃에 저장하고 동결한 시료는 한번 녹여 사용될 수 있다.

1.3 저장온도

시료의 수집과 처리과정 동안의 온도와 단장기간의 저장온도는 시료의 안정성에 영향을 준다. 시료는 수집 후 즉시 각각의 구성성분(혈장, 세포들)을 분리하는 것이 이상적이며, 각

구성성분은 적절한 온도에서 저장되어야 한다. 일반적으로 DNA는 4℃에서 상당기간 저장 가능하며, 장기보존을 위해서는 −80℃에 저장한다. RNA는 꼭 −80℃에 저장하여야 하며, 살아있는 세포는 실온에서 48시간까지 안정하지만, 세포활성을 유지하기 위해서는 배양하거나, −150℃의 액체질소에 동결 냉동하여야 한다. 혈청과 혈장은 매우 많은 수용성 분자를 포함하고 있어 대부분 −80℃의 낮은 온도가 요구된다. 혈장 내의 항체(immuno-globulin)는 실온에서 며칠간 안정적이다. 적절한 온도는 관심있는 생체인자(biomarker)에 따라 달라지며, 연구자는 연구에 대한 디자인을 할 때 각 생체인자(biomarker)의 안정성을 위한 온도를 고려해야한다. 만약 사이토카인(cytokine)과 같은 쉽게 변하는 생체인자(biomarker)를 연구한다면, 즉시 이것을 분석하지 못할 시에는 −80℃에 냉동보관해 두어야 하고, 해동과 냉동과정을 반복해서는 안 된다.

1.4 혈액수집과정에 대한 사례 소개(UK Biobank)

UK Biobank는 영국에서 중년과 노년의 주요 질병의 원인에 대한 생활습관과 환경적인 노출, 유전적 요소의 역할을 조사하기 위해 광범위한 데이터와 생물학적 샘플을 40-69세 사이의 500,000명의 참가자로부터 수집하고 있다. UK Biobank에서는 혈액이 다양한 분획과 생체분자(biomolecule)를 포함하고 있기 때문에 여러 분야의 연구에 사용될 수 있고, 수집에 있어서도 용이하기 때문에 최소한의 지역적 절차(local processing)를 거쳐 45ml 혈액을 수집한다. 채취된 혈액은 중앙 실험실(central laboratory)에 다음날 아침까지 운송이 되며, 혈장, 혈청, 백혈구(WBC), 적혈구(RBC)로 모두 분주되어 초저온 저장 시설에 저장하는 절차를 걸쳐 수집되고 있다.

〈 UK Biobank에서 혈액 수집 시에 적용하는 원칙 〉

○ <u>항응고제(Anti-coagulants)</u>

EDTA 채혈튜브: DNA관련 분석과 단백질 분석에 적당

Lithium-heparin 채혈튜브: 대사체연구(metabonomic study)를 위한 혈장 수집에 적합

ACD 채혈튜브: 불멸화된 세포주(immortalized cell line)를 제작하기 위한 peripheral blood lymphocyte 수집에 적합

○ 혈액응고촉진제(Clot accelerators)

수집용기(collection vessel): 플라스틱 수집용기(plastic collection vessel) 선택(플라스틱 수집용기는 혈액응고 촉진제(clot accelator)의 첨가가 필요하지만 운송시에 용기의 안정성이 높기 때문에 사용됨)

혈액응고 촉진제(clot accelerator): silica

○ 분해(Degradation)

UK Biobank에서는 혈액과 뇨 수집 시에 분해(degradation)를 막는 시약을 사용하지 않음. 이러한 시약은 추후 실험에 방해가 되거나 독성을 가지고 있으므로 사용하지 않음. 혈액 내에 RNA를 보호하기 위한 처리는 너무 많은 비용이 들어가기 때문에 전사체(transcriptome)에 대한 연구는 LCL을 이용함.

○ 초기 시료처리온도와 시간(Temperature and time to initial processing)

UK Biobank에서는 4℃와 18℃에서 시료안정성(sample stability)과 세포생존력(cell viability)을 조사한 결과, 생체인자(biomarker) 연구를 위한 시료의 안정성은 적어도 24시간까지는 유지되며, 세포는 36시간 까지 생존함.

1.5 수송과정

시료수송시에는 수송시간, 거리, 기후, 수송 방법 등을 고려해야한다. 수송을 위해 시료를 포장할 때는 적절한 절연체(insulation)를 사용한다. 8℃~-20℃을 위해서는 냉동겔팩(frozen gel pack)을 사용하고, -80℃는 드라이 아이스를 사용한다. 만약 -150℃를 유지해야한다면, 액체질소를 포함한 dry shipper로 수송해야한다. 또한 수송 시에 냉각제가 24시간 지체시에도 유지되도록 충분히 충전시켜야한다. 생물학적 시료를 수송할 때는 IATA(International Air Transport Association)에서 제시하는 요구조건을 충족시켜야 하며, 3겹의 포장을 해야 한다. 1) watertight inner packaging: zip-lock 또는 cryotube, 2) watertight secondary packaging: styrofoam container. 3) 용적과 무게에 대해 적절한 강도를 가진 outer packaging: cardboard (NCI 2005, ISBER, ABN biorepository protocol). UK Biobank에서는 시료를 처리하고 저장하는 sub-group이 참여 기관의 샘플을 각 작업일의 마지막에 모아서 다음날 아침 8시 30분까지 도착하도록 야간 수송을 실시한다. 수집 시에는 온도가 조절되는 운송 상자 내에 샘플 튜브를 넣어야한다.

Hankinaon 등은 EDTA가 포함된 튜브에 혈액을 채혈하여 하나는 즉시 원심 분리하여 혈장을 분리하고 즉시 냉동시킨 후 solid CO_2에 담아 야간운송업체(overnight courier)로 운송하고, 또 다른 것은 채혈직후 전혈을 냉동겔팩(frozen gel pack)과 함께 포장하여 차가운 상태로 운송한 뒤, 혈장을 분리하여 -80℃에 저장하였다. 이 두 경우의 혈장들의 생화학적 인자(biochemical marker)를 분석한 결과, 전혈을 차가운 상태로 야간 운송하였을 때, cholesterol, high-density lipoprotein subfraction 3, apolipoprotein B, retinol이 안정적이었음을 보고하였다(Hankinaon *et al.*, 1989).

● **IATA regulation**

병원성이 없는 인체자원 또는 동물의 시료는 다음과 같이 포장하고 표시해야한다.

(i) 새지 않는 1차 용기

(ii) 새지 않는 2차 포장

(iii) 적어도 한 면이 최소 100mm×100mm이고, 용량과 부피 및 계획된 사용을 위한 적절한 강도를 가진 외부 포장

액체의 경우, 전체 내용물을 흡수하기위한 충분한 양의 흡수제가 1차 용기와 2차 포장 사이에 있어야한다. 이는 운송하는 동안, 액체물질의 누출이 외부 포장에 도달하지 않도록 하고 완충제를 보존전하기 위함이다.

다수의 깨지기 쉬운 1차 용기가 하나의 2차 포장 내에 있을 시에는, 1차 용기를 각각 분리하거나 운송중에 깨지지 않도록 주의하여 포장한다. 포장된 후에는 "Exempt human specimen" 또는 "Exempt animal specimen"로 표기해야한다. 환자의 시료와 함께 다른 위험한 물품이 존재한다면, DGR(Dangerous Goods Regulations)의 관련조항이 이 물품에 적용되어야한다. 위험한 물품이 항공 수송을 위해 공항까지 육상으로 수송될 때는 각 국가의 공식적 수송 조건을 충족시켜야한다.

ANNEX 5
Example of Packing and Marking for Exempt Specimens

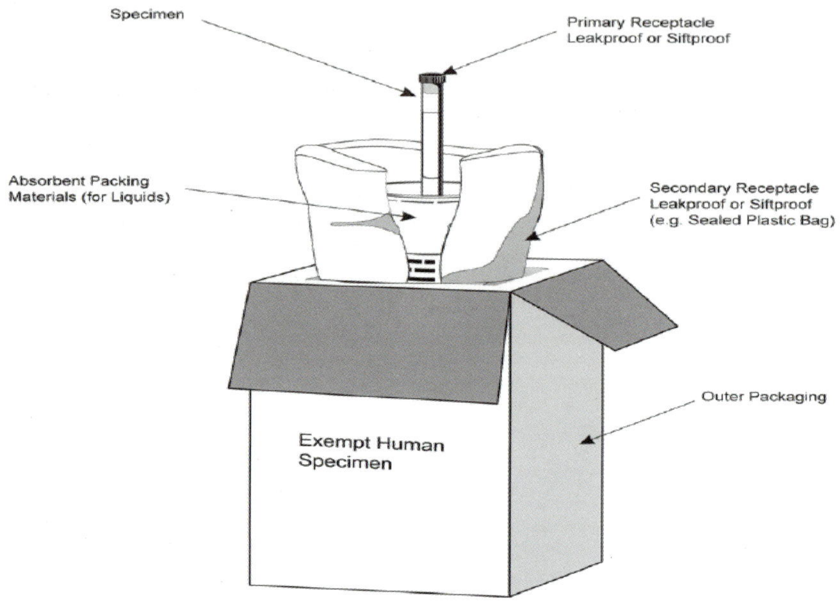

Notes:

1. At least one surface of the outer packaging must have a minimum dimension of 100 mm x 100 mm;
2. The outer packaging must be of adequate strength for its capacity, mass and intended use.

그림 2 시료운송시 포장방법(http://www.iata.org)

참고문헌

ABN biorepository protocol 2006

Banks RE, Stanley AJ, Cairns DA, Barrett JT, Clarke P, Thompson D, Selby PJ, (2005) Influences of blood sample processing on low-molecular-weight proteome identified by surface-enhanced laser desorption/ionization mas spectrometry. Clinical Chemistry 51(9):1637-1649.

Burin M, Dutra-Filho C, Brum J, Mauricia T, Amorim M, Giugliani R. (2000) Effect of collection, transport, processing and storage of blood specimens on the activity of lysosomal enzymes in plasma and leukocytes. Brazilina journal of medical and biological research 33:1003–1013.

Elliott P and Peakman TC. (2008) The UK Biobank sample handling and storage protocol for the collection, processing and archiving of human blood and urine. International Journal of Epidemiology 37:234–244.

First–generation guidelines for NCI–supported biorepository (2006).

Galea G. (1986) Filterability of ACD–stored red cells. Vox Sang 51:152–156.

Hankinaon SE, London SJ, Chute CG, Barbieri RL, Jones L, Kaplan LA, Sacks FM, Stampfer MJ. (1989) Effect of transport conditions on the stability of biochemical markers in blood. Clin. Chem. 35(12,):2313–2316.

Holland NT, Smith MT, Eskenazi B, Bastaki M. (2003) Biological sample collection and processing for molecular epidemiological studies. Mutation Research 543:217–234.

Holodniy M, Mole L, Yen–Lieberman B, Marqolis D, Stakey C, Caroll R, Spahlinqer T, Todd J, Jackson JB. (1995) Comparative stabilities of quantitative human immunodeficiency virus RNA in plasma from samples collected in VACUTAINER CPT, VACUTAINER PPT, and standard VACUTAINER tubes. Journal of Clinical Microbiology 33(6):1562–1566.

ISBER (International Society for Biological and Environmental Repositories). (2005) Best practices for repositories I: collection, storage and retrieval of human biological materials for research. Cell Preservation Technology 3:5–48.

Jongh RD, Vranken J, Vundelinckx G, Bosmans E, Maes M, Heylen R. (1997) THE effects of anticoagulation and processing on assays of IL–6 sIL–6R sIL–1R and soluble transferrin receptor. CYTOKINE 9(9):696–701.

Landry ML, Cohen S, Huber K. (1997) Comparison of EDTA and acid–citrate–dextrose collectiontubes for detection of cytomegalovirus antigenemia and infectivity in leukocytes before and after storage. J Clin Microbiol 35:305–306.

Loutit JF, Mollison PL. (1943) Advantages of a disodium–citrate–glucose mixture as a blood preservative. Br Med J 2:744–745 (11 December), doi:10.1136/bmj.2.

4327.744

NCCLS guidelines.

Pignatelli P, Pulcinelli FM, Ciatti F, Pesciotti M, Sebastiani S, Ferroni P, Gazzaniga PP. (1995) Acid citrate dextrose (ACD) formula A as a new anticoagulant in the measurement of in vitro platelet aggregation. J. Clin. Lab. Anal. 9(2): 138-140.

Rai AJ, Gelfand CA, Haywood BC, Warunek DJ, Yi J, Schuchard MD, Mehigh RJ, Cockrill SL, Scott GBI, Tammen H, Schulz-Knappe P, Speicher DW, Vitzthum F, Haab BB, Siest G, Chan DW. (2005) HUPO Plasma Proteome Project specimen collection and handling: Towards the standardization of parameters for plasma proteome samples. Proteomics 5:3262-3277.

Thavasu PW, Longhurst S, Joel SP, Slevin ML, Balkwill FR. (1992) Measuring cytokine levels in blood. Importance of anticoagulants, processing and storage conditions. J Immunol Methods 153(1-2):115-124.

Tworoger SS, Hankinson SE. (2006) Collection, Processing, and Storage of Biological Samples in Epidemiologic Studies: Sex Hormones, Carotenoids, Inflammatory Markers, and Proteomics as Examples. Cancer Epidemiol Biomarkers Prev 15(9):1578-1581

UK biobank-sample handling and storage subgroup protocol and recommendations version 1.0 (2004)

Vaught JB. (2006) Blood Collection, Shipment, Processing, and Storage. Cancer Epidemiol Biomarkers Prev 15(9)1582-1584.

Wiwanitkit V. (2003) A note in the acid citrate dextrose tube in the present usage. Haema. 6(3): 407-408.

Yokota M, Tatsumi N, Nathalang O, Yamada T, Tsuda I. (1999) Effects of Heparin on polymerase chain reaction for white blood cells, Journal of Clinical Laboratory Analysis 13 (3):133-140

2

시료의 저장

2.1. 저장방법
가. 습식 냉동저장
나. 건식 실온저장

2.2. 냉동고 및 냉동매체
가. 액체질소 냉동고 (liquid nitrogen freezer)
나. 전기/기계적 냉동고 (electrical/mechanical freezer)
다. 드라이아이스 (dry ice)

2.3. 시료 종류별 저장방법
가. 조직(Tissue)
나. 전혈(Whole blood)
다. 혈청과 혈장(Serum & Plasma)
라. 뇨(Urin)
마. 핵산 물질(DNA, RNA)
바. 혈구세포 및 불멸화 세포주
사. 미생물

신선조직, 동결조직, 파라핀조직, 슬라이드 절편조직, 혈액, 혈청, 뇨 등과 같은 시료와 이들 시료로부터 추출된 RNA, DNA, 단백질, 지질 등과 같은 시료의 안정성을 보존하기 위해서는 자원의 종류와 사용 목적에 따라 알맞은 온도, 저장 기간, 저장 용매, 저장 용기를 선택해야 한다. 정도관리용 시험자원을 실제 저장조건에서 저장하고, 이것을 정기적으로 테스트한다. 저장 조건과 기간에 따른 효과를 관찰하여 저장기간 동안의 시료 안정성, 형태학적인 보존상태, 생화학적 상태에 대한 테스트를 통하여 자원에 대한 최적의 저장 환경을 결정하도록 한다. 자원상태에 따라 발생할 수 있는 연구결과의 오차를 막고, 양질의 자원을 확보하기 위하여 생물자원의 저장, 보관 과정에서 일관되게 적용할 표준화된 프로토콜이 필요하다. 자원 저장에 관한 프로토콜에는 다음과 같은 내용이 필요하다.

- 자원의 저장 상태에 대한 기록, 특히 저장고의 온도 변화, 시료의 해동, 동결에 관한 내용, 장비 고장 같은 특수한 상황에 대한 기록이 필요하다.
- 각 저장 장비는 장비의 책자, 수리기록, 유지, 보수, 보정에 관해 기록된 서류가 구

비되어 있어야 한다.

- 저장 상태는 자동으로 기록하는 시설이 필요하며, 특히 장기 보관 시설에 대해서는 매 년 시설에 대한 정기적인 검사를 실시해야 한다.

2.1 저장방법

시료의 물리화학적 구성은 의약제제보다 훨씬 더 다양함으로, 각각의 시료별 생화학적 구성이나 안정성에 바탕을 둔 저장조건을 확립하여야 한다. 먼 훗날 어느 시점에 시료가 사용될지 알지 못하므로 시료 저장법이 본질적으로 추구하는 것은 시료의 '영구보존'을 가능하게 하는 것이라고 볼 수 있다. 그러나 실제로는 어떠한 저장조건하에서도 필연적으로 분해가 일어날 수밖에 없으므로 이상적으로는 그 분해정도를 최소화하는 것이 시료저장의 목표가 될 것 이다. 한편, 현재의 시료 안정성을 고스란히 영구보존한다는 것은 시료가 확보되는 순간의 생체활성에 대한 순간포착이기 때문에 '시료' 뿐만 아니라 '시간'을 영구보존한다는 의미가 되기도 한다.

가. 습식 냉동저장

(1) DNA 시료의 저장

시료를 보관할 때 흔히 이용되고 있는 보관방법은 기계적 저장장비에 의한 저온보관(4℃) 및 냉동보관(−20℃, −80℃) 방법이며, 액체질소에 의한 초저온냉동 보관(−150℃, −196℃) 방법이 있다. DNA와 RNA와 같은 핵산시료는 순수정제되었을 경우에는 4℃에서도 오랫동안 안정하지만, 정제되지 않았을 경우에는 액체질소 혹은 −80℃에서 보관되어야 한다. 시료의 습식 냉동 보관 방법은 그동안 시료의 안정성에 관하여 건식 실온저장 방법보다 안전하다고 여겨져 왔으나, 냉동장비의 구매 및 유지 등에 막대한 비용이 소요되는 단점이 있다.

현재, 바이오뱅크는 주로 유전체학 혹은 유전학적 연구에 초점이 맞춰져 있으므로 DNA의 안전 보존 및 저장에 관한 연구결과들을 살펴보면 시료의 저장에 관한 이해에 도움이 될 것이다. DNA는 공유결합된 단백질과 달리 수소결합 및 소수성결합 등의 비공유결합에 의해 구조가 유지되므로 조건에 따라 이중나선구조가 가역적으로 쉽게 단일가닥으로 풀리거나 이중가닥이 되기도 한다. DNA 냉동저장과정에서는 효소에 의한 분해보다도 화학적 분해에 의해 DNA가 더 손상을 많이 받게 된다. DNA 분해에 대한 화학적 기작에 관한 보고들에 의하면, 이중가닥의 DNA로 저장될 경우가 단일가닥으로 풀려진 DNA (denatured) 형태로 저장될 경우보다 훨씬 더 안정성이 뛰어나며, 이중가닥의 DNA가 방사선 손상(radiation damage)에 대해서도 훨씬 더 안정하다(Lindahl *et al.*, 1972; Anchordoquy and Molina, 2007). 이러한 안정성은 DNA의 염기가 이중나선 구조가 유지될 때는 radical 등으로부터 격리되어 이중나선 속에 묻혀지게 되어 DNA의 안정성이 증대될 것이라고 하는 '염기차단설(base shielding hypothesis)'에 의해 설명될 수 있다(Ward *et al*, 1978). 이것은 DNA가 chromatin속에 응축되어 있을 경우 풀어져있는 DNA구조보다도 더 산화적 손상에 잘 견딘다는 사실과 일치한다(Ljungman and Hanawalt, 1992).

● 수용액에서의 DNA 안정성

DNA를 보관할 때 흔히 알콜침전물 형태로 동결 저장하는 경우가 있다. 이때는, 오랜 기간 동안 안정성이 유지되기는 하지만 실제 사용하기 위해서는 알콜 제거과정이 필요하게 되어 실험에 사용하기가 불편하다. 그에 비해 수용액에 DNA를 녹여 동결 저장하는 것은 비록 간편하기는 하지만 수용액속에서는 DNA의 depurination, depyrimidination, deamination 및 가수분해 등이 쉽게 일어날 수 있다. 그러나 수용액으로 보관하더라도 염기성 조건에서는 DNA의 acid-catalyzed degradation과정이 저해되므로 DNA 장기저장이 가능하다(Evans *et al.*, 2000). 또한 DNA 안정성이 유지되기 위해서는 이온강도(ionic strength)가 필요하므로 생리식염수 조건의 이온강도에서는 화학적 분해가 어느 정도 억제된다. 그러나 DNA가 생리식염수 조건의 이온강도와 염기성환경에 보관되어 있다 하더라도 화학적 분해가 일어날 수 있는데, 이때 가장 큰 위협은 산화에 의한 손상(oxidative damage)에 노출되는 것이다. DNA 저장기간 동안의 산화적 손상은 미량의 전이금속(철, 구리, 코발트 등)에 의해서 생성되는 hydroxyl radical의해 유발되는데, 실제 이러한 미량원소가 제거되었을 경우 DNA 안정성이 증대되기도 하였다. 그러나 이러한 미량원소를 수용액으로부터 완전히 제거하기란 불가능하므로 전이금속을 차단하는 킬레이트화합물(chelator)을 DNA 용액에 첨가하기도 한다. 이러한 킬레이트화합물들은 저마다 산화손상을 줄이는 효과가 천차만별이므로 킬레이트화합물이외에 radical 소거제를 추가로 첨가하기도 한다. 실제로 200μM EDTA와 1% ethanol을 혼합용액에 DNA를 보관할 경우 2년동안 plasmid DNA의 supercoil form이 안전하게 유지되었다는 보고도 있다(Evans *et al.*, 2000).

● DNA의 동결보존

DNA의 동결-해동시 안정성에 관해서 Shikama는 이중나선 구조의 송아지 흉선 DNA가 -192℃까지 동결시켜도 이중나선구조가 유지된다고 하였으나(Shikama *et al.*, 1965), 동결-해동과정에서 유발되는 DNA 분해(cryolysis)에 관한 연구결과에 의하면 급속동결 과정에서 생기는 얼음결정이 DNA를 손상시킨다는 보고도 있는 반면, 오히려 느린동결 과정이 DNA 안정성에 더 해롭다는 보고가 있으므로 해동-동결 조건(동결 및 해동 속도, 저장온도, 저장기간 등)에 따라 DNA의 strand break생성유무, PCR효율 등의 지표를 조사함으로써 DNA 안정성에 관한 체계적인 연구가 필요한 실정이다. 한편 급속동결시 DNA가 당과 EDTA에 녹여져 있을 경우에는 plasmid DNA의 supercoil 함량이 효과적으로 보존된다고 하였는데, 이것은 당과 EDTA가 급속동결시 생성되는 얼음결정의 생성을 억제하였기 때문일 수도 있다(Ando *et al.*, 1999).

(2) 세포 시료의 저장

일반적으로, 시료에서 유래된 primary cells이나 established cells들은 대부분 동결용 배양액(freezing medium)과 섞어서 -150℃이하에서 동결 보존하게 된다. 미국 표준과학기술연구소(National Institute for Standard and Techonology)는 세포의 동결온도(cryogenic temperature)를 -150℃로 정의하고 있는데, 이 온도에서 살아있는 세포가 가장 안전하게 보존될 수 있기 때문이다. 예를 들어, 인간 조혈모세포(hematopoietic stem cell)를 동결온도(-150℃)에서 5~14년간 보관하였을 때 세포생존성은 약간 손실되지만 engrafment potential이 잘 유지되었다는 보고가 있다. 반면 세포를 장기간 동결보존하기 위해서는 반드시 이런 극저온의 동결온도(-150℃ 이하)가 필요하다는 일반적인 정설과 배치되는 연구결과들도 있다. 예를 들어, 임파구를 동결보조액(5% DMSO, 62% plasma)과 섞은 후 polystyrene tubes에 담아 -80℃에서 보관하였을 경우 60일 이상 phyto hemag-glutinin(PHA)과 pokeweed mitogen(PWM)에 대한 반응성을 관찰할 수 있었다(Simon *et al.*, 1977). 또한 적혈구와 골세포(bone cells)를 -80℃에서 수개월 이상 보관하였을 경우에도 해동이후 세포생존성과 호르몬 반응성 등이 잘 유지되었다는 보고가 있다(Meryman *et al.*, 1975; Rao *et al.*, 1977).

세포의 동결보존에서 가장 핵심적인 요소는 보존기간 동안 온도가 일정하게 유지되는 것이다. 세포의 동결보존 과정 중에서 세포의 안정성을 해치는 두 가지 주요 물리적 요소는 얼음결정(ice crystal)과 삼투압(osmotic force)이다. 일반적으로 얼음결정은 냉동과정에서 생기는 것으로 세포막이나 세포소기관에 상해를 주기도 하고 얼음결정 주변에서 용질의 농도변화를 야기함으로써 세포의 안정성을 위협하는 가장 큰 원인이 된다. 이와 더불어 얼음결정으로부터 녹아나오는 용해성 물질에 의한 급격한 삼투압의 변화와 고농도의 염(salts)이 동결시료의 안정성을 해치기도 한다. 동결저장학은 이처럼 동결과정에서 생성되는 얼음결정을 방지하여 극저온하에서도 세포에 해로운 영향이 없도록 하는 것이다. 얼음결정이 생기지 않도록 하는 동결보조제하에서 물을 매우 급격하게 동결시키게 되면, 물이 얼음결정 형성 과정없이 유리와 같은 상태가 되는데, 이를 유리화(vitrification)라고 한다. 유리화가 잘 일어나는 물질로는 에틸렌 글리콜(ethylene glycol)이나 글리세롤(glycerol) 등이 있다. 동결과정이 급격하게 일어날 경우에는 세포의 내부와 외부 환경사이에서 일어나려는 삼투압 평형을 막을 수 있다. 유리화 과정은 얼음결정으로부터 떨어져 나온 용질에 의해서 발생하는 삼투압 쇼크를 줄이는 역할을 한다. 그러나 유리화는 온도를 급격하게 떨어뜨리는 기술을 필요로 하는 단점이 있다. 유리화 포맷으로 세포를 보관하기 위해서는 동결온도를 물의 유리화 온도 이하까지 떨어뜨려야 하며, 해동과정에서도 물이 유리화상태에서 결정화 상태로 변하는 과정에서 얼음결정이 생기지 않도록 급속 해동해야 한다.

나. 건식 실온저장

적은 양의 혈액을 깨끗한 슬라이드에 도말하거나, 종이에 떨어뜨려서 공기 중에서 건조된 시료들은 습기 없는 실온에서 저장해도 DNA 추출이 충분히 가능하다. 추출한 DNA는 인구학, 인간행동연구, 생태학 연구의 모집단(population) 분석을 위한 RFLP 분석 등에 사용할 수 있다.

(1) DNA의 탈수 저장

DNA를 탈수상태로 보존하는 방법은 동결보존 비용을 절감할 수 있는 장점이 있으나, 아직까지 탈수과정이 DNA안정성에 미치는 영향에 관해서는 일치된 견해가 없다. DNA를 탈수하는 방법으로는 분산건조(spray drying), 분산동결건조(spray freeze drying), 공기중 건조(air drying) 또는 동결건조(lyophilization) 등이 있다. 동결건조(lyophilization)가 DNA 원래 구조인 이중나선 구조를 변형시킨다는 보고도 있다(Poxon and Hughes, 2000).

탈수 및 동결된 조건에서 DNA는 수십만년 동안 DNA 안정성이 유지될 수 있다고 한다(Anchordoquy and Molina, 2007). 그러나 지질시대의 수지가 석화된 호박(amber) 결정체속의 DNA 보존상태에 관한 연구결과에 의하면, DNA 보존을 위해 중요한 것은 보존기간

동안 분자유동성(molecular mobility)을 얼마나 감소시키느냐에 달려있다. 호박속에 있는 아미노산의 광학이성질체 변환 속도(racemization rate)에 근거하여, 가능한 DNA 보존기간을 추론해보면 호박속의 환경에서처럼 분자유동성이 거의 없는 탈수 조건에서는 DNA가 대략 1억년동안 보존될 수 있다고 한다. 더욱 흥미로운 것은 2억5천만년전의 소금결정체속에서 살아있는 박테리아 DNA가 분리되었다는 보고를 보면, 시료가 소금결정체속에 보존되어 있을때는 훨씬 더 오랜 기간동안 시료가 보존될 수 있을 것이다(Vreeland *et al.*, 2000).

건조상태로 보관할 DNA의 안정성에 관한 연구결과에 의하면 건조상태의 DNA를 저온(0~4℃)에서 보관하더라도 6개월이내에 DNA 분해가 일어난다고 하였다. 한편 당류(lactose, glucose, sucrose 등)를 첨가했을 경우에는 75℃에서 3주 동안 안정성이 유지됨으로써 당류가 탈수에 의해 유발되는 DNA 구조변화를 막아준다고 보고하였다. 이에 반하여, 순수정제된 plasmid DNA를 trehalose가 있는 상태에서 건조시켰을 때의 DNA 안정성에 관한 연구에서는 저장초기에는 응집이나 빛에 의한 손상이 방지되었으나 8주후에는 DNA 분해가 관찰되기도 하였으며, 또 다른 연구에 의하면 고도로 정제된 trehalose에서 순수분리된 plasmid DNA를 동결건조(lyophilyzed)시켜서 20℃에서 보관하였을 경우에 2주후 DNA 분해가 관찰되었다고 한다. 그러므로 DNA 안정성을 증가시키기 위해서 당류 등의 첨가물에 대한 효과를 조사한 연구들이 진행되었으나, 아직까지 건조된 DNA의 안정성에 대한 당의 효과에 대해서는 일치된 견해가 없다(Poxon and Hughes, 2000; Shirkey *et al.*, 2003).

(2) 무처리 여과지(Guthrie Card)를 이용한 DNA 보관

1962년 미국의 세균학자였던 Robert Guthrie 박사에 의해 신생아의 phenylketonuria(PKU)등의 대사질환 진단을 위해 고안된 Guthrie card는 혈액 점착 여과지로서 극소량의 혈액을 보관하는 방법이었다(Guthrie and Susi, 1963). Guthrie 검사를 위해서는 먼저 생후 6~7일째 신생아 발꿈치로부터 확보된 극소량의 혈액이 점착된 여과지 디스크를 이용하여 bacterial inhibition assay를 통해 대사질환 유무를 진단한다. 즉, Guthrie card를 세균(Bacillus subtilis)의 성장을 저해하는 물질(beta-2-thienylalanin)이 포함된 agar plate위에 얹어두고 밤샘 배양을 하게 되면 phenylalanine양이 많은 혈액의 Guthrie card에서는 세균성장이 관찰된다. Guthrie test에 의해 진단이 가능한 질환으로는 PKU이외에, 선천성 hypothyroidism, cystic fibrosis, MCAD(Medium Chain acyl-CoA Dehydrogenase) deficiency, hemoglobinopathies(sickle cell anemia), biotinidase deficiency, homocystinuria 등이 있다. 그러나 유전체학의 발전에 따라 이러한 선천성 유전질환의 진단은 주로 DNA에 바탕을 둔 분자생물학적 진단법으로 대체되었으며, Guthrie card는 최근에는 유전체역학연구를 위한 연구재료의 대체 저장법으로 주목을 받고 있다.

미국의 모든 신생아 진단 프로그램(newborn-screening program)에 관한 1994년의 조사보고서에 의하면, 한해동안 수집되는 Guthrie cards는 1만~50만개에 이르며(McEwen and Reilly, 1994), 최근에는 매년 약 4백여만개의 신생아 혈액점착 시료가 수집되고 있다고 한다. 이러한 시료중에서 신생아 검진프로그램에서 사용되지 않은 Guthrie cards의 일부분은 공여자가 동의할 경우 연구목적으로 사용될 수 있을 것이다. Guthrie card로 보관된 혈액이 유전학 연구에 사용되기 위해서는 생체분자의 안정성이 유지되어야 한다. 미국의 CHORI(Childern's Hospital Oakland Research Institute)에서 1994년에 제작된 Guthrie cards에 대한 DNA 회수율이나 질에 관한 연구결과에 의하면, 대략 Guthrie card의 크기는 5~25mm^{2}이었으며 DNA 추출용액(GenSolve, GenVault Inc)을 사용하였을때 평균 회수율은 576ng/card (21ng/mm^2)이었다고 한다(http://www.genvault.com). 따라서 Guthrie card가 유전학 연구재료의 저장매체로 충분히 사용될 수 있음을 알 수 있다. 또한 여과지에서 1년 동안 건식보관된 혈액점착시료가 mRNA 연구에도 이용 가능하다는 보고가 있다(Matsubara *et al.*, 1992). 건식보관된 혈액의 mRNA 안정성은 백혈구가 여과지에서 건조상태가 유지됨으로서 nuclease 등의 활성이 저해되었기 때문일 것이다. 따라서 유전학적 진단용으로 적합한 시료가 확보되어 있지 않을 경우에는, 여과지에 보관된 혈액시료도 유용한 연구재료로 활용될 수 있을 것이다.

(3) 화학적으로 처리된 여과지(FTA filter)를 이용한 DNA 보관

FTA 여과지는 20여년전, 호주 Flinders 대학교의 Leigh Burgoyne과 Craig Fowler에 의해서 DNA의 건식저장 방법으로 개발되었다. 그들은 nuclease나 DNA 분해과정으로부터 DNA를 보호할 수 있는 특정 화학약품을 개발하여 cotton paper속으로 침습시켜서 DNA를 실온 보관하는 방법을 개발하였고, 이를 FTA(Fast Technology for Analysis of nucleic acids, 일명 Flinders Technology Associates) filter라고 명명하였다. 현재 FTA여과지는 Wattman 회사(Brentford, UK)가 생산 특허를 소유하고 있다. FTA 여과지는 cellulose-based matrix로 구성되어 있으며 이러한 여과지에는 weak base, chelating agent, anionic surfactant(detergent) 및 uric acid가 점착되어 있으므로, cell lysis와 핵산보존 역할을 하며, 또한 세균이나 바이러스를 불활성화 시킬 수 있다. 따라서 FTA는 시료 보존

기간동안의 미생물증식을 차단함으로서 시료의 세균오염 뿐만 아니라 biohazard 물질로부터의 보호가 가능하다. 건식보관된 시료는 반복적인 해동—동결과정에서도 시료안정성에 손상을 받지 않을 것이다.

이러한 FTA 여과지는 전통적인 DNA 저장방법인 냉동보존 방법과 대비되는 실온저장법으로서 혈액, buccal swab, buffy coat 또는 배양세포들의 DNA보관이 실온에서도 가능하므로 냉동고 사용 경비가 절감될 수 있는 획기적인 DNA 저장법이라고 할 수 있다. 최근의 연구결과들에 의하면 FTA 여과지는 전혈, 조직, buccal, viral 및 세균 시료 등으로부터 DNA를 수집하거나 저장하기 위한 안전하고 간편한 방법으로 알려져 있다 (Beckett *et al.*, 2008; Devost *et a*l, 2000; Galaal *et al.*, 2007; Gutierrez-Corchero *et al.*, 2002; He *et al.*, 2007; Li *et al.*, 2004; Salvador *et al.*, 2003; Milne *et al.*, 2006). FTA 여과지는 Wattman FTA filter가 가장 많이 사용되고 있으며, 최근에는 GenVault Inc에서 6mm 크기의 disc모양의 이러한 FTA 여과지를 384-well plate format형식으로 제작하여 자동화가 가능하도록 고안된 'GenePlate'를 제공하고 있으며, 캐나다 Genome Quebec (http://www.genomequebec.com)에서 채택되어 사용되고 있다.

그 외에 chemical등으로 처리된 여과지로는 IsoCode™ Stix Card(Schleicher & Schuell Bioscience)가 있으며 전혈, buccal cells 등으로부터 DNA 수집 및 저장하기 위해서 사용되고 있으며 실제로 말라리아 진단 등에 사용되기도 하였다(Harty *et al.*, 2000; Zhong *et al.*, 2001). 특히 이러한 실온저장 보관 매체들은 검진자들이 임상기관을 방문하지 않고서도 buccal cells 등의 DNA 시료를 검진자가 직접 여과지에 점착하여 검사기관으로 배송이 가능하므로, 대규모 집단 코호트 혹은 추적조사 검진 사업에서 보다 더 간편하게 DNA 시료를 수집할 수 있는 장점이 있다.

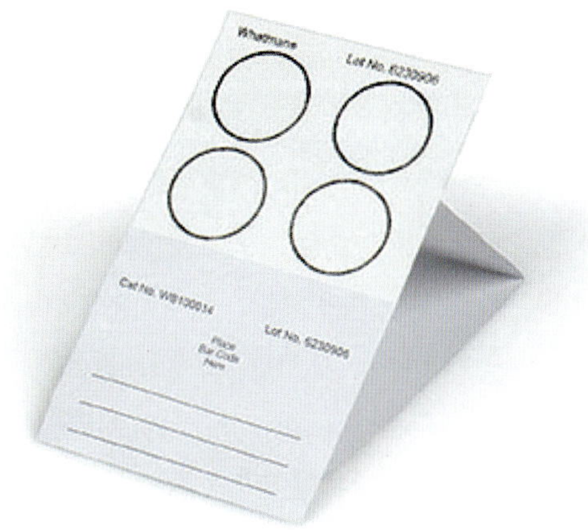

그림 **1** FTA filter (Watman Inc.)

(4) 첨가제를 이용한 실온 건식 보관법: SampleMatrix

시료의 실온 건식 저장법중의 하나로서 최근에 관심을 끄는 것으로 SampleMatrixTM (http://www.biomatrica.com)이 있다. 극한조건하에서도 생존능력을 유지하는 extremophile organisms은 trehalose를 이용하여 고온이나 건조상황에서도 개체가 살아남는 특성을 건식저장법에 응용하였다. SampleMatrix는 시료를 안정화시키는 완충용액속의 가용성 polymer 그리고 합성물질을 포함하는 특수 안정화용액으로 구성되어 있다(그림 2). 일반적으로 이러한 안정화용액에는 trehalose와 같은 당류가 시료의 안정성을 유지하기 위해 사용될 수 있다.

Trehalose는 mycose라고도 알려져 있으며 두개의 glucose가 결합되어 있는 이당류로서 자연계에서는 곰팡이, 식물, 무척추 동물 등에 의해서 생산된다(그림 3). 특히 trehalose는 새우나 곤충류에서 많이 존재하는데, 메뚜기, 나비, 벌 등의 혈당은 trehalose로 구성되어 있다. Trehalose는 식물이나 동물이 오랜기간의 건조상태를 견딜 수 있게 하는 anhydrobiosis에 관련되어 있다. 세포가 탈수 상태가 되면 trehalose는 젤 형상을 띄게 되므로 세포내 소기관들의 파괴를 막을 수 있게 된다. Rehydration이 되면 반복적인 탈수-

가수 상황에서 발생할 수 있는 세포의 손상이 없이 세포활성을 재개할 수 있다. Trehalose는 또한 항산화효과가 있으며, 물을 흡수하는 능력이 탁월해서 식품 및 화장품 산업에 응용되기도 한다.

완보동물인 water bears가 건조상태가 되면 체내의 glucose가 trehalose로 바뀌게 되면서 가사상태(cryptobiosis)로 전환되게 된다. 그러나 다시 물을 흡수하게 되면 정상상태의 대사기능을 회복하여 생존상태로 변환된다. 또한 sleeping chironomid(polypedihum vanderplanki)의 유충이나 artemia(sea monkeys, brine shrimp)류의 동물들도 탈수상태에 살아남을 수 있는 이유가 그들의 세포속에 trehalose를 저장하고 있기 때문이다. 식물류 중에서 사막이나 산악지역에서 서식하는 selaginella(일명 부활식물 resurrection plant)는 완전건조상태가 되거나 말라서 부서지더라도 비가 내리면 다시 생존이 가능한 것이 trehalose 때문이라고 한다. 또한 건조된 표고버섯(shiitake mushrooms)도 물속에서는 제 모양을 갖출수 있는 것이 trehalose가 있기 때문이라고 한다.

Trehalose가 가사상태(cryptobiosis)에서 작용하는 원리는 얼음결정체 형성을 방지하는 유리화(vitrification) 이론과 trehalose가 물의 기능을 대체한다는 물대체 이론으로 설명될 수 있다. 실제로 급격한 동결-해동 과정동안 plasmid DNA의 안정성을 조사한 연구결과에 의하면, 당류와 EDTA가 첨가되었을 경우 supercoil DNA의 함량이 효과적으로 잘 보존된다고 한다. 이는 당이 DNA를 감싸는 역할을 함으로써 cracking을 감소시킨데서 비롯되었을 수도 있다 (Ando *et al.*, 1999).

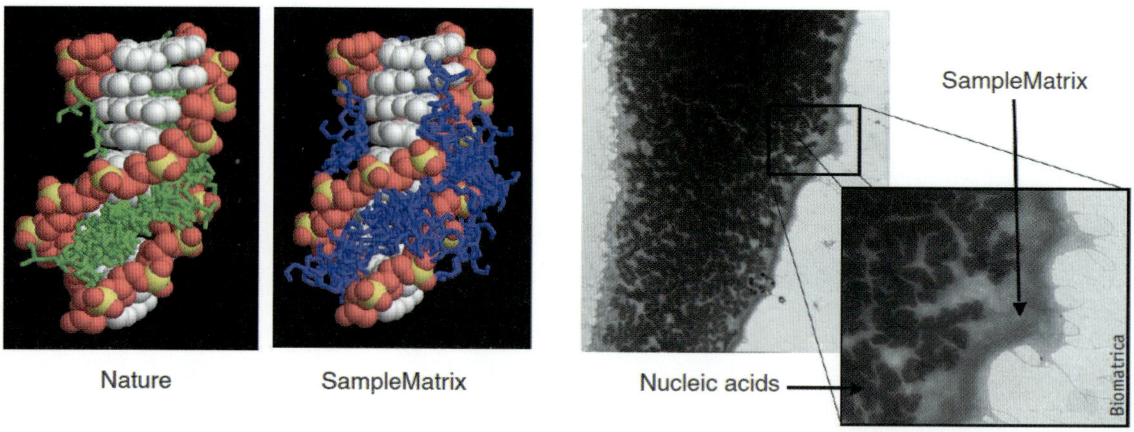

그림 2 Trehalose disaccharides(왼쪽그림)와 SampleMatrix(중앙그림)가 핵산분자와 결합한 분자모델링구조 및 전자현미경 사진. 핵산분자주변에 형성된 장벽(thermostable barrier)이 핵산을 안정화시켜줌으로써 분해를 방지하게 됨.

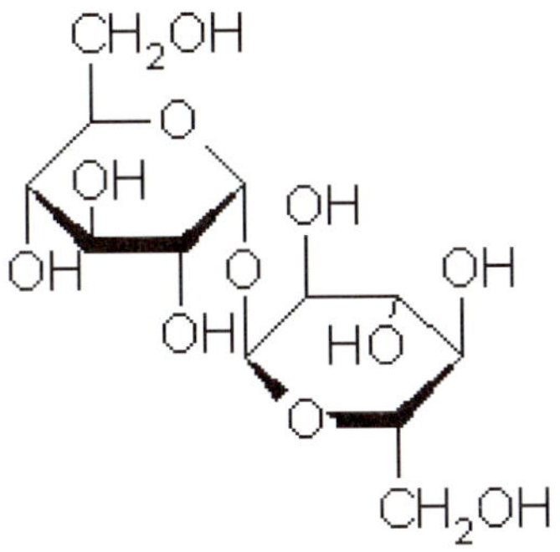

그림 3 Trehalose(alpha-D-glucosepyranosyl-(1->1)-alpha-D-glucopyranoside)의 구조

2.2 냉동고 및 냉동매체

자원의 종류, 저장기간, 사용목적, 관심있는 생체분자가 무엇이냐에 따라 적정 보관온도를 결정하고, 온도에 맞는 냉동고를 선택하여야 한다. 주로 초저온냉동고와 액체질소 탱크가 사용된다. 초저온냉동고(−80℃)는 접근성이 좋고, 설치가 간단하다는 장점이 있고, 액체질소 탱크(−132℃~ 196℃)는 훨씬 더 낮은 온도에서 큰 온도 변화 없이 일정한 온도로 유지할 수 있다는 장점이 있다(■표 1). 냉동고 선택시 자동 성에방지 기능이 있는 냉동고의 사용은 금지하도록 하고, 액체질소 탱크에 자원을 보관하는 경우 탱크 내의 높이에 따른 온도 차이를 고려하여 자원이 저장되어야 한다. 동결된 상태로 자원을 보관하는 경우 불필요한 해동과 동결과정을 피하도록 하고, 해동과 재동결 과정이 필요한 경우 일관되고 검증된 방법에 따라 자원의 안전성을 고려하여 보관하도록 한다. 냉동고의 저장 상태를 자동으로 기록하는 시설이 필요하며, 특히 장기 보관 시설에 대해서는 시설에 대한 정기적인 검사를 매년 실시해야 한다.

가. 액체질소 냉동고(liquid nitrogen freezer)

일반적으로, 시료를 극저온하에서 저장하기 위해서는 액체질소를 사용한다. 질소의 녹는점(melting point)은 −210℃ (63.15K)이며, −237℃ (36.15K)이하에서는 고체화된다. 질소의 끓는점(boiling point)은 −196℃(77K)로서 끓는점보다 온도가 높아지면 액체상태의 질소가 기체(vapor)상태로 바뀌게 된다. 액체질속에 담겨있는 시료의 온도는 −196℃가 유지되며, 증기상태에서는 저장탱크에 따라 그보다 높은 온도가 유지된다. 따라서 액체질소에 의한 온도 강하는 액체질소의 액체속에 담아두는 액체형(liquid LN_2)과 액체질소 증기에 의한 증기형(vapor LN_2)이 있다.

액체형에는 탱크에 액체질소를 가득 채워두어 −196℃까지 온도를 강하시키며, 증기형에서는 일반적으로 저장탱크 바닥에서 일정한 높이만큼만 액체질소를 채워서 액체질소의 기화에 의하여 온도를 강하시키는데 대개 −132℃ ~ −196℃ 사이로 탱크내부의 온도가 유지될 수 있다. 보통 지름이 5피트인 액체질소탱크의 경우 바닥에서 8.8 ~ 10.8 인치만큼만 액체질소를 채워두기도 한다. 액체형이 증기형보다는 절대적으로 온도를 일정하게 유지시키는데 더 적합하지만 많은 양의 액체질소가 필요하고, 바이얼도 단단하게 뚜껑이 닫혀져야만 한다. 그래서 액체형 질소탱크 보다는 증기형 액체에 의한 저장법이 흔히 이용되고 있으나, 증기형은 탱크내부의 온도가 보관위치, 액체질소량, 탱크덮개의 개폐횟수 등에 따라 달라질 수 있는 단점이 있다. 그러나 최근에는 증기형이라도 내부순환형 특수설비에 의해 일정하게 온도 유지가 가능한 장비가 개발되어 보급되고 있다. 증기형 질소탱크에 시료를 보관할때는 액체질소를 저장탱크의 바닥에 얕게 채운다음, 경보장치가 있는 자동조절기 등에 의해 액체질소의 높이를 일정하게 유지해야 하며, 시료용기는 액체질소 표면 보다 높은 위치에 보관하게 된다.

액체질소탱크를 이용한 시료 저장시 실험실 안전사항에 관해서도 액체형탱크보다는 증기형탱크가 더 안전성이 좋다. 액체형은 감염성 미생물에 의해 시료사이의 교차오염이 상존할 뿐만 아니라 액체질소가 시료보관 바이얼(vial)속으로 유입될 경우 폭발의 위험이 있으므로, 액체형보다는 증기형 질소탱크가 극저온저장설비로 활용되고 있다. 예를 들어 1.5ml vial에 들어있는 0.5g의 액체질소가 증발할경우에 약 4,053psi의 압력이 생성된다. 이때 바이얼의 뚜껑이 느슨하게 닫혀있을 경우에는 뚜껑이 터져서 날아갈때의 속도는 초속 132m/s로서 이는 22구경 권총속도의 8.4%에 해당하는 속도에너지에 해당할 만큼 위협적이게 된다. 바이얼에 결함이 있거나, 바이얼의 유효기간이 경과되었거나, 멸균이후 너무 오랜 시간이 경과되어 실리콘 개스킷이 부식되었거나, 바이얼의 뚜껑이 느슨하거나 과도하게 닫혀있거나, 뚜껑과 바이얼사이에 물이 묻어있거나, 액체질소용기에 부적합한 바이얼이 사용되었을 경우에는 액체질소가 바이얼속으로 유입될 수 있다. 액체질소에 대한 위험요인들중에서 가장 흔한 것은 동상(cold burn)이다. 그 다음으로 위험한 것은 asphyxiation이다. 액체질소는 쉽게 질소가스로 휘발이 된다. 액체질소 1리터는 대기압하에서 증발할 때 약

700~800리터의 기체로 바뀌면서 주위의 공기속 산소농도를 저하시킬수 있는데, 특히 환기상태가 좋지 않은 저장실 공간의 바닥에서 더 위험하다. 인체는 산소결핍 상황보다는 과량의 이산화탄소에 대해서 더 잘 자각하게 됨으로서 산소결핍상황에서 특별한 자각 증상이 쉽게 나타나지 않는다. 대기상태에서 정상적인 산소농도는 약 20.9%이며 산소농도가 17% 이하가 될 때는 신체적 정신적 활동성이 저해되면서 호흡곤란, 구토, 기절같은 증상이 나타날 수 있다. 특히 공기중 산소농도가 10%이하로 급격히 낮아졌을 경우에는 특별한 자각증상없이 곧바로 의식을 잃게 되는 경우가 생긴다. 따라서 dry ice와 액체질소 등이 밀폐된 공간에서 누출될 경우에는 인명피해가 발생할 수 있으므로 반드시 환기장치가 설치되어야 하며 산소농도는 최소 18%로 유지되도록 경보기를 설치하는 것이 좋다.

나. 전기/기계적 냉동고(electrical/mechanical freezer)

시료의 장기 동결보존을 위해서 cryogenic freezer내의 온도를 임계저장온도(critical storage temperature) 이하로 유지시킬때는 액체질소탱크를 사용하는 것이 가장 좋다. 보통 세포나 생명체의 임계온도는 −140℃(유리화온도, glass transition temperature, Tg)인데, 이 온도에서는 얼음결정이 없는 끈적끈적한 유리화상태 (glassy solid)가 되므로, 세포 손상 없이 저장이 가능하게 된다. 이러한 세포의 임계온도까지의 냉동은 전기에 의한 기계적인 방법으로 가능하지만, 대개 전기에 의한 냉동장치는 −80℃까지 온도를 떨어뜨릴 수 있는 냉동고가 보급되고 있다.

시료를 −80℃에서 저장하기 위한 초저온 냉동고의 종류로는 수평형(chest or horizontal type)과 수직형(upright or vertical type)으로 나눌 수 있다. 수평형은 냉동고 문을 열었을 때 냉동고 내부의 온도 유지에 유리하고, 수직형은 냉동고의 높이가 상대적으로 높아서 저장실의 공간 활용이 용이하다. 따라서 냉동고 종류는 시료종류, 저장시설 및 기타 여건에 알맞게 선택하면 된다. 특히 혈장이나 혈청시료의 적정 보관온도에 대한 체계적인 연구결과가 없는 실정이므로, 현재까지는 −80℃이하에서 보관해야 한다는 견해에는 대부분 공감하고 있다. 따라서 전력생산비와 액체질소 생산비용이 국가별로 상이할 수 있으므로, 해당 바이오뱅크의 경제적 여건에 따라 적당한 냉동고 종류가 선택되는 경우가 많다.

다. 드라이아이스(dry ice)

드라이아이스는 기체상태의 이산화탄소가 −76℃에서 고체상태로 변화될 때 생성된다. 따라서 드라이아이스에 의한 냉동온도는 드라이아이스의 승화(sublimation) 온도인 −76℃로서 그 이하로는 온도가 떨어질 수 없다. 드라이아이스는 시료 보관용기의 드라이아이스와의 접촉면적을 넓혀줌으로써 냉동효과를 최대화하기 위하여 보통 유기용매 (메탄올, 아세톤 등)와 혼합하여 사용하기도 한다. 드라이아이스를 밀폐된 공간에 장시간 사용할 경우에는 휘발된 드라이아이스에 의한 이산화탄소 노출에 의해 의식불명을 초래할 수 있으므로, 환기가 잘되는 곳에서 사용되어야 한다.

표 1

냉동매체별 특성비교

냉동방법	타 입	온 도	장 점	단 점	비 고
전기 (컴프레서)	수평형 (Chest)	-80℃ (-135℃까지)	• 간편한 유지보수 • 일정한 온도 • 저렴한 운영비용	• 액체질소백업 필요 • 복잡한 기계설비 • 액체질소보다 높은 저장온도	• 수평형 냉동고는 개방시 냉기손실 방지
	수직형 (Upright)	-80℃ (-135℃까지)			• 수직형 냉동고는 저장실 내부공간 활용성 우월
질소	액체형 (liquid-phase)	-196℃	• 일정한 온도유지 • 간편한 설비	• 액체질소 공급 장치 필요 • 비싼 운영경비 • 액체질소에 의한 교차오염 상존	• 실험실안전에 유의 해야함
	기체형 (vapor-phase)	-132℃ (-196℃까지)	• 액체질소에 의한 교차오염 위험제거 • 간편한 설비	• 액체질소 공급 장치 필요 • 비싼 운영경비 • 질소증기량에 따른 온도변화	
이산화탄소	드라이 아이스	-75℃	• 운반성	• 대량공급에 부적합	• 임시저장에 용이 • 유기용매와 혼합사용하여 동질한 온도유지

2.3 시료 종류별 저장방법

가. 조직 (Tissue)

질환의 진단과 치료를 위해서는 질환 부위와 그 주변의 정상조직을 절제하게 되는데, 적출한 모든 조직이 진단에 사용되는 것은 아니므로 남은 조직을 기초연구의 유용한 자원으로 이용할 수 있다. 조직학적인 검사방법으로 질병을 진단했던 과거에는 대부분의 경우 파라핀 블록(formalin fixation and paraffin embedding)이나 슬라이드를 만들어 적출된 조직을 보관하였다. 하지만 최근에는 DNA 변이 패턴, 유전자와 단백질의 발현 패턴과 같은 molecular profiling이 진단 방법으로 많이 사용됨에 따라 파라핀 블록뿐만 아니라 고정(fixation) 과정을 거치지 않은 동결 조직(frozen unfixed tissue)이 필요하게 되었다. 유럽의 동결 종양조직은행 네트워크인 TuBaFrost(European Frozen Tumor Tissue Bank, http:// www.tubafrost.org)의 연구보고서에 의하면, 정확한 molecular profiling을 위해서는 DNA, RNA, 단백질을 최적의 조건에서 보존해야 하며, 조직을 적출하는 즉시 액체질소나 냉각된 이소펜탄(cooled isopentane)에서 가능한 빨리 동결하는 것이 좋다(Riegman *et al.*, 2006, TuBaFrost 1). 예를 들어, 조직이 25℃에서 4시간 이상 방치되었을 때는 RNA 분해와 mRNA 발현에 많은 변화가 일어나지 않았으나, 37℃에 노출된 경우에는 18S와 28S rRNA 모두 분해가 일어나고, mRNA 발현도 많은 변화가 나타났다는 보고가 있다(Almeida *et al.*, 2004). 또한 조직을 적출시 혈관차단 이후 동결직전까지의 경과시간(허혈시간, ischemic time)에 따른 유전자 발현 패턴의 변화를 분석한 결과, 허혈시간이 15분경과한 경우에는 혈관차단직후 곧바로 동결된 조직에 비해서 유전자발현의 10~15%가 차이가 있었으며, 30분경과 후에는 20%정도 차이를 나타낸 경우도 있었다. 특히 hypoxia관련 유전자의 발현 양상이 영향을 많이 받는 것으로 나타났다(Spruessel *et al.*, 2004). 이와 유사한 연구결과로서 microarray실험을 통해 허혈시간이 20분 이전인 경우는 유전자발현 프로파일이 일관되게 관찰된 반면, 40분 이상인 경우는 많은 유전자발현양에서 편차를 보였다(Huang *et al.*, 2001). 따라서 유전자와 단백질 발현 분석을 위한 연구에 동결조직 시료를 사용하기 위해서는 이러한 허혈시간(ischemic time)을 preanalytical factor로 면밀히 고려해야 할 것이므로, 가능한 빨리 동결하는 것이 중요하며 신속동결이 여의치 않을 경우에는 이러한 변수들을 자세하게 기록해 두는 것이 필요하다. 이외에도 많은 연구보고서와 TuBaFrost 등에서는 유전자발현이나 단백질발현에 관한 연구용 조직시료는 적출 후 30분 이내에 동결되는 것을 원칙으로 제시하고 있다(Morente *et al.*, 2006, TuBaFrost 2).

조직은 용도에 따라 여러 가지 형태로 저장하게 된다. 동결조직의 경우 원래 특성을 유지하고 장기간 보관하기 위해서는 모든 신진대사(metabolic activity)가 정지되는 −132℃ 이하의 온도에서 저장하는 것이 가장 안전하다고 알려져 있다. 진단목적으로 만드는 파라핀 블록과 슬라이드, 또는 동결박절(frozen sections)로부터 만드는 슬라이드 또한 동결보관 되는 조직을 보완해 줄 수 있는 중요한 자원이다. 이러한 상태의 조직 또한 조직의 훼손(degradation)을 방지할 수 있는 적당한 조건하에서 보관해야 한다. 파라핀 블록과 슬라이드는 온도, 습도, 빛을 조절할 수 있는 저장고에 보관해야 하며, 동결박절(frozen sections)은 냉동고에서 보관해야 한다. 저장 시 연구 목적에 따라 일정량씩 나누어 보관하는 것이 불필요한 냉동/해동 과정에서 발생할 수 있는 조직의 훼손을 방지 할 수 있으며, 저장 시료의 보안을 위해 최소한 분리된 2곳의 저장 시설에 시료를 나누어 보관하는 것이 필요하다(Morente *et al.*, 2006, TuBaFrost 2).

조직의 형태에 따른 저장 방법은 다음과 같다.

(1) 동결조직 및 OCT embedding 조직

조직 시료는 동결상태로 보존하거나(fresh-frozen), OCT(optimal cutting temperature) 화합물을 침투시켜(emedded) 보존할 수 있다. 동결시킨 조직은 액체질소나 -80℃ freezer(deep freezer)에서 보관 한다. 단백체 연구를 위해서는 보통 액체질소에서 보관하지만, 일반적으로 -80℃ 이하에서도 안정성을 유지하는데 무리가 없다. OCT는 polyvinyl alcohol, polyethylene glycol 및 화학적 비활성 물질(benzalkonium chloride 등)로 구성되어 있으며, 동결조직의 미세절단을 용이하게 하기 위하여 사용된다. 시료의 저장수명(shelf-life)은 저장 온도가 낮을수록 현저하게 증가하는 것으로 알려져 있다. DNA의 경우 장기간 동결보관을 해도 DNA 분자의 안정성(integrity)이나 회수율(yield)에는 별다른 차이가 없다. 반면, RNA의 경우 5년 이상 장기 보관했을 때는 RNA 안정성(integrity)은 떨어지지만, RT-PCR을 통한 짧은 단편의 증폭에는 별다른 문제가 없다는 보고가 있다(Chu TY *et al.*, 2002). 한편, 증기형 액체질소 탱크(vapour-phase liquid nitorgen freezer)에서 10년 이상 장기보관해도 DNA나 RNA의 회수율에는 특별한 영향이 없었다는 보고도 있다(Qualman *et al.* 2004).

조직은행의 방침에 따라 동결조직을 -80℃ 혹은 액체질소에서 보관하고 있다. AFIP, Mayo Clinic Prostate SPORE, Ardais 등은 -80℃에서 동결조직을 보관하고 있고, Philadelphia Familial Breast Cancer Registry에서는 모든 조직을 액체질소탱크에 보관하고 있다. 조직시료를 -80℃와 액체질소 두 군데에 보관하는 조직은행으로는 CHTN, NHLBI, the WAB Breast and Ovarian SPOREs, University of Pittsburgh HSTB, GCI이 있다(Elisa Eisemen *et al.* 2003)

(2) 파라핀 블록 조직(formalin-fixed, paraffin-embedded tissue)

파라핀 블록으로 만들어진 조직시료는 대체적으로 온도 조절 장치가 있는 저장고에서 실온에 보관하는데, 경우에 따라 4℃에서 보관하는 경우도 있다. 파라핀 블록(paraffin block)의 경우 파라핀이 녹지 않고, 물이나 습기 또는 해충으로 인한 피해를 막을 수 있는 환경에 보관하는 것을 원칙으로 한다.

(3) 슬라이드 조직

일반적으로 슬라이드 조직은 빛이 없는 실온에서 보관한다. 최근에는 주로 다음 3가지 방법을 사용하여 보존한다. 첫째, 오래된 슬라이드의 경우 파라핀에 담근 다음 "파라핀 보호막(paraffin overcoat)"을 만들어 보관하는 방법 둘째, 빛이 직접 닿지 않도록 상자에 담아 실온에서 보관하는 방법, 마지막으로 최근에는 오랜 기간 보관하기 위해 질소나 진공상태에서 보관하는 방법을 사용하고 있다.

나. 전혈(Whole blood)

전혈(whole blood)은 분자 생물학 연구에서 주로 사용되는 양질의 DNA를 다량으로(high-quality/ quantity DNA를) 만들 수 있는 좋은 재료일 뿐만 아니라 최근에는 세포 유전학연구나 세포 기능 연구에도 사용할 수 있는 좋은 인체자원이다. 일반적으로 전혈의 경우 DMSO 같은 동결 방지제를 첨가하여 -80℃의 초저온냉장고나 액체질소탱크에서 냉동보관한다. 하지만 시료의 용도와 저장 기간에 따라 4℃에 보관하기도 하고, 적은 양의 혈액을 슬라이드나 여과지 위에 떨어뜨려 건조하여 실온에 보관하기도 한다.

(1) 건조된 혈액

적은 양의 혈액을 깨끗한 슬라이드에 도말 하거나, 여과지(Guthrie card, FTA filter 등)에 떨어뜨려서 공기 중에서 건조한다. 건조된 시료들은 실온에서 운반하거나, 습기 없는 실온에서 저장해도 고분자 DNA의 원천 연구재료로 충분히 사용 가능하다. 추출한 DNA는 인구학, 인간행동연구, 생태학 연구의 대규모 분석을 위한 RFLP 분석에 사용할 수 있다(Aggarwal *et al.*, 1992).

(2) 세포기능 연구를 위한 전혈의 저장

저장방법(동결여부)에 따라 전혈의 세포활성 및 기능에 미치는 영향에 대한 아래 연구결과들을 살펴보면, 동결 보관되어 있는 전혈도 면역세포 활성연구에 충분히 사용될 수 있음을 알 수 있다.

- 생체지표(biomarkers)로 많이 사용되는 6가지 사이토카인 [TNF(tumour necrosis factor), IFN-α(interferon-alpha), IFN-γ, IL-1α(interleukin-1α), IL-1β, IL-6]의 양을 측정한 결과, 일반적으로 단기(short-term) 저장에는 실온보다는 4℃에서 보관하였을 때 안정성(stability)이 높았으며, EDTA를 처리한 시료가 가장 일관성 있는 결과를 보였고, 냉동-해동을 3회 정도 반복했을 때 까지는 cytokine level에 큰 변화는 없었다는 보고가 있다(Thavasu *et al.*, 1992).

- Host-cell reactivation(HCR) assay를 통해 동결 보존한 임파구(frozen isolated lymphocyte)와 동결 보존한 전혈(frozen whole blood)의 DNA repair capacity(DNA 회수율, DRC) 값을 비교한 결과, 임파구와 전혈 시료사이에서 유의한 차이가 없는 것이 보고되었고, 돌연변이 민감성검사(mutagen sensitivity assay)에서도 동결 보존한 혈액(frozen blood)에서 추출한 임파구와 신선한 혈액(fresh blood)에서 얻은 임파구의 돌연변이 민감성(mutagen sensitivity)이 별 차이가 없다는 보고가 있다. 즉 동결보존된 전혈에서 분획한 임파구를 배양세포를 기반으로 하는 세포기능 분석 연구에 사용할 수 있음을 제시하고 있다(Cheng *et al.*, 2001).

- 최종 농도가 10%가 되도록 DMSO를 섞어준 다음 -90℃까지 동결(DMSO 첨가부터 freezing 시작까지 경과시간은 35분) 한 후 질소탱크에서 보관한 동결된 전혈(최대 20개월 저장)의 EBV transformation 성공률이 90% 이상이었으며, 임파구의 생존성(viability)과 안정성(stability), T-임파구와 B-임파구의 비율도 잘 유지되었다. 특히 anti-CD3/CD28과 인터루킨 2(IL-2)에 대한 T-임파구의 증식능도 유지되었다는 보고가 있다(Hayes *et al.* 2002).

(3) DNA 추출을 위한 전혈의 저장

다양한 DNA 정도관리기법(분광흡광도법에 의한 농도 측정, PCR, 전기영동, Southern blot 등)을 통해 확인한 결과, 단기저장의 경우 저장 온도나 기간에 따라 약간의 차이는 있지만, 4℃ 이하의 온도에서 저장할 때는 DNA의 회수율(yield)이나 품질(quality)에 있어서 유의성 있는 차이는 없다는 보고가 많다(Schunemann *et al.*, 2000; Polakova *et al.*, 1989; Cushwa *et al*, 1993; Bomjen *et al.*, 1996). 특히 4℃에서 장기간(11일~922일) 저장한 경우에도, 저장 기간이 길수록 DNA 회수율이 감소하는 경향이 있었으나, 저장기간보다 공여자의 연령이 더 많은 영향을 미치는 것으로 나타났다(Richardson *et al*, 2006). 그리고 한번만 동결한 전혈에 비해 동결-해동을 반복한 경우 DNA 회수율이 25%가량 감소했으나, DNA degradation에는 큰 영향이 없다는 보고도 있다(Ross *et al*, 1990).

다. 혈청과 혈장(Serum & Plasma)

주로 면역 관련 물질 연구에 사용되는 혈청이나 혈장은 -20℃ 이하의 온도에서도 비교적 안정적인 것으로 알려져 있다. 하지만 대체적으로 저장 기간이나 연구목적에 따라 -80℃ 초저온냉동고나 액체질소탱크에서 냉동 보관한다. 연구목적에 맞게 다수의 용기에 나누어 보관하여 불필요한 동결-해동 과정에서 일어나는 자원의 훼손을 최소화 하도록 한다(UK biobank, 2004).

(1) 혈청과 혈장의 단기저장(short-term storage)

시료의 분해에 대한 고감도 지표로 사용되는 cytokine 종류와 면역활성물질의 양을 통해 살펴본 결과, 20일 정도의 단기저장의 경우는 저장온도에 따라 유의성 있는 큰 차이는 없지만, 대체적으로 실온이나 4℃에 저장하는 것보다 -80℃에서 저장하는 것이 안정하다. 특히 이러한 지표물질들은 제조사별 ELISA 키트의 종류에 따라 측정값의 변이가 큰 것으로 나타났으며, 심지어 동일 제조사의 제품이라 하더라도 제조번호(lot 번호)에 따라 측정값의 변화폭이 50%까지 차이가 나는 경우가 있으므로 추적조사(longitudinal study)를 위해서는 이러한 요인에 대한 사전 검사가 반드시 필요하다. 즉 양질의 분석검사 수행성(laboratory performance)이 임상적 관련성에 매우 중요한 영향을 줄 수 있다. 그리고 -80℃에서 냉동했다가 실온에서 해동하는 과정의 반복에 따른 지표물질의 수치를(biomarker level을) 측정한 결과도 의미 있는 큰 변화는 없는 것으로 나타났다(Aziz *et al.*, 1999).

(2) 혈청과 혈장의 장기저장(long-term storage)

장기간(7~59 개월) 액체질소나 -70℃에서 저장한 경우, 응고인자, 섬유소 분해인자 및 염증인자(C-reactive protein, D-dimer, plasmin-alpha2-anti-plasmin complex, plasminogen activator inhibitor-1, protein C, protein S, Tissue plasminogen activator)의 안정성(stability)을 살펴본 결과, 저장기간에 따른 유의성 있는 양적 변화는 관찰되지 않았다(Lewis *et al.*, 2001). 이 외에 또 다른 연구에서는 3년간 -80℃에서 저장한 혈청과 혈장에서 측정된 스테로이드와 호르몬(estradiol, prolactin, total testosterone)의 양에도 저장기간에 따른 큰 변화는 없는 것을 볼 수 있었다. 다만 동결된 혈청에서 유리 테스토스테론(free testosterone)양은 30% 증가되었는데 이것은 스테로이드-단백질 복합체로부터 테스토스테론이 동결과정에서 해리되었기 때문일 것이다. 그리고 프로게스테론(progesterone)의 양은 초기 값보다 3년 후 측정값이 약 40%정도 감소하였는데, 저장기간 동안 분자가 변형(molecular modification)되었거나 스테로이드와 동결보존용기(cryotube) 사이의 상호작용에 의해서 농도가 감소되었을 수도 있다(Bolelli *et al.*, 1995). 또한 최대 6년간 -20℃, -40℃, -80℃, 액체질소탱크에서 저장한 시료의 경우 생화학적 지표물질을 측정한 결과, -20℃와 -40℃에서만 지표물질의 분해(degradation)가 일어났으며 액체질소나 -80℃ 초저온냉동고에서 장기 저장을 하는 경우에는 시료의 단백질 분해에는 큰 영향이 없는 것으로 나타났다(Sarah Clark *et al.*, 2003).

혈청과 혈장 시료에는 다양한 수용성 물질이 존재하는데, 대부분의 경우는 -80℃이하의 낮은 온도에서 안정하지만, 연구의 목적에 따라 적절한 온도에서 시료를 저장할 필요가 있다. 불안정한 생화학 지표물질(biochemical biomarker)을 사용하는 경우는 시료를 즉시 -80℃에서 동결 저장하고, 시료를 반복해서 냉동/해동하는 것은 피하는 것이 좋다. 하지만 혈장내의 면역 글로불린 항체(immunoglobulin) 같은 경우 오히려 수일 동안은 실온에서 더 안정하게 유지되기도 하므로 단기간은 실온에서 저장하는 것이 더 좋을 수도 있다. 또 시료내의 생존세포(viable cell)를 사용해야 할 경우는 DMSO 같은 동결 보존제 없이 냉동하여 보관하면 시료가 손상되기 때문에 48시간 내에서는 실온에서 보관하는 것이 더 좋은 저장 방법일 수도 있다. 예를 들어 혈청 비타민(serum vitamin) B12같은 경우는 굉장히 불안정하므로 즉시 시료를 사용하지 않을 때는 동결하여 보관하는 것이 좋으며, 4시간 내에 분석이 끝나지 않는 경우는 빛으로부터도 보호해야 한다. 하지만, 폴산염(folate) 같은 경우는 상대적으로 안전성이 좋은 편이므로 즉시 동결하지 않아도 시료 분석에 큰 영향을 미치지 않을 수도 있다(Komaromy-Hiller *et al.*, 1997). 결론적으로 혈청과 혈장 시료의 저장

온도는 연구목적에 따라 측정하고자 하는 바이오마커를 고려하여 결정할 필요가 있다.

라. 뇨(Urine)

뇨 시료도 다른 체액시료와 마찬가지로 증기형 액체질소(vapour-phase liquid nitrogen)에 저장하는 것이 권장되고 있다. 단백질, 호르몬, 대사체가 -80℃나 증기형 액체질소에서 안정하기 때문에 실험에 사용하는 적정 용량으로 나누어 보관하는 것이 좋다. 뇨 부유액은 산화적 스트레스의 생체지표물질, 벤젠(benzene) 노출의 영향에 따른 생체지표물질 연구, 대사체 등의 연구재료로 사용이 가능하다.

마. 핵산 물질(DNA, RNA)

양질의 DNA/RNA를 얻기 위해서는 우선 DNA/RNA를 제공하는 시료가 좋아야 하고, 다음으로는 보관 조건이 알맞아야 한다. DNA의 경우 4℃에서도 몇 주간은 안정하게 저장할 수 있으며, 몇달 간 저장하는 경우에는 -20℃, 그리고 1년 이상의 장기간 저장의 경우는 -80℃에서 저장하는 것이 안정한 것으로 알려져 있다. 그러므로 DNA는 사용 목적에 따라 적절한 장소에 보관하도록 한다. 장기간 보관하는 경우 완전히 밀폐된 바이얼을 사용하여 시료의 증발을 최소화하여 DNA의 최초 농도를 유지할 수 있도록 한다. RNA의 경우는 매우 불안정 하므로 -80℃의 낮은 온도에서 저장한다. 또한 RNA를 다루는 과정에서 RNase에 의해 RNA가 훼손되지 않도록 주의하고, RNase 억제제를 첨가해 주는 것도 좋다. RNA의 보관에는 RNase-free한 용기를 사용해야 한다. DNA/RNA 역시 불필요한 동결/해동 과정의 방지를 위해 정해진 규정에 따라 분주하여 보관하도록 한다. 그리고 시료를 소량으로 보관하는 경우 시료가 마르는 것을 방지하기위해 성에 제거 장치가 있는 냉동고는 사용하지 않는 것이 좋다. DNA/RNA는 agarose gel이나 SDS-PAGE방법을 이용하여 시료의 안전성을 확인할 수 있다. 그 외에도 각 기관에서 규정한 방법을 통해 시료의 안정성을 확인하도록 한다.

한 달간 4℃에서 저장한 DNA와 저장기간 없이 곧바로 DNA를 PCR에 사용하였을 경우, PCR 생성물의 양을 비교한 결과 두 시료 간에 차이는 없었고, 4℃에서 10개월 정도까지도 안정하다는 보고가 있다. 심지어 37℃에서 몇 주간 보관한 시료와 최소 6개월 동안

-20℃에서 보관한 시료에서 뽑은 DNA 모두, 회수율(yield)과 PCR 증폭효율에는 특별한 영향이 없었다(Holland *et al.*, 2003).

(1) 저장된 시료로부터 DNA 회수

구강과 뇨의 세포는 Tris-HCl/EDTA 완충용액에 세척한 후, 조직슬라이드에 도말하여 세포조직학 연구에 사용하는데, 이를 -80℃에 보관 후에도 DNA 추출소재로 사용이 가능하다. 타액의 보관조건 및 DNA 추출 방법 (방법 ⓐ: 타액을 PBS로 세척하고 당일 DNA 추출, 방법 ⓑ: 타액을 PBS로 세척한 후 원심분리하여 pellet을 -70℃에 일주일동안 보관하고 DNA 추출, 방법 ⓒ: 타액을 4℃에서 일주일 보관하고, 세척한 후 DNA 추출, 방법 ⓓ: 타액을 4℃에서 일주일 보관한 후 세척하고 원심분리하여 pellet 형성. pellet을 -70℃에서 한달간 저장 한 후 DNA 추출, 방법 ⓔ: 타액을 -70℃에서 한달간 보관하고, washing 하고 DNA 추출)에 따른 genomic DNA의 정도관리 결과에 의하면, 저장 방법에 따라 추출된 DNA의 양은 다양하게 나타났지만, DNA 순도(purity)에 있어서는 크게 차이가 없었으며, PCR을 통한 정도관리에서는 방법 ⓓ와 방법 ⓔ에 의해 저장한 시료의 경우, 방법 ⓐ, ⓑ, ⓒ에 비해 PCR 밴드의 크기가 작았다(Ng DP *et al.*, 2004). 한편, 검진자가 직접 가정에서 구강세척액(buccal cells)을 화학적으로 처리된 여과지에 흡착시켜 우편에 의해 검사실로 이송한 다음, 저장조건(7년동안 실온, -20℃, -80℃)에 따라 여과지(cards)에 흡착된 구강세포로부터 DNA를 회수하고, 추출된 DNA의 PCR 증폭효율을 비교한 결과에 의하면, 7년이 경과된 여과지로부터 DNA를 추출하였을 때 DNA 회수율이 극히 낮았으며(여과지 디스크당 10ng 미만), 특히 냉동 보관한 경우 실온에서 보관한 경우에 비해서 회수율이 더 낮게 나타났다(Sigurdson *et al.*, 2006). 비록 이 연구에서 채택했던 분석방법에서는, DNA 추출액으로 완충용액이 아닌 증류수가 사용되었을 뿐만 아니라 우편배송에 의해 시료 채취후 하루가 경과된 이후이며 우편배송 과정에서 전자빔 등에 의해 시료가 손상되었을 가능성이 있기는 하지만, 구강세척액을 화학적 처리된 여과지에 흡착하여 장기보관할 경우에는 DNA 회수율이 낮으므로 게놈증폭(whole genome amplification)등의 방법이 필요할 것이다.

(2) RNA 분리를 위한 시료 저장

RNA는 적정 환경에 보관하지 않을 경우 장기보관시 RNA의 안정성(integrity)에 영향을 줄 수 있다. 일반적으로 RNA는 -80℃에서 보관해야 하며, 여러 개로 분주해서 여러 번의 동결-해동을 피해야 한다. 그리고 소량의 시료를 보관하는 경우 성애 제거 냉동고를 사용하면, 시료가 건조될 수 있으므로 냉동고 선택에 주의해야 한다. 인체조직(primary tissues)은 질병을 진단하고 유전자발현 양상을 연구하기 위한 중요한 자료이지만, 인체조직의 RNA연구를 위하여 규격화된 조직처리 방법은 아직 확립되어 있지 않으며, 다만 각각의 연구목적에 맞게 조직처리과정이 다양하게 적용되고 있다. 시료처리 조건에 따른 RNA 안정성에 관한 보고에 의하면, RNA 안정화시약(RNAlater)에서 24시간 혹은 72시간 동안 실온에서 저장된 조직과 신선한 조직 및 동결조직으로부터 각각 RNA 발현 패턴을 microarray 실험을 통해 비교 분석한 결과, RNAlater에 저장하였을 경우 RNA의 안정성이 3일간의 단기간 동안 유지된다고 하였다(Mutter *et al.*, 2004). 그래서 지역 병원 등에서 채취된 조직이 RNAlater에 보관된다면 중앙은행 혹은 한군데의 중앙 실험분석 장소로 배송한 이후에도 RNA 분석이 가능할 수 있을 것이다. RNAlater의 유용성에 대한 또 다른 연구에 의하면, 생검조직(autopsy)을 RNAlater로 24시간 처리하였을 경우 조직학적 검사나 면역조직학적인 안정성(integrity)이 동결시켰을 때와 마찬가지로 잘 유지되었을 뿐만 아니라 RNA 안정성(integrity)도 잘 유지되었으므로, 생검조직을 조직학검사와 RNA 연구에 사용하기 위해서는 우선적으로 RNAlater로 시료를 처리하는 것이 효율적인 방법이 될 것이다(Florell *et al.*, 2001).

바. 혈구세포 및 불멸화 세포주

혈구세포와 세포주의 경우, 향후 사용될 연구 목적에 따라 생존 세포수, 해동시 세포의 생존률, 세포기능의 안정성과 같은 세포 상태의 유지가 중요하다. 그러므로 세포 동결시 DMSO 같은 적절한 동결방지제의 선택, 혈청과 배양배지 같은 보충물의 첨가비율, 한 개의 용기에 저장할 세포의 개수, 동결 방법 등을 고려해야 한다. 세포 자원도 실험 목적에 따라 저장 용기와 저장 용기의 개수를 결정하고, 비상 상황을 대비하여 동결된 세포는 2곳 이상의 저장고에 나누어 보관하는 것이 좋다. 장기간 보관하는 시료의 경우에는 정기적으로 세포의 안정성을 검사하고, 시료의 미생물 오염여부도 정기적으로 검사하는 것이 좋다. 살아있는 세포를 동결보존하기 위해서는 일반적으로 액체 질소탱크에 저장 한다. 혈구세포 혹은 세포주를 냉동보관할 경우에는 먼저 동결용 배지(5~10% DMSO, 10~50% FBS/FCS, RPMI1640)와 섞은 후, 자동냉각장치 (programmable freezer)에서 일정한 속도(1~5℃/분)로 −80℃까지 냉동시킨 이후, 액체질소탱크에 옮겨 필요한 기간동안 장기 보관하게 된다. 자동냉각장치가 구비되어 있지 않은 경우에는 유기용매가 채워진 cryovial용 박스에 꽂아서 저온냉동고(-80℃)에 하루정도 두었다가 액체질소탱크로 옮기기도 한다. 보통, 48시간 이내의 단기 보관에는 -80℃에서도 보관이 가능하나, 48시간 이상의 장기 보관에는 액체질소탱크에서 냉동 보관하도록 한다. 과거에는 액체상태의 질소(-196℃)에서 보관했을 때 vial에 금이 가거나 깨져서 시료를 소실하거나 시료사이의 교차오염의 피해를 입는 일이 발생했었으나 최근에는 주로 액체질소의 기체상태(-150℃)에 vial을 보관함으로써 이러한 손실을 피하고 있다(Tworoger and Hankinson, 2006).

세포의 생존성 검사(viability test)를 통해 -132℃보다 높은 온도에서 세포를 보관하게 되면 세포생존성이 손실된다는 보고가 있다.

- 전혈과 말초혈액 단핵세포(peripheral blood mononuclear cell, PBMC)를 -30℃, -70℃ and -150℃에서 10주간 저장한 후 해동하여 세포 생존율(viability-trypan blue exclusion), apoptosis 정도, 세포 기능성(EBV에 의한 불멸화 효율) 등을 측정한 연구결과에 의하면, 전혈과 PBMC 모두 -30℃와 -70℃에서 저장되었던 시료는 -150℃에서 저장되었던 시료보다 apoptosis가 많이 일어났으며, 특히 전혈의 경우 보관온도가 높을수록 apoptosis가 많이 일어났었다. 따라서 PBMC가 전혈보다 보관성이 좋으므로, 훗날 채혈된 전혈을 이용하여 세포기능에 관한 연구를 수행하려면 세포안정성 유지를 위해 PBMC형태로 -150℃에 저장하는 것이 좋다(Fowke *et al.,* 2000).
- 만성임파구백혈병(Chronic Lymphocytic Leukaemia, CLL) 환자로부터 채취한 전혈을 액체질소 -196℃에서 동결 보관한 이후, 혈액내 B-임파구의 면역표현형(immunophenotype)을 조사한 결과, 신선한 혈액속의 B-임파구에 비해서 CD5와 CD23-positive B-임파구의 비율이 감소되었으며, HLA-DR-positive B-임파구의 비율은 약간 증가되었다. 이것은 동결과정에 의해서 혈구세포의 면역표현형(immunophenotype)에 대한 실험값이 변화될 수도 있음을 의미한다(Deneys *et al.*, 1999). 또한 HIV-1 바이러스에 감염된 환자의 혈액으로부터 PBMC를 분획한 후, 동결저장 및 해동 과정동안에 변화되는 세포종류(blood cell subpopulation)의 비율을 조사하였을때, 세포분획과 동결 및 해동 과정에서 B-임파구(CD19(+) B lymphocyte)의 숫자는 상당히 줄어들었으나 T-임파구의 조성에는 크게 변화가 없었다. 게다가 세포분열촉진제(mitogen, microbial antigen)에 대한 임파구의 반응성도 또한 거의 변화가 없었다(Reimann *et al.*, 2000; Hughes *et al.*, 1997; Sobota *et al.,* 1997). 그 외에도 PBMC 분리 및 동결과정에서 생겨날 수 있는 작은 변화들도 임상치료나 연구에 앞서 미리 확인되어야 할 것이다.

- 전혈로부터 분획된 임파구(lymphocyte fraction)를 약 6~24개월 동안 액체질소에서 보관하였다가 EBV에 의한 임파구 불멸화를 위한 형질전환(EBV-mediated B-lymphocyte transformation)에 사용하였을 때의 형질전환 효율을 조사한 보고에 의하면, 동결된 임파구는 형질전환에 소요된 시간이 40여일(40.2±0.8 days)이였으나 곧바로 분리된 신선한 임파구는 35일(35.2±0.3)이 소요되었으며, 동결된 임파구의 형질전환 성공율은 약 90%로서 신선한 임파구(약 94%)보다 낮아졌었다. 따라서 형질전환 소요기간이 다소 길어지거나 효율이 낮아지기는 하지만 임파구 불멸화에 대한 예산이 확보되어 있지 않거나 기타 여건이 허락되지 않은 상황에서 향후 형질전환을 위해 임파구를 동결 저장하는 것도 경제적인 측면에서 비교적 좋은 방법이 될 수 있음을 알 수 있다(Beck *et al.*, 2001)

사. 미생물

일반적으로 DMSO나 glycerol 같은 동결 방지제를 첨가하여 -80℃ 이하의 저온에서 냉동저장하거나 동결건조방법(lyophilization)을 사용하여 저장한다. 하지만 미생물의 종류나 각각의 균주의 특성에 따라 생존율이나 특성의 안정성이 다를 수 있으므로 균주에 따른 알맞은 저장방법을 선택하여 각 기관이 규정한 정해진 과정을 통해 저장 보관한다. 미생물의 보존, 이동, 분양 과정에서 발생 할 수 있는 상호 오염에 대해 주의해야 하고, 감염의 우려가 있으므로 실무자나 취급환경에 대한 안전성에 주의해야 한다.

- **Bacteria** : 일반적으로 냉동법이나 동결건조법을 이용하여 -80℃에서 보관한다. 일반적으로는 -20℃에서 1~3년간, -70℃에서는 1~10년간, 액체질소에서는 30년 이상 보관해도 안정성이 유지되는 것으로 알려져 있다. 하지만 특정 균주의 경우 보관 온도, 동결방법, 저장 기간에 따라 생존율이 달라지는 것도 있으므로 균주의 특성에 맞는 동결 방법을 선택하여 저장한다.
- **Fungi** : 일반적으로는 균주의 종류에 따라 액체질소에서 냉동 보관하거나 동결 건조하여 보관하는 것이 fungi를 장기간 안정하게 유지하는 방법으로 알려져 있다. 그리고 저장용기로 봉인된 앰플을 사용함으로서 저장과 분양과정에서 발생할 수 있는 fungi의 분산에 의한 오염문제를 방지 할 수 있다.
- **Parasites** : 다른 미생물과 같은 방법으로 DMSO나 glycerol같은 동결방지제를 넣고 액체 질소에서 냉동 보관하는 것이 일반적인 방법이다. 하지만 균주의 종류에 따라 동결방

지제의 사용 유무나 냉동 속도 같은 것이 균주의 안정성에 중요한 변수가 될 수 있으므로 균주의 종류를 고려하여 저장 방법을 선택한다.

- **Viruses** : 바이러스도 다른 미생물과 같이 일반적으로는 종류에 따라 액체 질소에서 냉동 보관하거나, 동결 건조하여 보관한다. 하지만 virus의 특성에 따라 저장 방법이 조금씩 다를 수 있으므로 이를 고려하여 저장 방법을 선택한다. 특히 바이러스는 감염의 우려가 있으므로 취급과정에서의 안전을 중요하게 생각해야 한다. 바이러스 처리 과정은 반드시 종류에 따라 biosafety level Ⅱ나 biosafety level Ⅲ의 시설에서 수행해야 하며, 처리 과정은 생물 안전에 관한 경험이 있는 인력을 확보하여 수행한다. 바이러스 역시 배양, 저장, 분양 과정에서 발생할 수 있는 상호 오염을 주의해야 한다.

참고문헌

Aggarwal RK, Lang JW, Singh L. (1992) Isolation of high-molecular-weight DNA from small samples of blood having nucleated erythrocytes, collected, transported, and stored at room temperature. Genet Anal Tech Appl. 9(2):54-7.

Almeida A, Paul Thiery J, Magdelenat H, Radvanyi F. (2004) Gene expression analysis by real-time reverse transcription polymerase chain reaction: influence of tissue handling. Anal Biochem. 328(2):101-8.

Anchordoquy TJ, and Molina MC. (2007) Frontiers in clinical research: preservation of DNA. Cell Preservation Technology 5: 180-188.

Ando S, Putnam D, Pack DW, et al. PLGA microshperes containing plasmid DNA: Preservation of supercoiled DNA via cryopreparation and carbohydrate stabilization. J. Pharma. Sci. 88: 126-130.

Aziz N, Nishanian P, Mitsuyasu R, Detels R, Fahey JL. (1999) Variables that affect assays for plasma cytokines and soluble activation markers. Clin Diagn Lab Immunol. 6(1):89-95.

Beck JC, Beiswanger CM, John EM, Satariano E, West D. (2001) Successful transformation of cryopreserved lymphocytes: a resource for epidemiological studies. Cancer Epidemiol Biomarkers Prev. 10(5):551-554.

Beckett SM, Laughton SJ, Pozza LD, McCowage GB, Marshall G, Cohn RJ, Milne E,

Ashton LJ. (2008) Buccal Swabs and Treated Cards: Methodological Considerations for Molecular Epidemiologic Studies Examining Pediatric Populations. Am. J. Epidemiol. 167: 1260-1267.

Bolelli G, Muti P, Micheli A, Sciajno R, Franceschetti F, Krogh V, Pisani P, Berrino F. (1995) Validity for epidemiological studies of long-term cryoconservation of steroid and protein hormones in serum and plasma. Cancer Epidemiol Biomarkers Prev. 1995 Jul-Aug;4(5):509-13.

Bomjen G, Raina A, Sulaiman IM, Hasnain SE, Dogra TD. (1996) Effect of storage of blood samples on DNA yield, quality and fingerprinting: a forensic approach. Indian J Exp Biol. 34(4):384-6.

Cheng L, Wang LE, Spitz MR, Wei Q. (2001) Cryopreserving whole blood for functional assays using viable lymphocytes in molecular epidemiology studies. Cancer Lett. 166(2):155-63.

Chu TY, Hwang KS, Yu MH, Lee HS, Lai HC, Liu JY. (2002) A research-based tumor tissue bank of gynecologic oncology: characteristics of nucleic acids extracted from normal and tumor tissues from different sites. Int J Gynecol Cancer. 12(2):171-6.

Cushwa WT, Medrano JF. (1993) Effects of blood storage time and temperature on DNA yield and quality. Biotechniques. 14(2):204-7.

Deneys V, Thiry V, Hougardy N, Mazzon AM, Leveugle P, De Bruyere M. (1999) Impact of cryopreservation on B cell chronic lymphocytic leukaemia phenotype. J. Immunol Methods. 228(1-2):13-21.

Devost NC, Choy FY. Mutation analysis of Gaucher disease using dot-blood samples on FTA filter paper. Am J Med Genet 2000;94:417-20.

Elisa Eisemen, Gabrielle Bloom, Jennifer Brower, Noreen Clancy, Stuart S. Olmsted, (2003) Case Studies of Existing Human Tissue Repositories. Santa Monica, CA: The RAND Corporation.

Evans RK, Xu Z, Bohannon KE, et al. (2000) Evaluation of degradation pathways for plasmid DNA in pharmaceutical formulations via accelerated stability studies. J. Pharm Sci 89: 76-87.

Florell SR, Coffin CM, Holden JA, Zimmermann JW, Gerwels JW, Summers BK, Jones DA, Leachman SA. (2001) Preservation of RNA for functional genomic studies: a multidisciplinary tumor bank protocol. Mod Pathol. 14(2):116-28.

Fowke KR, Behnke J, Hanson C, Shea K, Cosentino LM. (2000) Apoptosis: a method for evaluating the cryopreservation of whole blood and peripheral blood mononuclear cells. J. Immunol Methods. 244:139-144.

Galaal K, Meirovitz M, Hussain R, et al. The feasibility of storing ovarian tumor cells on databasing paper: establishing a library of ovarian cancer DNA. Int J Gynecol Cancer 2007;17:94-100.

Guthrie R, Susi A: A simple phenylalanine method for detecting phenylketonuria in large populations of newborn infants.Pediatrics 32:338, 1963.

Gutierrez-Corchero F, Arruga M, Sanz L, et al. Using FTA cards to store avian blood samples for genetic studies. Their application in sex determination. Mol Ecol Notes 2002;2:75 - 7.

Harty LC, Garcia-Closas M, Rothman N, et al. Collection of buccal cell DNA using treated cards. Cancer Epidemiol Biomarkers Prev 2000;9:501 - 6.

Hayes RB, Smith CO, Huang WY, Read Y, Kopp WC. (2002) Whole blood cryopreservation in epidemiological studies. Cancer Epidemiol Biomarkers Prev. 11(11):1496-8.

He H, Argiro L, Dessein H, et al. Improved technique that allows the performance of large-scale SNP genotyping on DNA immobilized by FTA technology. Infect Genet Evol 2007;7:128-32.

Holland NT, Smith MT, Eskenazi B, Bastaki M. (2003) Biological sample collection and processing for molecular epidemiological studies. Mutat Res. 543(3):217-34.

Huang J, Qi R, Quackenbush J, Dauway E, Lazaridis E, Yeatman T. (2001) Effects of ischemia on gene expression. J Surg Res. 99(2):222-7.

Hughes, G. B., Z. M. Paulic, S. Shu, R. L. Fairchild, and B. P. Barna. (1997) Can sensitized lymphocytes retain reactivity to inner ear antigens after retrieval from frozen storage? Laryngoscope 107:878-882.

Komaromy-Hiller G, Nuttall KL, Ashwood ER. (1997) Effect of storage on serum vitamin B12 and folate stability. Ann Clin Lab Sci. 27(4):249–53.

Lewis MR, Callas PW, Jenny NS, Tracy RP. (2001) Longitudinal stability of coagulation, fibrinolysis, and inflammation factors in stored plasma samples. Thromb Haemost. 2001 Dec;86(6):1495–1500.

Li CC, Beck IA, Seidel KD, et al. Persistence of human immunodeficiency virus type 1 subtype B DNA in dried–blood samples on FTA filter paper. J Clin Microbiol 2004;42:3847–9.

Lindahl T, Nyberg B. (1972) Rate of depurination of native deoxyribonucleic acid. Biochemistry 11: 3610–3618.

Ljungman M, Hanawalt PC. (1992) Efficient protection against oxidative dna damage in chromatin. Mol. Carcing. 5: 264–269.

Matsubara Y, Ikeda h, Endo H, Narisawa K. (1992). Dried blood spot on filter paper as a source of mRNA. Nucleic Acids Res. 20: 1998.

McEwen JE, Reilly PR. (1994) Stored Guthrie cards as DNA "Banks". Am. J. Hum. Genet. 55: 196–200.

Meryman HT. (1975) Red cell freezing by the American National Red Cross. Am. J. Med. Technol. 41: 265–282.

Milne E, van Bockxmeer FM, Robertson L, Brisbane JM, Ashton LJ, Scott RJ, Amstrong BK. (2006) Buccal DNA collection: Comparison of Buccal Swabs with FTA cards. Cancer Epidemiol. Biomarkers Prev. 15(4):816–819.

Morente MM, Mager R, Alonso S, Pezzella F, Spatz A, Knox K, Kerr D, Dinjens WN, Oosterhuis JW, Lam KH, Oomen MH, van Damme B, van de Vijver M, van Boven H, Kerjaschki D, Pammer J, Lopez–Guerrero JA, Llombart Bosch A, Carbone A, Gloghini A, Teodorovic I, Isabelle M, Passioukov A, Lejeune S, Therasse P, van Veen EB, Ratcliffe C, Riegman PH. TuBaFrost 2: Standardising tissue collection and quality control procedures for a European virtual frozen tissue bank network. Eur J Cancer. 2006 Nov;42(16):2684–2691.

Mutter GL, Zahrieh D, Liu C, Neuberg D, Finkelstein D, Baker HE, Warrington JA. (2004) Comparison of frozen and RNALater solid tissue storage methods for use in RNA expression microarrays. BMC Genomics. 5(1):88

N.T. Holland et al. (2003) Biological sample collection and processing for molecular epidemiological studies. Mutation Research 543: 217-234.

Ng DP, Koh D, Choo SG, Ng V, Fu Q. (2004) Effect of storage conditions on the extraction of PCR-quality genomic DNA from saliva. Clin Chim Acta. 343(1-2):191 -4.

Polakova H, Kadasi L, Zelinkova M. (1989) The yield and quality of DNA extracted from blood samples stored under various conditions. Bratisl Lek Listy. 90(11):844- 7.

Poxon Sw, and Hughes JA. (2000) The effect of lyophilization on plasmid DNA activity. Pharm Dev Technol. 5: 115-122.

Qualman SJ, France M, Grizzle WE, LiVolsi VA, Moskaluk CA, Ramirez NC, Washington MK. (2004) Establishing a tumour bank: banking, informatics and ethics. Br J Cancer. 90(6):1115-9.

Rao LG, Ng B, Brunette DM, Heersche JN, (1977) Parathyroid hormone- and prostaglandin E1-response in a selected population of bone cells after repeated subculture and storage at -80℃. Endocrinology. 100:1233-1241.

Reimann KA, Chernoff M, Wilkening CL, Nickerson CE, Landay AL. (2000) Preservation of lymphocyte immunophenotype and proliferative responses in cryopreserved peripheral blood mononuclear cells from human immunodeficiency virus type 1-infected donors: implications for multicenter clinical trials. The ACTG Immunology Advanced Technology Laboratories. Clin Diagn Lab Immunol. 2000 May;7(3):352-9.

Richardson AJ, Narendran N, Guymer RH, Vu H, Baird PN. (2006) Blood storage at 4 degrees C-factors involved in DNA yield and quality. J Lab Clin Med. 147(6):290-4.

Riegman PH, Dinjens WN, Oomen MH, Spatz A, Ratcliffe C, Knox K, Mager R, Kerr D, Pezzella F, van Damme B, van de Vijver M, van Boven H, Morente MM, Alonso S, Kerjaschki D, Pammer J, Lopez-Guerrero JA, Llombart Bosch A, Carbone A, Gloghini A, Teodorovic I, Isabelle M, Jamine D, Passioukov A, Lejeune S, Therasse P, van Veen EB, Lam KH, Oosterhuis JW. (2006)

TuBaFrost 1: Uniting local frozen tumour banks into a European network: an overview. Eur J Cancer. 2006 Nov;42(16):2678-2683.

Riegman PH, Oomen MH, Dinjens WN, Oosterhuis JW, Lam KH, Spatz A, Ratcliffe C, Knox K, Mager R, Kerr D, Pezzella F, Van Damme B, Van De Vijver M, Van Boven H, Morente MM, Alonso S, Kerjaschki D, Pammer J, Lopez-Guerrero JA, Llombart-Bosch A, Carbone A, Gloghini A, Teodorovic I, Isabelle M, Passioukov A, Lejeune S, Therasse P, Van Veen EB. TuBaFrost: European virtual tumor tissue banking. Adv Exp Med Biol. 2006;587:65-74

Ross KS, Haites NE, Kelly KF. (1990) Repeated freezing and thawing of peripheral blood and DNA in suspension: effects on DNA yield and integrity. J Med Genet. 27(9):569-70.

Salvador JM, De Ungria MC. Isolation of DNA from saliva of betel quid chewers using treated cards. J Forensic Sci 2003;48:794 - 7.

Sample handling and storage subgroup protocol and recommendations-version 1.0. (2004) UK Biobank, Manchester

Schunemann HJ, Stanulla M, Trevisan M, Aplan PD, Freudenheim JL, Muti P. (2000) Short-term storage of blood samples and DNA isolation in serum separator tubes for application in epidemiological studies and clinical research. Ann Epidemiol. 10(8):538-44.

Shikama K. (1965) Effect of freezing and thawing on the stability of double helix of DNA. Nature 207: 529-530.

Shirkey B, McMaster NJ, Smith SC, et al., (2003) Genomic DNA of Nostoc commune (Cyanobacteria) becomes convalently modified during long-term (decades) desiccation but is protected from oxidative damage and degradation. Nucleic Acids Res. 31: 2995-3005.

Sigurdson AJ, Ha M, Cosentino M, Franklin T, Haque KA, Qi Y, Glaser C, Reid Y, Vaught JB, Bergen AW. (2006) Long-term storage and recovery of buccal cell DNA from treated cards. Cancer Epidemiol Biomarkers Prev. 15: 385-388.

Simon JD, Flinton LJ, Albala MM (1977) A simple method for the cryopreservation of human lymphocytes at -80℃. Transfusion 17: 23-28.

Sobota, V., J. Bubenik, M. Indrova, V. Vlk, and J. Jakoubkova. (1997) Use of cryopreserved lymphocytes for assessment of the immunological effects of interferon therapy in renal cell carcinoma patients. J. Immunol. Methods 203:1-10.

Spruessel A, Steimann G, Jung M, Lee SA, Carr T, Fentz AK, Spangenberg J, Zornig C, Juhl HH, David KA. (2004) Tissue ischemia time affects gene and protein expression patterns within minutes following surgical tumor excision. Biotechniques. 36(6):1030-7.

Spurr EE, Wiggins NE, Marsden KA, Lowenthal RM, Ragg SJ. (2002) Cryopreserved human haematopoietic stem cells retain engraftment potential after extended (5-14 years) cyrostorage. Cryobiology 44:210-217.

Thavasu PW, Longhurst S, Joel SP, Slevin ML, Balkwill FR. (1992) Measuring cytokine levels in blood. Importance of anticoagulants, processing, and storage conditions. J Immunol Methods. 153(1-2):115-24.

Tworoger SS, Hankinson SE. (2006) Use of biomarkers in epidemiologic studies: minimizing the influence of measurement error in the study design and analysis. Cancer Causes Control. 2006 Sep;17(7):889-99.

Vreeland RH, Rosenzweig WD, Powers DW. Isolation of a 250 million-year-old halotolerant bacterium from a primary salt crystal. Nature 407: 897-900.

Ward JF, and Kuo I. (1978) Radiation damage to DNA in aqueous solution: A comparison of the response of the single-stranded from with that of double-stranded from. Radiat. Res. 75: 278-285.

3

정도관리/품질보증 일반

3.1 정도관리의 개요

가. 정도관리의 중요성

정도보증(quality assurance)은 공정이나 품목이 해당 사업에서 요구되는 형태와 품질을 갖출 수 있도록 보장하기 위하여 계획, 설비, 기록, 평가 및 개선에 관련된 운영활동에 관한 통합된 시스템을 말한다. 그에 비해 정도관리(Quality control)는 정도보증(quality assurance, QA) 혹은 품질관리시스템(quality management system, QMS)에 의해 정의된 특정 검사로서, 공정이나 품목에서 요구되는 속성과 수행성을 측정하는 기술적 활동을 말한다. 즉, 정도관리는 자원의 조달, 가공처리, 보존 및 저장, 시료 품질 그리고 검사정확도 등을 조사하기 위하여 수행되는 검사과정을 의미한다. 정도관리의 범위는 자원의 신뢰도를 결정하는 제반 검사기법이나 과정뿐만 아니라 시약, 장비 및 시설의 검사까지도 포함한다(NCI 가이드라인, 2007; ISBER 가이드라인, 2008).

시료 수집과정에서 발생할 수 있는 바이어스(bias)를 예방하기 위해서는 무엇보다도 표준운영절차(Standard operating procedures, SOPs)를 준수하고, 시료 수집과정에 얻어지는 정보의 자세한 기록이 가장 중요하다. 그림1에서와 같이 전립선암 연구를 위하여 서로 다른 절차에 의하여 수집 및 보관되어 있던 종양조직과 정상조직 시료를 실험에 사용하였다고 가정해 보자. 이와 같은 연구에서는 실제로 정상조직에 비해 종양조직의 특성이 무엇인지를 규명하는 것이 주된 목적이 되겠지만, 조직시료의 수집은 서로 다른 SOPs에 의해서 수행되었다.

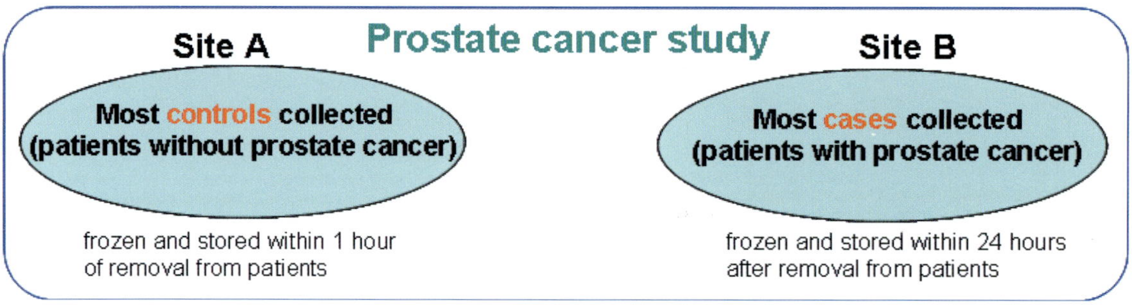

그림 1 정도관리를 위한 SOP와 정보학의 중요성

그림 1에서, Site A와 B 두 조직 시료 사이에는 어떤 차이점이 있을 수 있을까? ① 첫 번째 가장 큰 차이점은 수집된 조직이 종양조직인지 정상조직인지일 것이다. 순수한 종양조직을 샘플링하기 위해서는 레이저 미세절제술 등을 이용하면 종양조직과 정상조직을 최대한 분리시킬 수 있을 것이다. ② 두 번째 차이점은 시료의 수집과 동결사이에 소요된 시간이다. 환자로부터 조직이 제거된 후 1시간 이내에 동결저장되는 조건과 24시간이내에 동결저장되는 조건에서는 분명 분자적 특성에 차이가 나타날 것이다. ③ 그 외에도 환자의 인구학적 특성과 병리학적 조건, 공복 혹은 식후와 같은 환자의 항상성(homeostasis), 시료수집에 사용된 용기 혹은 튜브의 종류, 시료전처리과정에 소요된 시간, 온도 및 방법, 그리고 시료의 저장기간과 저장온도 및 동결-해동 횟수 등등이 차이가 날 것이다.

이와 같이 서로 다른 조건에서 시료가 수집 및 저장되고 서로 다른 방법으로 시료가 전처리된 경우에는 정작 연구의 주된 관심사였던 종양의 유무에 따른 분자적 특성을 밝혀내기가 어렵게 된다. 특히 시료 수집·저장 기관이 여러곳이라면 문제는 더욱 복잡해진다. 그러나 하나의 통일된 SOPs를 엄격하게 적용한다면 이러한 종양유무의 특성이외의 바이어스는 막을 수 있게 될 것이다. 그러나 아무리 SOPs를 준수하려고 해도 불가피하게 준수하지 못하는 경우가 있을 수 있다. 이와 같이 서로 다른 기관에서 서로 다른 방법에 의해서 뱅킹이 이루어져서 각각의 요인들이 통제될 수 없는 상황이라면 일련의 과정들을 세밀하게 기록해두는 것이 필요하다. 따라서 시료 품질에 영향을 주는 모든 잠재적 변수들을 분별해내기 위하여 각각의 변수들을 설정하여 자세하게 기록하기 위해서는 수작업의 의한 기록은 효율성이 떨어지고 정보처리학적인 방법으로 데이터베이스를 운용하여 뱅킹의 전과정을 자세하게 기록해야 한다. 즉 LIMS(Laboratory Information Management System)와 같은 툴을 이용하여 일련의 뱅킹과정과 정도관리 데이터 등이 세밀하게 기록될 수 있도록 해야한다.

한편, 혈액시료의 경우에도 통일된 과정에서 SOPs를 얼마나 정확하게 준수하는지의 여부가 시료의 품질에 영향을 줄 것이다. 그림 2는 혈액시료의 buffy coat 분획으로부터 DNA를 추출하는 과정에서 생길 수 있는 잠재적 바이어스를 보여준다. 예를 들어 서로 다른 기관에서 혈액시료가 수집된 후 전처리과정을 거칠 때, 통일된 SOPs를 사용하지 않고 변형된 프로토콜을 사용하여 최종적으로 DNA 시료가 추출되었다고 가정해보자. 이와 같은 경우 DNA시료는 온전히 공여자의 유전정보 이외에 시료의 품질에 영향을 주는 잠재적 바이어스가 내재되어 있음으로써 이 시료를 이용한 연구에도 편향된 결과를 초래할 수 있다. 예를 들어 채혈직후 항응고제(EDTA) 튜브내에서 30분이내에 원심분리하여 혈장과 백혈구층을 분리하는 것과 채혈 후 하루가 지난 후에 원심분리한 경우에는 백혈구의 활성에 차이가 있을 것이다. 또한 DNA 추출후 hydration과정에서 공통적인 SOPs를 사용하지 않고 증류수 혹은 완충용액 등 서로 다른 프로토콜이 사용된다면 이 DNA 시료를 이용한 후속 연구결과에도 영향을 초래할 것이다. 따라서 시료에 대한 바이어스를 줄이거나 없애는 최선의 방법은 통일된 SOP를 엄격하게 준수하는 것이다.

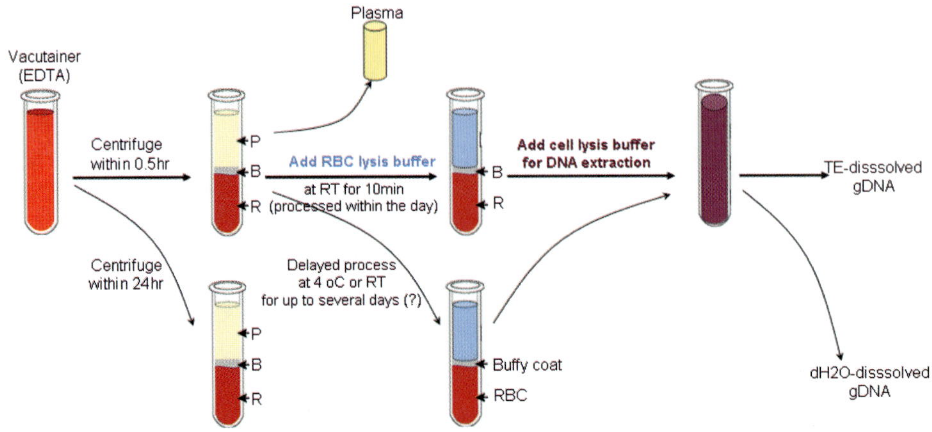

그림 2 혈액시료 샘플링과정에서 프로토콜의 차이

나. 정도관리의 범위

정도관리는 정의에 의해서 자원의 품질에 영향을 주는 모든 요소들을 검사하는 제반 행위를 의미함으로 자원에 관한 직접적인 시료의 품질검사 및 유지 이외에 기록유지, 시설 및 보안, 바이오뱅크 경영 등의 과정이 총망라된다. 이러한 넓은범위의 정도관리가 품질관리시스템(QMS) 혹은 정도보증(QA)라고 한다. QC/QA의 가장 핵심적인 요소는 SOPs와 해당 바이오뱅크의 가이드라인을 정확하게 따르는 것이라고 볼 수 있다. QMS/QA의 범위에는 다음과 같은 것들이 포함된다(그림 3).

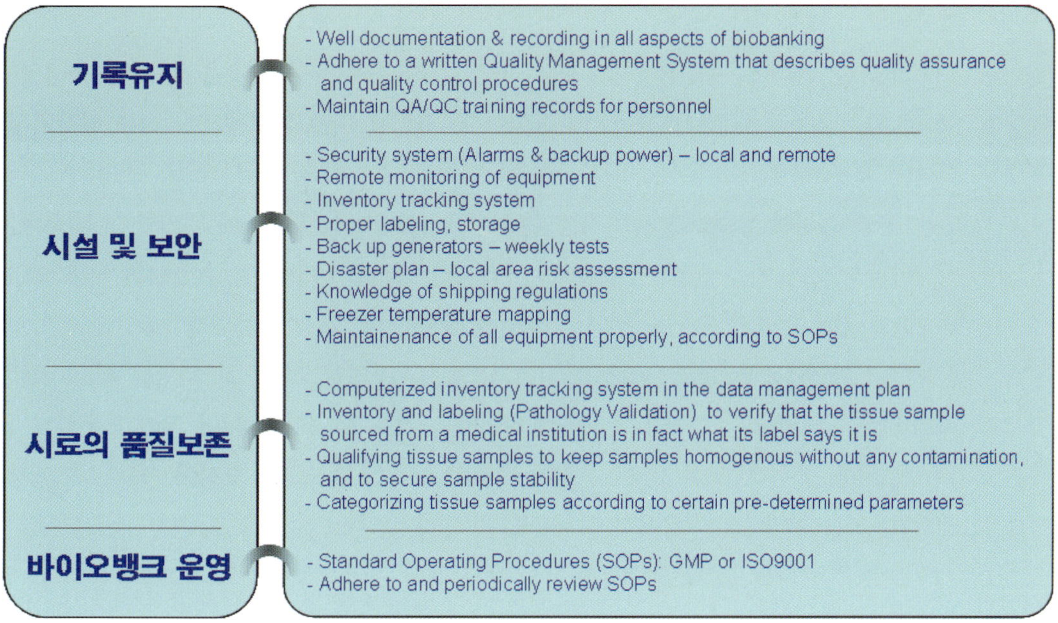

그림 3 품질관리시스템의 구성요소

3.2 DNA 시료의 정도관리

가. DNA의 물리화학적 특성

(1) DNA의 구조와 흡광도

DNA(deoxyribonucleic acid)는 오탄당(deoxyribose)에 결합된 염기(Adenine, Guanosine, Cytosine, Thymidine)가 인산기(phosphate)에 의해 길게 연결되어 있는 구조를 갖고 있다. 염기는 purine (Adenine, Guanosine)과 pyrimidine(Cytosine, Thymidine)으로 나누어지며 purine과 pyrimidine은 서로 쌍(A:T, G:C)을 이루고 있다. 이때 이중나선 구조 속에서 각 염기는 서로 쌍을 이루며 DNA 가닥속에 묻혀있게 되며, 이중나선구조 표면에는 인산기가 노출되어 있게 된다. 인산기는 생리적 조건(pH 7.4)에서 수소이온이 해리되어 음전하를 띄게 되므로, 수용액속에서 DNA의 전체 전하는 음전하(negatively charged)를 갖게 된다. 이러한 DNA의 음전하는 전기영동상에서 전류를 흘렸을때 DNA분자를 양극으로 이동하게 함으로서 agarose 혹은 polyacrylamide gel에서 DNA분자의 크기(molecular weight)에 따라 분리가 가능해진다.

DNA는 260nm 부근의 자외선을 가장 잘 흡수하는데, 이것은 DNA의 구성성분인 purine과 pyrimidine 염기의 특성에 기인한다. 그러나 DNA의 흡광도는 전체 염기의 흡광도보다 35~40%정도 낮은데, 이것은 이중나선구조 내부에 염기쌍이 서로 평면적으로 쌓여있는 구조에 의해 흡광도가 낮아지는 현상인 hypochromic effect에 기인한다. 역으로, 염기사이의 거리가 매우 근접하도록 아주 규칙적인 배열을 하고 있는 이중나선 구조(dsDNA)의 A260 값은 구조가 덜 규칙적인 외사슬 상태(ssDNA) 혹은 자유염기(free base)의 A260 값보다 작다(hyperchromic effect). 일반적으로 같은 양을 기준으로 하였을 때, dsDNA의 A260의 값이 1일 경우, ssDNA 형태로 바뀌었을 경우 A260은 1.37이 되며 자유염기 상태로 바뀌었을 경우 A260은 1.60이 된다. 따라서 이러한 흡광도는 핵산이 어느 정도까지 분해되었는지를 판단하는데 유용하게 사용될 수 있다.

DNA 이중나선 구조는 수소결합에 의해 두개의 단일가닥이 서로 상보결합을 하고 있으므로, 조건에 따라 두 가닥이 가역적으로 분리 혹은 결합이 가능하다. 특히 높은 온도, 산, 염기 혹은 유기용매로 처리되었을 때 이중가닥이 단일가닥으로 분리되는 '변성(denaturation)'이 일어난다. 변성된 DNA는 염기가 외부로 노출됨에 따라 260nm에서의 흡광도가 증가하게 되는데, 특히 온도가 상승함에 따라 이러한 흡광도값이 최대값의 절반에 도달했을 때의 온도를 melting temperature(Tm)이라고 한다(그림 4).

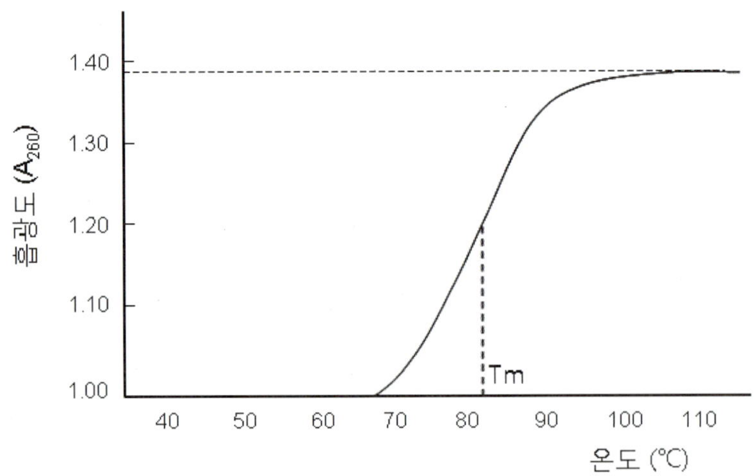

그림 4 온도에 따른 DNA 용해곡선과 용해온도(Tm)

한편 DNA가 이중가닥에서 단일가닥으로 변성이 일어나면 점도(viscosity)는 감소하게 된다. 수용액 속의 DNA는 몰농도(molar concentration)가 높을수록 점도가 높으며, 또한 DNA분자의 길이가 길수록 점도가 높아진다. 따라서 genomic DNA 추출시, DNA가 부러지지 않고 길게 이중가닥을 유지한 채로 고농도로 농축되어 있는 DNA 용액은 점도가 매우 높으므로, 분액(aliquoting) 혹은 혼합(mixing)이 용이하지 않을 수 있다. 이렇게 점도가 높은 DNA 용액에 진동혼합(vortexing)과 같은 과도한 충격을 가하거나, 시료를 빈번하게 동결-해동을 하면, 수용액속의 DNA는 쉽게 부러지면서(fragmentation) 점도는 낮아지지만, genomic DNA를 온전하게 유지할 수 없게 됨으로 거대분자인 genomic DNA를 다룰 경우에는 이러한 분쇄효과(sheering effect)에 의한 DNA 손상에 주의해야 한다.

(2) DNA의 가수분해

DNA와 RNA는 산성 혹은 염기성 조건에서 가수분해가 일어날 수 있다. 산성조건(약 pH4 이하)에서 핵산(DNA, RNA)의 염기쌍 연결부위인 인산결합(phosphodiester bond)은 가수분해가 쉽게 일어나는 부위이다. 이러한 인산결합이 가수분해되면 염기와 오탄당(dexoyribose 혹은 ribose) 사이의 결합(N-glycoside bond)도 함께 파괴되어 결국에는 각각의 염기, 인산기 및 오탄당으로 분해된다. 한편, 염기성 조건에서 RNA는 오탄당(ribose)의 2번 탄소위치에 수산화잔기(hydroxy group, -OH)기가 있어서 염기성조건에서는 이러한 수산화잔기(-OH)로부터 수소이온이 쉽게 해리되어 음전하를 띄게 됨으로써 인접해 있는 인산결합(phosphodiester bond)이 매우 쉽게 가수분해가 될 수 있다. 그러나 DNA는 오탄당(deoxyribose)의 2번 탄소위치에 이러한 수산화기(-OH)가 없기 때문에 RNA분자에 비해 염기성조건에서 상대적으로 안정하다고 볼 수 있다.

산성 및 염기성 등에 의한 DNA와 RNA의 가수분해 이외에, 생체내에서는 주로 효소(DNase; deoxyribonuclease, RNase: ribonuclease)에 의해서 가수분해가 일어난다. 이러한 효소는 기질과 효소사이의 특이적 반응성에 의해서 DNA 혹은 RNA의 특정 구조나 염기서열을 인식하여 가수분해 시키며, 핵산 말단부터 가수분해를 일으키는 exonuclease와 핵산가닥의 중간부위를 가수분해하는 endonuclease가 있다. 이러한 핵산 가수분해효소(nuclease)가 시료에 오염되는 경우는, DNA 혹은 RNA 추출시 불완전 정제과정에 의해서 조직이나 세포로부터 유래하는 경우도 있지만, 실험실 벤치 혹은 공기 속에 부유하는 미생물이 오염됨으로써 미생물에서 유래된 nuclease가 시료에 오염되는 경우가 흔히 발생한다. 따라서 DNA와 RNA의 안정성을 높이기 위해서는 핵산 추출시 깨끗한 실험실 환경을 유지하는 것이 필요하다. 한편 RNA 추출시 신체 노폐물(손의 땀, 눈물, 재채기 등)에 의해 RNase가 오염되는 사례가 빈번히 발생한다. 또한 수용액상에서 RNase는 DNase보다 상대적으로 온도, pH 등에 대해 안정함으로 RNA실험에서는 화학적(DEPC 처리) 혹은 물리적(고온변성)인 방법으로 RNase를 완벽하게 제거하는 것이 필요하다.

나. DNA의 분해 및 순도 검사

(1) EtBr 염색을 이용한 전기영동법

Ethidium bromide(EtBr)은 DNA 염기 사이에 끼어들어가(intercalated) DNA와 결합한 이후 자외선(254nm)이 조사되었을 때, EtBr과 결합된 DNA는 형광을 띄게 된다. Agarose-gel에서 전기영동을 통하여 분리된 DNA를 EtBr로 염색하게 되면 육안 관찰 및 CCD 카메라로 영상 촬영이 가능하다. 이때 양을 알고 있는 reference DNA의 형광량과 비교하여 DNA 시료의 양을 추정할 수 있다. EtBr 염색을 이용한 자외선 조사법에 의해서는 전기영동상에서 DNA가 단일밴드로 분리되어 있는 경우에는 약 5ng까지 이중가닥 DNA의 측정이 가능하다. 또한 전기영동을 통하여 DNA 물리적 상태(integrity)를 육안으로 확인함으로써 DNA양을 추정할 수 있을 뿐만 아니라, plasmid DNA의 경우 plasmid DNA의 형태(linear, nicked, 혹은 supercoiled form)를 육안으로 분간할 수 있으며, genomic DNA 경우 DNA의 분해 유무, DNA 이중밴드 형성 유무, RNA 오염 등을 육안으로 식별할 수 있다. 전기영동에 사용되는 완충용액은 1X TAE(40mM Tris-acetate, 1mM EDTA) 혹은 0.5X TBE(45mM Tris-borate, 1mM EDTA)가 사용되나, TBE 완충액이 TAE 완충액보다 완충능이 크므로 비교적 긴 시간동안 전기영동을 할 경우에는 TBE를 사용하는 것이 좋다.

(2) 분광흡광도법(UV-spectrophotometry)

분광흡광도법(UV spectrophotometer)은 DNA 정량법으로 가장 흔히 사용된다. 260nm의 자외선에서 DNA시료의 흡광도(A260)를 측정하여 DNA의 농도를 계산할 수 있다. DNA의 염기는 260nm에서 최대의 흡광도를 나타내므로, 260nm의 흡광도 값(OD_{260})을 측정하여 아래와 같이 DNA의 농도를 계산할 수 있다. 이때 DNA 측정상수값은 double strand DNA의 경우 50㎍/mL, single strand DNA의 경우 40㎍/mL, 그리고 RNA 및 oligonucleotide의 경우 30㎍/㎕을 사용한다.

$$\text{DNA 농도}(\mu g/mL) = OD_{260} \times \text{희석비율} \times \text{DNA측정 상수값}(50\mu g/mL)$$

단백질의 경우 tyrosine, tryptophan, threonine 등의 방향제 화합물 잔기(aromatic compound residues)들이 280nm에서 최대 흡광도를 나타내는 특성을 이용하여, DNA용액 속의 단백질 양을 추정할 수 있다. 따라서 OD_{260}/OD_{280}의 비율은 순수정제된 DNA의 단백질 오염유무를 추정할 수 있는 정도관리 기준으로 활용되기도 한다. 최근 분광흡광도법에서는 보다 더 적은 양으로 더 높은 민감도를 가지는 측정장치(e.g. NanoDrop)가 많이 사용되고 있다. NanoDrop에 의한 측정은 DNA 이중가닥 뿐만 아니라 단일가닥 및 nucleotide가 서로 구분없이 함께 흡광도 값으로 보여지며, DNA와 RNA양이 함께 측정이 된다. NanoDrop에 의한 DNA 측정은 A260=0.1에 해당하는 5 ㎍/mL까지 측정이 가능하다.

(3) 형광염색에 의한 DNA 정량법

DNA를 형광 염색하여 형광광도계(fluorometer)로 DNA 농도를 측정하는 방법이다. 사용이 간편한 분광흡광도법에 의한 A260값은 nucleotide, single-stranded nucleic acids, 단백질, 그리고 DNA 추출과정에서 발생하는 오염 물질에 의해 측정 수치가 영향을 받을 수 있고, DNA와 RNA의 구분이 모호하여 상대적으로 민감도가 떨어지는 단점이 있다. 이를 보완하기 위하여 double-stranded DNA에 선택적으로 붙는 형광물질인 PicoGreen, Hoechest 33258, SYBR Green 등의 형광물질로 DNA를 염색하여 형광분석기(fluorometer)로 DNA 농도를 측정하는 방법이 사용되며, 이중에서 PicoGreen법에 의한 DNA정량법이 가장 민감도가 높은 방법으로 알려져 있다(Ahn *et al.*, 1996).

표 1

DNA 정량법 비교

Method	Detection	Detection limit
Etidium Bromide	UV light(254nm)	~5ng
Spectrophotometry	Absorbance at 260nm	0.1OD260=5ug/ml
Hoechst 33258 dye	fluorometer	10ng/ml
YO-PRO, YOYO-1	fluorometer	0.5ng/ml
SYBR-Green	fluorometer	25~50ng per band
PicoGreen	fluorometer	25pg/ml

- **PicoGreen** : PicoGreen은 이중가닥 DNA의 25pg/mL의 농도까지 측정할 수 있는 가장 감도가 높은 DNA 정량법으로 알려져 있다. PicoGreen은 이중가닥의 DNA에만 선택적으로 결합함으로(intercalated) 단일가닥의 DNA나 RNA는 PicoGreen에 의해 측정이 되지 않는다. 따라서 DNA가 분해되었거나 DNA시료속에 포함되어 있는 RNA는 전체 DNA 측정값에서 배제됨으로써, 순수하게 온전한 이중가닥 DNA의 측정이 가능하다. PicoGreen과 결합된 DNA는 형광광도계를 통하여 470nm의 흡광파장(excitation)이후 525nm의 발광파장(emission)에서 형광의 양으로 측정이 된다. 형광측정용 마이크로 플레이트를 사용할 경우 분석부피가 200uL일 경우에는 50pg까지 측정이 가능하다.
- **Hoechst 33258** : Hoechst(bis-benzimide)는 DNA의 아데닌(A)-티민(T)부분에 붙어서 UV광선(351-364nm)을 쪼이면 에너지가 높아져서 서서히 465nm 파장의 밝은 형광이 발산되며, 이러한 형광은 형광광도계(fluorometer)를 이용하여 최저 10ng/mL의 DNA 농도를 측정할 수 있다. Hoechst에 의한 DNA 형광염색법은 이중가닥의 DNA에 선택적으로 작용하며 단백질이나 RNA 물질이 오염되어 있어도 측정값에 크게 영향을 미치지는 않지만, 높은 염농도에서 DNA측정이 이루어질 경우에는 단일가닥의 DNA에 의해 형광값이 증가된다. 또한 Hoechst는 A-T 함량이 높은 DNA와 결합이 잘될 뿐만 아니라 500bp보다 짧은 DNA와는 결합성이 낮아지는 경향이 있으므로, 길이가 짧거나 A-T함량이 높은 DNA의 측정에서는 실제 농도와 차이가 날 수 있다.
- **SYBR-Green** : SYBR Green은 이중가닥 DNA와 결합함으로 RNA는 측정되지 않는다. EtBr보다는 더 민감하지만 전기영동상에서 밴드 하나의 DNA양이 최저 약 25~50pg 까지 측정이 가능하다. SYBR-Green은 488nm에서 최대 흡광파장(excitation) 이후 520nm의 최대 발광파장(emission)에서 DNA양을 측정한다.
- **YOYO 및 YO-PRO-1** : 이 형광염료도 핵산을 염색하는데 사용되며, 수용액에서의 탐지한계는 0.5ng/ mL까지의 DNA를 측정할 수 있다.

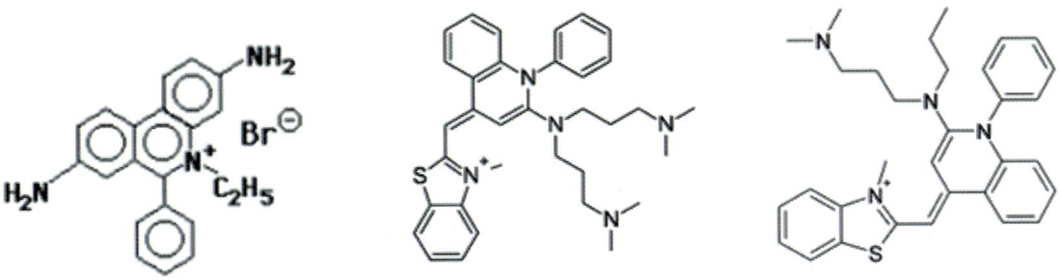

<EtBr> <PicoGreen> <SYBR Green>

그림 5 형광물질의 분자구조

(4) DNA 정도관리 기준

DNA 정도관리 범위는 DNA 농도(concentration), 분해정도(integrity), 순도(purity) 등으로 나눌 수 있다.

- **DNA 농도** : 분광흡광광도법 혹은 형광염색법에 의하여 정량하며, 가장 간편한 정량법은 OD_{260}에 해당하는 흡광도에 따라 DNA 양을 계산하는 방법으로서 최근에는 NanoDrop 장비가 많이 사용된다. DNA 시료를 냉동하여 장기저장할 경우에는 비교적 높은 농도(약 500~1000ng/㎕)로 보관이 가능하지만 너무 많이 농축하게 될 경우에는 수용액속에서 DNA가 충분히 녹지 않거나 DNA 농도가 균질하지 않음에 따라 저장기간 중에 시료의 안정성을 해칠 우려가 있으므로 너무 과도한 농축은 피하는 것이 좋다. 분자생물학 혹은 유전체학 실험에 사용될 DNA의 농도는 저장농도보다 비교적 묽은 농도로서 50~100ng/㎕가 적당하다.
- **DNA의 분해** : DNA 질(integrity)에 대한 정도관리는 주로 전기영동을 통해서 육안으로 DNA 분해 유무를 판정하는 것이 가장 확실한 방법이다. DNA 전기영동법은 DNA 시료를 정량할 수 있을 뿐만 아니라 gel상에서 이동하는 DNA의 이동 패턴에 따라 불순물이 포함되어 있는지 혹은 DNA 이중밴드 등을 확인할 수 있다. 한편 DNA 분해유무에 대한 판정기준으로서 NanoDrop에 의한 DNA 측정값과 PicoGreen에 의한 DNA 측정값의 차이로부터 DNA 질(integrity)을 유추할 수 있다. 즉 Δ[NanoDrop − PicoGreen] 값의 차이가 적으면 적을수록 DNA시료의 질(integrity)은 우수하다고 볼 수 있다. 왜냐하면 NanoDrop에 의해 측정된 DNA 양은 온전한 이중가닥의 DNA 이외에도 작은 조각으로

분쇄된 DNA 단편이나 nucleotide까지도 정량이 되는데 반해서 PicoGreen 정량법은 온전한 이중가닥의 DNA만 정량이 된다. 따라서 이 두 값의 편차가 적을수록 시료속의 DNA는 온전한 이중가닥 DNA임을 알 수 있다. 일반적으로 이 두 값의 편차가 약 20%이내일 경우에는 DNA 질(integrity)이 정도관리 기준에 적합하다고 여겨진다.

- **DNA 순도** : 수용액의 DNA 순도(purity)에 대한 기준으로는 230nm, 260nm 및 280nm에서 측정된 흡광도의 비율이 이용되며, 이를 바탕으로 DNA 이외의 불순물 함유 정도가 유추될 수 있다. 즉 OD_{260}은 DNA(염기)의 양을 반영하며, OD_{230}은 에탄올 혹은 탄수화물의 양을 반영하며, OD_{280}은 단백질 혹은 페놀화합물의 양이 반영된다. 따라서 OD_{260}/OD_{280}의 비율이 1.8~2.0사이의 DNA 시료는 일반적으로 양질(good quality)의 시료로 여겨지며, 2.0이상일 경우에는 단백질 혹은 페놀화합물 등이 오염된 것으로 판정한다. 또한 OD_{260}/OD_{230}의 비율은 2.0이상일 경우에 양질의 시료로 여겨지며 1.7~2.0사이인 시료도 실험에 사용이 가능하다고 여겨지지만 1.7미만일 경우에는 에탄올 혹은 탄수화물 등이 오염된 것으로 판정하며, 대부분의 분자생물학 혹은 유전체 실험에 부적합한 시료가 된다. 실제로 이러한 OD값의 비율이 Affymetrix 5.0 SNP chip 실험에 미치는 영향을 조사한 바에 의하면, OD_{260}/OD_{280}의 비율은 1.85~1.90일때 최고의 SNP call rate을 보인 반면, 1.90보다 높을 경우에는 상대적으로 SNP call rate이 낮아지는 경우가 발생한다. 또한 동일한 SNP chip실험결과를 바탕으로 DNA시료의 OD_{260}/OD_{230}과 SNP call rate를 분석한 바에 의하면, 2.2~2.3사이일때가 최고의 SNP call rate을 보였다(그림 6).

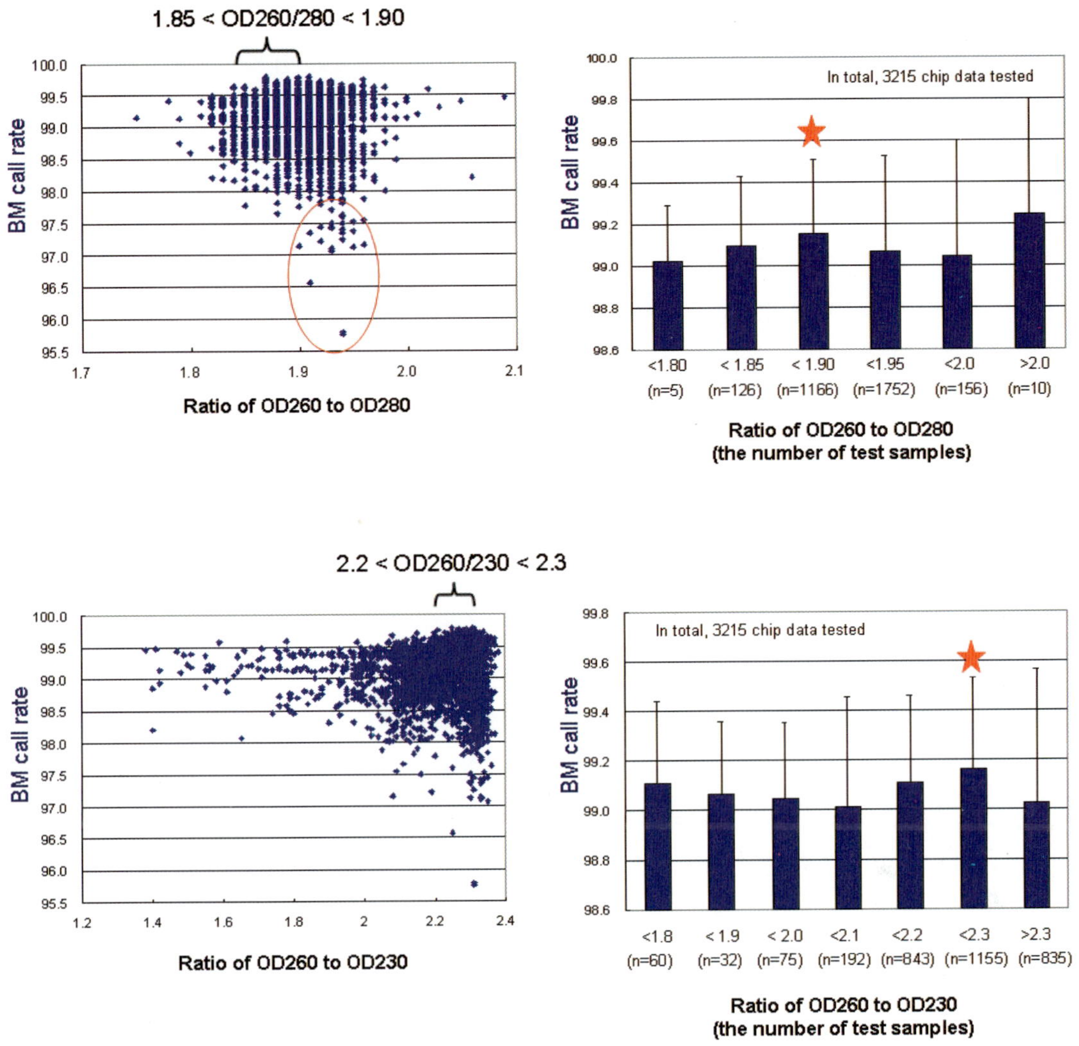

그림 6 Correlation of DNA purity indicators(OD260/OD280, OD260/OD230) with SNP call rates of the Affymetrix 5.0 SNP chip results(unpublished data, National Biobank of Korea).

다. 개체식별(Human identification)과 STR 타이핑

(1) STR의 정의 및 활용

게놈에 존재하는 반복적 DNA 염기서열(repetitive DNA sequence)은 크게 satellite DNA, minisatellite DNA, microsatellite DNA로 구분된다. Satellite DNA는 염색체 중심체(centromere) 주변에 존재하며, 길이는 100~1000bp사이가 된다. Minisatellite DNA는

VNTR(variable number tandem repeat)이라고 하기도 하며, 대략 10~100bp 길이로 구성되어 있다. Microsatellite DNA는 STR(short tandem repeat)이라고 하며, 2~7bp 길이의 짧은 반복서열로 구성되어 있다.

STR 유전자좌(loci)의 길이는 해당 반복 염기서열의 반복수에 의해 결정되며, 사람들의 대립 형질(allele)에 따라 반복수가 다르기 때문에 그 길이에서 개인간의 차이를 보이게 된다. STR은 PCR 증폭에 의한 반복서열의 확인이 용이하고, heterozygote alleles의 증폭효율이 좋고, 반복서열의 개수가 다양하고(polymorphic), 게놈상의 여러 군데에 분포하고 있기 때문에 개인식별, 친자확인 및 법의학에 주로 사용되며, gene mapping, linkage analysis, 집단유전학 등의 유전학적 다양성 연구(diversity study)에도 광범위하게 이용되고 있다(Azari *et al.*, 2007).

STR 분석(DNA typing)은 polymorphic STR loci를 증폭하고, 이 PCR 산물을 polyacryamide gel에서 전기영동하여 육안으로 관찰하거나, 형광자동탐지장비(automated fluorescent detection technique)를 이용하여 기준마커(size standard)와 비교함으로써 유전자형을 판별한다(Mastersa, *et al.* 2001). 개체식별을 위해서 STR이 갖추어야 할 요건으로서는, 첫째, 개인별로 충분히 많은 변이를 나타내야 하며(polymorphic), 둘째, STR의 길이가 100~400bp사이여서 분해된 DNA 시료에서도 증폭이 가능해야 하며, 셋째, 염기 1개의 길이 차이도 구분이 가능해야 하며(single base resolution), 넷째, 4-염기 반복서열(tetranucleotide repeats)이어야 한다. STR DNA typing에 4-염기 반복서열을 사용하는 이유는, 먼저 대립유전자의 길이의 범위가 좁아서 다중증폭(multiplexing)이 가능하고, 대립유전자의 증폭오류(stochastic effect)를 줄일 수 있고, 길이가 비교적 짧아서 분해된 DNA시료도 사용될 수 있으며, stutter rates(STR chromatogram에서 주 피크 이외의 작은 피크들의 발생율)를 줄여서 시료가 혼합되어 있을 때 PCR오류에 의한 것인지 아니면 혼합시료에 기인한 것인지를 분간하는데 용이하기 때문이다. 현재 개체인식에 사용되는 STR 마커로는 길이와 염기서열이 동일한 반복단위를 갖는 단순반복서열구조(simple repeats), 2개 이상의 인접한 단순반복서열구조들로 구성되어 있는 혼합반복서열(compound repeats), 반복단위의 길이와 염기서열이 다양한 복합반복서열(complex repeats)로 나눌 수 있으며, 그 외에 반복단위에서 1개 염기가 적거나 많은 마이크로변이체(microvariants)가 있다(■표 2). 이들 STR 마커중에서 식별력(power of discrimination)과 재현성(reproducibility)을 고려하여 연구분야 혹은 유전자감식 목적 등에 맞게 선별하여 사용할 수 있도록 다양한 STR 키트들이 시판되고 있다(그림 7). 현재 시판되고 있는 STR 키트에서 많이 사용되고 있는 STR 마커로는 미국의 Combined DNA Index System(CODIS)에서 사용되는 13개의 STR loci이다 (그림 8).

표 2

STR types used in human Identification

Types	Features	Examples
Simple Repeats	Identical length and sequence	TPOX, CSF1PO, D5S818, D13S317, D16S539, TH01, D18S51, D7S820 ex) agat agat agat agat agat
Compound Repeats	Two or more adjacent simple repeats	vWA, FGA, D3S1358, D8S1179 ex) agat agat agat ttaa ttaa ttaa
Complex Repeats	Variable unit length and possible intervening sequence	D2S1338, D19S433, D21S11 ex) agat agat aggat agat agat ttaacggccat agat agat
Microvariants	Alleles that contain incomplete units	TH01 9.3: aatg aatg aatg aatg aatg aatg aatg aatg aatg aatg-10 aatg aatg aatg aatg aatg aatg atg aatg aatg aatg-9.3

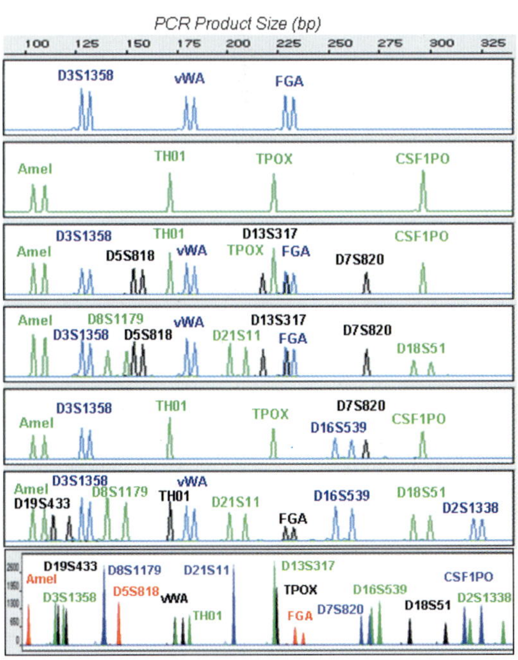

Kits	Power of Discrimination
Blue (3)	1: 5000
Green I (4)	1: 410
Profiler™ (10)	1: 3.6 x 10^{9}
Profiler Plus™ (10)	1: 9.6 x 10^{10}
COfiler™ (7)	1: 8.4 x 10^{5}
SGM Plus™ (11)	1: 3.3 x 10^{12}
Identifiler™ (16)	1: 1.8 x 10^{18}

그림 7 **Commercial STR kits.** The numbers of STR markers are shown in parenthesis beside each kit.

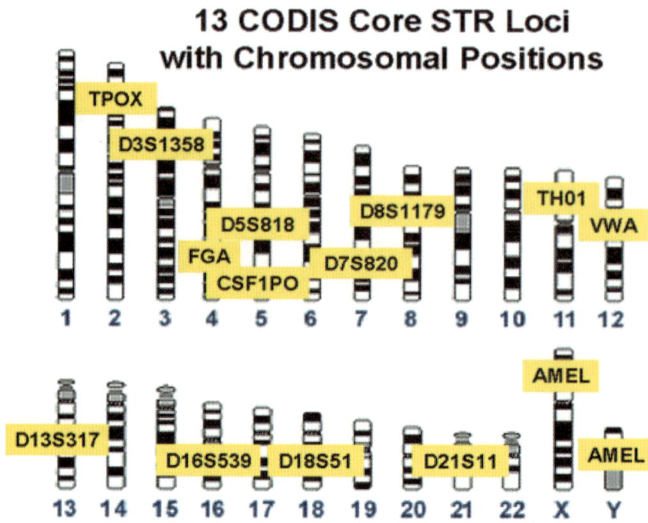

그림 8 STR markers of Combined DNA Index System (CODIS)

(2) 바이오뱅크의 STR profiling 활용

STR DNA 타이핑은 바이오뱅크의 인체자원관리에서 개체식별은 물론 시료의 혼합여부를 검증하는 주요 수단으로 활용되고 있다. STR DNA 타이핑을 통해서 시료의 식별이 가능하고 Y-염색체에 존재하는 STR마커를 이용하여 성별확인이 가능하며, 또한 시료의 가족관계를 확인할 수 있다. STR 타이핑에 의한 시료혼합 여부를 검증하는 방법은, 첫째, STR chromatogram에서 1개의 유전자좌(locus)에서 2개의 STR 대립유전자(allele)의 피크높이보다 높은 또 다른 피크가 존재할 때, 둘째, stutter 위치에서 일상적인 작은 피크의 높이보다 높은 피크가 나타날 때, 셋째, heterozygous genotypes의 피크높이가 서로 다를 때, 시료가 혼합되어있을 가능성이 높다. STR chromatogram에서 stutter 피크는 본래의 STR 대립유전자의 피크이외에 추가적으로 n-4위치(본래 STR길이보다 4개 염기가 줄어든 위치)에서 나타나는 부가피크를 말한다.

바이오뱅크에서는 많은 DNA와 세포주(cell lines)들을 취급하거나 분양하게 되며, 이러한 과정 중에 일어날 수 있는 교차오염(cross contamination)을 확인하여야 한다. 특히 세포은행에서는 세포주의 시료간 일치도 검증(authentication)을 위한 정도관리를 실시해야 한다. 독일의 바이오뱅크 DSMZ에서는 252개의 신규 세포주 중 18%가 시료간에 교차오염되었고(MacLeod *et al.*, 1999), 이란의 국립 세포주은행에서도 100개의 인간 세포주 중 18.8%가 교차오염되었다고 보고한 바 있다(Azari *et al.*, 2007).

세포주의 교차오염을 검출하는 방법은 isozyme typing, HLA typing, Karyotyping, DNA polymorphism과 같은 다양한 방법이 있지만, DNA fingerprinting과 locus-specific probe를 사용하여 인간 세포주의 시료간 개체일치도검증(authentication)에 적용하는 것은 표준 데이타베이스를 구축하기에 적당한 포맷의 데이터를 제공하지 못한다. 그러나 STR profiling 기술은 각 유전자좌의 증폭된 PCR 산물의 길이에 대한 간단한 숫자코드를 나타냄에 따라, 각 세포주의 시료간 개체일치도검증과 데이터 표준화가 가능하게 되었으며, 비교적 저렴한 비용으로 검정할 수 있게 되었다(Master *et al.* 2001).

Masters 등(2001)은 바이오뱅크와 연구기관에서 제공받은 251개의 세포주를 STR로 profiling함으로써 이 방법이 세포주를 위한 국제표준을 제공할 수 있음을 보고하였다. ATCC, ECACC, DSMZ, Coriell과 같은 주요 바이오뱅크에서는 세포주의 개체일치도보증을 위해 STR 방법을 사용하고 있다.

● Coreill Cell Repositories(CCR)에서 사용되는 STR marker ●

Genotyping with Microsatellites Assures Cell Line Identity and Culture Purity

CCR은 수년에 걸쳐 microsatellite polymorphisms을 기초로한 genotyping program을 확립하였다. 6개의 polymorphic microsatellites은 1/33,000,000의 combined matching probability를 가진다. 6개의 marker의 특징은 다음과 같다.

Microsatellite Marker	Range of Allele Sizes (bp)	Heterozygosity	pM (matching probability)
THO-1	154-178	0.77	0.086; 1 out of 12
D5S592	166-206	0.83	0.051; 1 out of 20
D10S526	182-266	0.84	0.017; 1 out of 59
vWA31	127-167	0.81	0.062; 1 out of 16
D22S417	172-213	0.85	0.039; 1 out of 25
FES/FPS	206-234	0.67	0.165; 1 out of 6

(3) STR DNA 타이핑 방법

STR DNA 타이핑방법은 STR 유전자좌를 PCR방법으로 증폭하여, 전기영동을 통해 대립유전자(allele)의 크기에 따라 분리하여 분석한다. PCR로 증폭된 STR 대립유전자는 형광표식

(fluorescent dye labeling), 은염색(silver staining) 같은 다양한 방법으로 검출될 수 있다. 현재 상용되는 키트는 Applied biosystems사의 STR Identifiler 키트와 Promega사의 Powerplex 16 등이 있다. 이러한 STR 키트는 형광염료가 붙은 primer를 이용하며, 전반적으로 PCR 증폭단계, PCR 산물의 유전자 분석기(genetic analyzer)에 의한 STR 유전자좌 정보 수집단계, 분석프로그램을 이용한 데이타 분석단계로 이루어진다(Butler *et al.*, 2006).

STR과정은 PCR방법을 이용하여 24시간 내에 신속히 분석할 수 있는 장점이 있지만 그 과정에서 몇가지 주의해야할 것이 있다. multiplex STR 증폭은 정확한 양의 주형 DNA를 사용해야한다. 너무 많은 양의 DNA를 사용하면 불완전한 adenylation 또는 불완전 피크(off-scale peak)를 발생시키고, 너무 적은 양의 DNA는 대립유전자형의 소실이 생길 수 있다. 대개 상용화된 STR 키트는 0.5~2.5ng 범위의 DNA를 사용하도록 권장한다. 또한 PCR 오염을 방지하기위해 실험하는 주변을 청결히 유지하고, STR amplicon을 분리하고 검출하는 기기(ex. ABI3100)의 청결 및 urea 결정체가 생기는 것을 막기 위해 사용되는 polymer와 완충용액도 깨끗이 사용하며, 주기적으로 교체해 주어야 한다.

표 3

18개의 core STR loci

Locus	Repeat motif	Allele range	Chromosomal location
CSFIPO	TAGA	5-16	5q33.1 c-fms proto-oncogene, 6th intron
FGA	CTTT	12.2-51.2	4q31.3 α-fibrinogen, 3rd intron
TH01	TCAT	3-14	11p15.5 tyrosin hydroxylase, lst intron
TPOX	GAAT	4-16	2p25.3 thyroid peroxidase, 10th intron
VWA	[TCTG][TCTA]	10-25	12p13.31 von Willebrand Factor, 40th intron
D3S1358	[TCTG][TCTA]	8-21	3p21.31
D5S818	AGAT	7-18	5q23.2
D7S820	GATA	5-16	7q21.11
D8S1179	[TCTA][TCTG]	7-20	8q24.13
D13S317	TATC	5-16	13q31.1
D16S539	GATA	5-16	16q24.1
D18S51	AGAA	7-39.2	18q21.33
D21S11	Complex[TCTA][TCTG]	12-41.2	21q21.1
D2S1338	[TGCC][TTCC]	15-28	2q35
D19S433	AAGG	9-17.2	19q12
Penta D	AAAGA	2.2-17	21q22.3
Penta E	AAAGA	5-24	15q26.2
SE33	Complex AAGG	4.2-37	6q14β-actin related pseudogene

라. 미생물 오염검사

(1) Human DNA의 미생물 오염 검사

혈액 혹은 배양세포로부터 추출된 DNA내의 미생물 DNA의 검출은 시료의 미생물 오염을 확인할 수 있는 방법이 될 수 있다. 그러나 혈액 DNA 내의 미생물 DNA의 검출은 혈액을 채취하는 과정 및 추출 과정에 대한 정도관리를 모니터링할 수 있게 해 준다. 미생물 DNA는 PCR, real time PCR 등 간편하고 신속한 PCR 방법으로 검출하고 있다(그림 9). 이러한 방법의 대상이 되는 유전자는 rRNA이다. 다양한 종류의 세균을 검출하기 위해 16S rRNA 유전자 부위를 이용하고(Hofstadlera *et al.*, 2005), 효모나 곰팡이의 경우에는 26/28S rRNA와 5.8s rRNA, intergenic transcribed spacer(ITS) region을 대상으로 하여 검출하고 있다(Pincus *et al.*, 2007).

16S rRNA는 모든 세균에 존재하고, 오랜기간 보존된 유전자부위이며, 이 유전자의 길이는 대략 1,500bp 정도로 통계적으로 적절한 염기서열 정보를 포함하고 있어 세균 동정에 보편적인 타겟으로 사용되고 있다. 16S rRNA 염기서열분석은 다음과 같은 장점을 가지고 있다. 첫째, 순수분리 후에 미생물의 배양이 필요 없고, 둘째, 결과가 형태적 변이나 실험자의 주관적인 판단 또는 경험에 영향을 받지 않으며, 셋째, 유전적 특성이 비교적 안정적이기 때문에 염기서열 분석은 매우 정확하고 재연성이 높다는 것이다. 그러나 16S rRNA 유전자는 세균사이에 전체적인 염기서열의 차이를 완벽하게 측정하는 것이 아니다. 정확한 동정을 위해서는 DNA-DNA reassociation 분석을 수행해야한다. 일반적으로 같은 종은 16S rRNA 유전자의 염기서열의 유사성이 97% 이상이며, 97.5% 이하인 경우에는 종(species)구분이 어려울 수도 있다. 따라서 16S rRNA gene 염기서열이 항상 정확한 종 분류의 동정에 사용되지는 못한다(Patel, 2001). 16S rRNA 염기서열 분석을 통한 미생물 동정은 미생물로부터 DNA를 분리하고, 목표 유전자를 PCR하여, 증폭된 산물의 염기서열 분석하고, NCBI 등의 데이터베이스에서 다양한 미생물의 염기서열 정보와 비교함으로써 이루어진다.

표 4

박테리아 검출에 사용되는 primers의 종류

Primer No.	Forward sequence	Reverse sequence	Gene target	Bacteria target	Primer specificity
346	TAGAACACCGATGGCGAAGGC	TCGTGGACTACCAGGGTATCTA	16s rDNA	ALL	Universally conserved ribosomal gene
347	TGGATTAGAGACCCTGGTAGTCC	TGGCCGTACTCCCCAGGCG			
348	TTTCGATGCAACGCGAAGAACCT	TACGAGCTGACGACAGCCATG			
361	TCTGTTCTTAGTACGAGAGGACC	TTTCGTGCTTAGATGCTTTCAG			
349	TCTGTTCTTAGTACGAGAGGACC	TTTCGTGCTTAGATGCTTTCAG	23s rDNA		
360	TTTAAGTCCCGCAACGAGCGCAA	TTGACGTCATCCCCACCTTCCTC			
354	TCTGGCAGGTATGCGTGGTCTGATG	TCGCACCGTGGGTTGAGATGAAGTAC	RNA polymerase, β ′ subunit (rpoC)	Bacteriodetes, Fusobacteria, Spinocharctes, Proteo, Bacilli	Division-wide Housekeeping genes
358	TCGTGGCGGCGTGGTTATCGA	TCGGTACGAACTGGATGTCGCCGTT	Valyl-tRNA sysntetase (valS)	Proteobacteria (γ Enterobacteria)	
359	TTATCGCTCAGGCGAACTCCAAC	TGCTGGATTCGCCTTTGCTACG	RNA polymerase, β ′ subunit (rpoC)	Proteobacteria (γ Enterobacteria)	
362	TGGGCAGCGTTTCGGCGAAATGGA	TGTCCGACTTGACGGTCAACATTTCCTG	RNA polymerase, β ′ subunit (rpoC)	Proteobacteria (α, β)	
363	TCAGGAGTCGTTCAACTCGATCTACATGAT	TACGCCATCAGGCCACGCAT	RNA polymerase, β ′ subunit (rpoC)	Proteobacteria (β, γ)	
367	TCCACACGCCGTTCTTCAACAACT	TGGCATCACCATTTCCTTGTCCTTCG	Elongation factor EF-Tu(tufB)	Proteobacteria (β)	
356	TGACCTACAGTAAGAGGTTCTGTAATGAACC	TTCCAAGTGCTGGTTTACCCCATGG	Ribosomal protein L2 (rplB)	Clositridia, Fusobacteria, Bacilli, Proteobacteria (E)	
449	TCCACACGGTGGTGGTGAAGG	TGTGCTGGTTTACCCCATGGAG			
352	TTGCTCGTGGTGCACAAGTAACGGATATTA	TTGCTGCTTTCGCATGGTTAATTGCTTCAA	Protein chain initiation factor (infB)	Bacilli	

(Hofstadlera *et al.*, 2005)

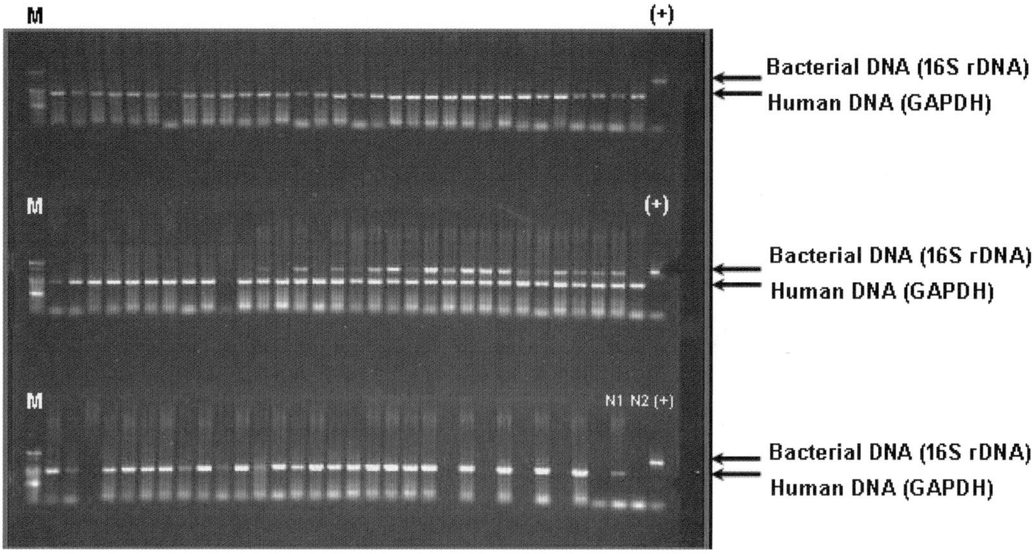

그림 9 **Detection of bacterial DNA in human blood DNA samples by PCR.** N1: bacterial DNA-negative control, N2: water (H2O), (+): baceterial DNA-positive control. (Unpublished data, National Biobank of Korea).

(2) Human DNA시료에 대한 박테리아 DNA 오염의 의미

인체조직 특히 혈액에서 분리한 genomic DNA시료에 종종 박테리아 DNA가 발견되는 경우가 있다. 이것은 박테레미아(bacteremia) 혹은 실험실 오염이 원인이 된다. Bacteremia는 혈액속에 박테리아가 존재하는 현상을 말한다. Bacteremia는 소위 혈액독소증 혹은 패혈증(blood poisoning 혹은 toxemia)이라고 하는 sepsis와는 구별된다. Bacteremia는 체내의 염증반응과 관련되어 있는 전신성 염증반응 증후군(systemic inflammatory response syndrome)을 야기하는데, 이 증상은 호흡이 가빠지고 혈압이 낮아지며 발열증세가 나타난다. 박테리아가 혈류속으로 유입되는 경우는 폐렴이나 meningitis와 같은 중증의 감염성합병증이 있을 때, 위장관 같은 점막 관련 외과수술시, 마약주사 시 혹은 카데터 주입 등에 의해서 박테리아가 체내로 유입될 수 있다. 특히 치과질환 치료를 위한 발치 시 과도한 출혈이 일어날 때 구강속의 박테리아가 혈액 속으로 유입되는 경우도 발생한다. 따라서 혈액으로부터 분리한 genomic DNA 시료 속에 박테리아가 DNA가 존재하는 것은 시료공여자의 건강상태와 관련되어 있을 수 있다. 그러나 건강한 사람의 혈액으로부터 분리한 genomic

DNA속에서 박테리아 DNA를 발견하기는 어렵다. 따라서, 대개의 경우, 인체 DNA시료에서 박테리아가 발견되는 것은 깨끗하지 못한 실험실 환경이나 혈액시료 관리상의 부주의에 기인한다고 볼 수 있으므로, 박테리아 DNA 오염률은 혈액전처리 과정에서부터 DNA 추출과정까지의 시료관리 상태를 모니터링할 수 있는 정도관리 기준으로 매우 유용하게 사용될 수 있다(그림 10).

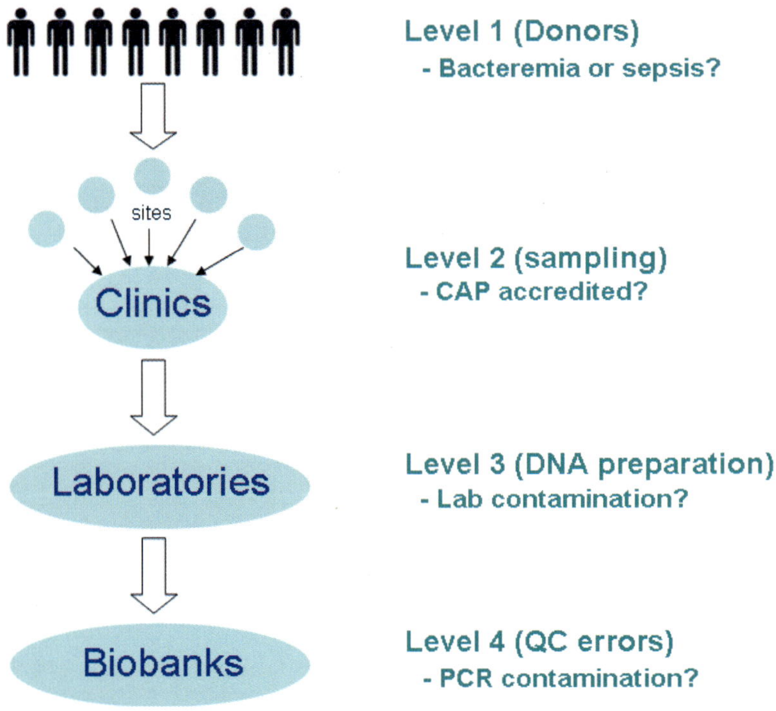

그림 **10** Possible origins of bacterial DNA contamination of blood DNA.

박테리아 DNA 오염여부는 혈액시료 관리 상태나 DNA 추출 등에 대한 표준프로토콜(Standard Operating Protocols)의 준수 수준을 모니터링 할 수 있는 유용한 방법이기는 하지만, 박테리아가 오염된 DNA 시료가 유전자검사 혹은 전장유전체분석(genome-wide association) 등의 실험결과에 얼마만큼의 영향을 미치는지에 대한 연구결과들은 많지 않다. 그러나 실제로 박테리아 DNA에 오염된 DNA시료를 전장유전체분석실험에 사용하였을 때 박테리아가 오염된 시료그룹과 오염되지 않은 시료그룹의 평균 SNP call rate는 크게 차이가 없었다(그림 11). 따라서 박테리아 오염이 전장유전체분석실험의 데이터 질에는 크게 영향을 주지는 않는다고 볼 수 있다. 이와 유사한 연구결과로서, 구강세척액(buccal cytobrushes)에서 분리한 DNA와 혈액유래 DNA의 전장유전체분석 실험의 데이터 질을 비교하였을 때도 두 그룹간의 특이한 차이는 없었다(Woo *et al.*, 2007).

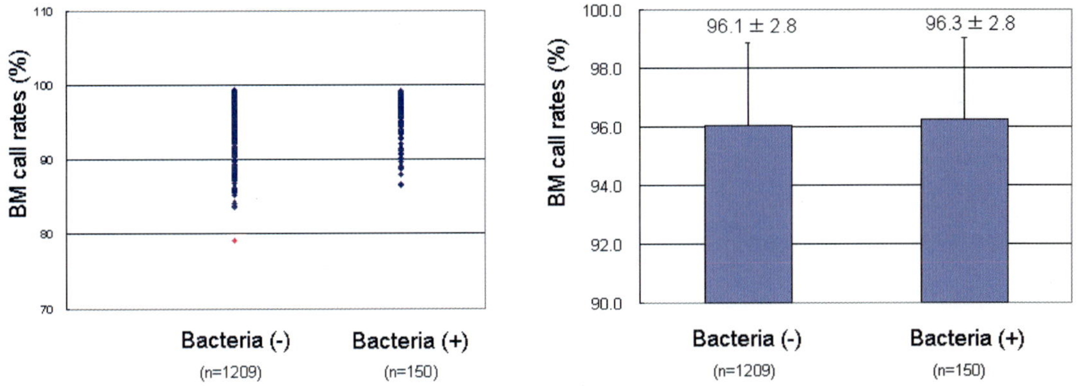

그림 11 **Effect of bacterial DNA contamination on the quality of the Affymetrix 5.0 SNP chip data.** Quality assessment of human blood DNA with bacterial DNA contaminations with bacterial DNA showed that There was no correlation of SNP call rates with the presence of bacterial DNA contaminations in DNA samples (unpublished data, National Biobank of Korea).

(3) 액체질소탱크 내부의 상재 미생물 모니터링

액체 질소는 −196℃의 초저온 상태로 유지하며, 동물세포, 인간세포, 임파구, 혈장, 혈청과 같은 생물학적 시료의 동결보존을 위해 널리 사용되고 있다. 액체 질소를 이용하여 시료를 저장하는 것에는 액체상의 액체 질소에 직접 샘플을 저장하거나 기체 상태의 액체 질소에서 저장하는 경우가 있다. 많은 연구자들은 기체상태의 질소에 저장하는 것에 비해 액체 상태의 질소에 저장하는 것이 온도변화가 없이 일정한 온도를 유지하고, 모니터링과 액체질소 충전에 주의를 비교적 덜 기울일 수 있다는 편리성 때문에 액체형 질소탱크를 선호하기도 한다. 그러나 일반적으로 액체 상태의 질소에 vial을 보관하는 것은 멸균되지 않은 바이얼

내부로 액체질소가 유입됨으로써 초래되는 미생물 오염과 액체질소의 교류에 의한 저장용기사이의 교차오염(cross contamination) 등의 생물학적 안전성의 문제점이 발생되기도 한다(Chen *et al.*, 2006). 또한, 장기간의 동결보존이 이루어지는 동안, 열려진 탱크위의 공기에서 얼음이 형성되어 탱크내로 떨어지거나, 차가운 탱크 표면에 얼음이 형성되면서 액체질소탱크 내에 얼음이 축적되게 된다. 얼음 결정이 형성될 때 주변의 세균, 곰팡이 포자 등이 부착되어 형성될 수 있다. 이러한 얼음 침전물이 탱크 내에 축적되어, 샘플에 미생물 오염의 원인될 수 있다(Morris, 2005). 따라서 생물학적 시료를 저장하는 보존 시설의 미생물 오염에 대한 조사가 이루어져야 한다.

세포 및 혈청, 혈장을 보존하고 있는 초저온 질소 탱크의 미생물 오염 검사는 직접 액체질소를 채취하거나 질소 탱크 주변에 생긴 얼음 결정들을 채취하여 미생물 배양 배지에 배양하는 방법을 사용한다. 배양된 미생물의 동정은 그람염색법(Gram stain), 형태, 배양조건, 지방산 분석과 같은 생화학적 반응을 포함한 표현적 특성을 기본으로 하여 이루어지나 최근에는 16S rRNA 염기서열 분석과 같은 유전자적 분석 방법을 이용하고 있다.

Bielansk 등(2003)은 액체질소 내에 6-35년간 저장한 배아(embryo)와 정자(semen)의 미생물의 오염을 조사하여 액체질소, 정자, 배아로부터 32종의 박테리아와 1종의 곰팡이를 분리하였고, 동정된 박테리아는 대부분이 공생 또는 환경 미생물로 나타났음을 보고한 바 있다. 또한 Morris(2005)도 액체질소 탱크의 축적된 얼음결정에서 미생물 오염을 검출하였고, 검출된 미생물은 대부분 환경미생물임을 보고하였다.

질병관리본부에서는 저장장비의 정도관리 차원에서 액체질소 탱크내 상재 미생물을 정기적으로 모니터링하고 있다. 액체질소탱크 내부의 상재 미생물 조사는 Bielanski 그룹(Bielanski *et al.*, 2003)의 방법을 수정하여, 다음과 같이 시행하고 있다. 즉, 탱크 내 액체질소를 일정량 취하여 증발시킨 후, 액체질소에 상재하고 있는 미생물의 종류 및 분포수를 연속희석을 통한 평판배양법을 이용하여 분리하고, 분리된 미생물에서 DNA를 분리하고 16S rRNA 부위를 PCR한 후 rRNA의 염기서열 분석으로 고속 동정한다.

표 5

16S rRNA Gene Sequence 데이터베이스

구 분	데이타베이스	웹사이트
Public	EMBL	http://www.ebi.ac.uk
	GeneBank	http://www.ncbi.nlm.nih.gov
	Ribosomal Database Project	http://rpd.cme.msu.edu
	Ribosomal Differentiation of Medical micro-organism	http://www.ridom-rdna.de
	The European Ribosomal Database project	http://www.psb.ugent.be/rRNA
Commercial	MicroSeq	http://www.appliedbiosystems.com
	SmartGene IDNS	http://www.smartgene.ch

표 6

16S rRNA Gene Sequence 분석을 통해 액체질소내에서 검출된 박테리아 종류

액체질소 탱크에서 검출된 바 있는 미생물들	
Alcaligenes faecalis	*Klebstella oxytoca*
Acinetobacter baumannii	*Micrococcus spp*
Bacillus licheniformis	*Staphylococcus auricularis*
Bacillus pumilus	*Stenotrophomonas maltophilia*
Bacillus spp.	*Sphingobacterium spiriticorum*
Chrysenomonas luteola	*Weeksella virosa*
Comamonas acidovorans	*non-heolytic streptococcus*
Comamons testosteroni	*Aspergillus spp (Fungus)*
Elkenella corrodens	

3.3 세포 정도관리(Cell Culture Quality Control)

세포 배양 과정에서 발생할 수 있는 미생물 오염이나 다른 세포와의 교차 오염은 세포성장과 기능에 영향을 미치게 된다. 오염된 미생물은 트랜스펙션(transfection)되기도 하고, 형태(morphology), 분화 상태(differentiation state), 유전자 발현(gene expression)에 영향을 미치기도 한다. 즉 배양세포의 오염은 연구 결과에 중요한 영향을 미칠 수 있으며, 이러한 것을 미연에 방지하기 위해 배양 세포의 정도관리를 실시한다. 일반적으로 수행 되고 있는 배양세포의 정도관리 검사항목에는 세포 수 측정 및 생존율 검사(viable cell counts), 미생물오염 검사, 시료동일성(authentication) 및 교차 오염(corss-contamination)검사가 있다.

가. 세포 수 측정 및 생존율(Viability) 검사

동결된 세포를 해동한 직후 trypan blue exclusion 방법을 통해 살아있는 세포의 수와 죽은 세포의 수를 측정하여 세포의 생존율(죽은 세포를 포함하는 전체 세포 중에서 살아있는 세포수의 비율을 %로 계산)을 측정한다. 이를 토대로 세포의 증식능력(proliferative potential)을 예측할 수 있다. 형질전환 임파구의 동결-해동과정에 대한 정도관리 참고기준으로는, 보통 2~8×10^{6}개의 세포를 냉동 저장한 이후 해동하여 재배양 하였을 경우, 4일 안에 세포숫자가 2배로 증가해야 하고, 전체 세포숫자는 8×10^{6}개/10ml가 되어야 한다(Beck *et al.*, 2001).

나. 배양세포의 미생물 오염 검사

세포 배양시 다른 생물체에 의한 오염은 검출하기 쉬운 세균, mold, 효모, 곰팡이가 있고, 검출하기 어려워 배양 시에 심각한 문제를 일으킬 수 있는 바이러스, protozoa, 마이코플라즈마 등이 있다(Ryan, 2002). 세포주의 미생물 오염은 초기 시료에서 유래되었거나, 세포 배양 용품 및 배양액에 의한 오염 그리고 배양실 공기오염 등의 원인으로 인해 발생될 수 있다(Mirjalili *et al.*, 2005).

세균, 효모 등은 그 사이즈와 빠른 생장율 때문에 현미경을 이용해서 대부분 검출할 수가 있으며, 항생제가 첨가되지 않은 배지 내에서는 몇 일내에 현미경뿐만 아니라 육안으로도 검출이 가능하다. 미생물 오염에 의해서 pH의 변화로 인한 배양배지 색깔 및 탁도가 변화하며, 세포들이 파괴되는 것을 관찰할 수 있다. 그러나 배양에 항생제를 일상적으로 사용할 때, 저항성을 가진 미생물이 생겨나고, 미량으로 감염이 되면 검출이 어려울 수 있다. 세균, 효모, 곰팡이에 대한 표준 미생물 시험 방법(Standard microbiological testing method)은 몇 가지 액체배지(trypticase soy, thioglycolate, Sabouraud broths)와 고체배지(brain heart infusion, blood agar)가 필요하고, 세포 배양액의 접종 후 30℃ 또는 37℃에서 적어도 2주는 배양해야한다(Ryan, 2002, Mirjalili *et al.*, 2005, Cobo *et al.*, 2007).

표 7

세포 배양에서 미생물 QC에 사용되는 배지 및 배양조건

Microorganism	Culture media	Incubation temperature	Incubation atmosphere
Bacteria	Blood agar Nutrient agar MacConkey agar Soy agar Fluid thioglycollate medium Fluid trypticase soy	35-37℃	Aerobic
Mycoplasma	PPLO agar PPLO broth	37℃	10% CO_2
Fungi	Dextrose Sabouraud agar Dextrose Sabouraud broth	30℃	Aerobic
Yeast	Dextrose Sabouraud agar	35-37℃	Aerobic

(Mirjalili *et al.*, 2005, Cobo et al., 2007)

(1) 박테리아 & 곰팡이 (Bacteria & fungal) 오염

일반적으로 박테리아나 곰팡이(사상균과 효모 포함)의 오염은 육안으로 확인이 가능하다. 박테리아나 곰팡이가 오염되면 갑자기 배양액이 혼탁해지거나 pH의 변화로 배양액 색깔이 변하기도 하고, 세포 모양이 변하기 때문에 육안으로도 확인이 쉽다. 그러므로 매일 현미경을 통해 배양세포를 관찰하면 박테리아나 곰팡이 오염 여부를 확인 할 수 있다. 그러나 미세한 양의 오염을 확인하기 위해서는 미생물 배양배지에서 직접 배양하는 방법을 통해 오염여부를 확인 할 수 있다. 박테리아나 곰팡이의 오염은 세포배양에 사용되는 항생제(e.g., penicillin-streptomycin, fungizone, gentamicin)를 사용하여 미리 예방할 수 있다.

(2) 바이러스 오염

일부 세포에는 원래 내생하고 있는 바이러스, 바이러스 입자 또는 바이러스 항원 등이 존재하기도 한다. 그리고 대부분의 세포배양에 bovine serum이 사용되고 있기 때문에 bovine viral diarrhoea virus (BVDV)가 오염되는 경우도 있다. 바이러스의 오염은 세포의 성장속도에 영향을 미칠 수 있으므로 BVDV test를 비롯한 바이러스 오염 테스트를 수행해야한다 (ECACC Handbook).

바이러스 검사는 다음과 같은 방법을 사용한다.

- **PCR 방법** : 바이러스의 DNA 혹은 RNA 염기의 특정 부위를 PCR(polymerase chain reaction)방법을 통해 검출하고, 이를 통해 배양세포의 바이러스 오염을 확인할 수 있다. HIV-1(human immunodeficiency virus)의 gag region, HTLV-I,-II (human T-cell leukemia/lymphoma virus)의 pol region, EBV(Epstein-Barr virus)의 EBNA-2 gene을 PCR로 검출하여 바이러스 오염 여부를 판단할 수 있다. 또한 HBV(hepatitis B virus), HCV(hepatitis C virus), HHV-8(human herpes-virus-8, Kaposi's sarcoma-associated herpes virus)도 PCR 방법을 통해 검출할 수 있다.
- **ELISA 방법** : 일반적으로 retroviruses가 감염(infection)된 경우 ELISA 방법을 통해 바이러스 오염을 확인하기도 한다. 예를 들어, digoxigenin(DIG)과 바이오틴(biotin-labeled)으로 표식된 dNTP를 역전사효소에 의한 바이러스 DNA 증폭에 사용하여, 이후 합성된 DNA를 streptavidin이 코팅되어 있는 microtiter plate에 흡착시킨 후 anti-digoxigenin 항체와 peroxidase를 이용하여 발색반응의 결과를 ELISA 분석기에서 측정함으로써 바이러스를 검출한다.

(3) 마이코플라즈마(Mycoplasma) 오염

세포배양에 있어서 가장 주의해야할 오염중 하나는 mycoplasma의 오염이다. Mycoplasma의 오염은 육안으로 판단 할 수 있는 특성이 없기 때문에 오염을 쉽게 알아내기 힘들고, 특히 급속하게 주변으로 퍼져나가는 특성이 있기 때문에 하나의 세포주 오염에서 끝나는 것이 아니라 주변의 세포배양 시설 전체에도 영향을 끼칠 수 있으므로 특히 주의해야 한다. 그러므로 주기적으로 mycoplasma 오염을 검사하고, 오염이 확인되는 즉시 배양시설로부터 오염된 세포를 제거해야 한다.

- **Mycoplasma의 생물학적 특성** : Mollicutes 강에 속하는 Mycoplasma는 알려져 있는 종만 100여개 이상이다. Mycoplasma는 숙주 없이 독립생활(free-living)과 자기증식(self-replication)을 하는 가장 작은 원핵생물체이지만, 제한적인 신진대사 능력(metabolic potential) 때문에 진핵생물과 공생한다. 크기는 약 0.3~0.8㎛로 대개는 0.45㎛ filter에서 여과되지 않는다. 세포배양 시 mycoplasma는 세포막 외부에 붙어서 세포 밖의 기생생물(extracellular parasites)로 생활한다. 성장속도는 박테리아보다 상대적으로 느린데, 세대기간(generation time)이 대부분의 경우 1~3 시간이고, 긴 경우는 9시간까지 된다. 이 때문에 배양배지에서 mycoplasma colony를 보기 위해서는 한 주 정도의 시간이 걸린다. 또한 mycoplasma는 세포벽(cell wall)이 없기 때문에 세포벽의 murein 형성을 막아서 작용하는 일반 항생제의 사용으로는 mycoplasma 오염을 방지하기는 어렵다. 세포배양액내에서의 mycoplasma 오염을 제거하기 위해서는 mycoplasma 성장억제제를 첨가한 배양액에서 세포를 2~3주간 배양하여 오염을 제거하기도 한다.
- **Mycoplasma 오염경로** : 일반적으로 세포 제작에 사용된 조직 자체에서 mycoplasma가 감염되는 비율은 1%미만으로 보이며, 가끔씩 세포배양용 시약(배양용 혈청)으로부터 오염되기도 한다. 대부분의 mycoplasma 오염경로는 실험자의 부주의 및 실험과정에서 오염된 실험기구, 배양배지 및 시약의 사용으로 인한 교차오염에 의한 것이다. 또한 mycoplasma는 주변으로 급속하게 퍼지는 성질이 있기 때문에 오염된 다른 배양세포에 의해서 오염이 발생하기도 한다.
- **배양세포에서 주로 발견되는 mycoplasma 종류**: 현재까지 약 20여종 이상의 mycoplasma가 배양세포에서 분리되었다. 하지만 대부분의 종(90~95%)은 mycoplasma와 acholeplasma 종(species)의 일부분인 *M. orale, M. hyorhinis, M. arginini, M. fermentans, M. hominis* or *A. laidlawii*이다. 배양세포에서는 bovine 유래의 mycoplasma(*M. arginini* & *A. laidlawii*)가 높은 비율을 차지하는데 이것은 1960~1970년대에 사용되었던 오염된 FBS에 의한 것으로 보인다. 또 swine에서 유래된 mycoplasma(*M. hyorhinis*)도 관찰되는데 이는 돼지의 췌장에서 추출하는 trypsin에 의한 것으로 보인다. 하지만 대부분의 오염경로는 실험자에 의한 것인데, 정상적인 사람들의 구강에 존재하는 *M. orale*가 배양세포에서 가장 많이 분리되는 것을 통해서도 이를 확인 할 수 있다(Uphoff and Drexler, 1999).

표 8

오염빈도가 높은 마이코플라스마

속종명	검출빈도	숙주
M. orale	20-40%	Human
M. hyorhinis	10-40%	Swine
M. arginini	20-30%	Bovine
M. fermentans	10-20%	Human
M. hominis	10-20%	Human
A. laidlawii	5-20%	Bovine

(Uphott and Drexler, 1999)

- **Mycoplasma 오염의 영향** : Mycoplasma가 오염되면 세포의 기능, 성장, 세포대사, 핵산 및 아미노산 대사, 세포형태, 세포막 등의 변화와 염색체 변형 등 세포주의 특징과 기능에 영향을 미치게 된다(Mirjalili *et al.*, 2005; Kagemann *et al.*, 2005). 또한 이러한 변화로 인해 배양세포를 이용한 연구 결과에도 영향을 미칠 수도 있다.
- **Mycoplasma 검출 방법** : 일반적으로 간접적인 DNA 염색을 통한 검출 방법과 미생물 배양배지에서 colony를 배양하여 검사하는 방법이 주로 사용되고 있으며, 그 외에 짧은 시간 안에 간편하고 정확하게 검출할 수 있는 PCR 방법도 많이 사용되고 있는 mycoplasma 검출 방법이다. 첫째, Indirect DNA stain(Hoechst 33258)을 통한 검출방법은 DNA에 binding 하는 형광색소(fluoroscent dyes)를 사용하여 염색하고 형광현미경으로 관찰한다. adherent cell에는 불리하다는 단점이 있다. 둘째, microbial colony assay는 mycoplasma를 직접 배양하여 검출하는 방법으로 'fried egg' 모양을 형성하는 colony의 생성 유무를 통해 mycoplasma를 검출하게 된다. 실험과정이 쉽고 직접 눈으로 colony를 확인 할 수 있으며, 적은 비용으로 정확하게 검출할 수 있다는 장점이 있지만, 확인하는데 시간이 오래 걸리고(colony 형성까지 3~6일이 소요), M. hyorhinis 같은 종의 경우는 배양 할 수 없다는 단점이 있다. 그리고 크기, 모양, 자라는 속도가 다양하기 때문에 경험적인 판단이 필요하다. 셋째, PCR(Polymerase chain reaction) 방법을 통한 검출방법이 있다. 1989년 처음 발표된 방법으로 mycoplasma의 16S rRNA 염기서열 중에서 mycoplasma 종 특이적으로 보존되어있는 부분을 선택하여 primer를 작성하고, PCR을 수행하여 검출한다. 이 방법은 동결되거나 건조된 시료에도 사용이 가능하다는 장점이 있다

(Rawadi and Dussurget, 1995; Razin, 1994; Uphoff and Drexler, 1999).

- **Mycoplasma 오염 제거 방법** : 오염된 mycoplasma의 제거에는 물리적, 화학적, 면역학적 및 화학치료요법 등 다양한 방법이 있다. 대부분의 경우는 항생제를 사용하여 제거하는 방법을 사용하며, 다음과 같은 항생제가 사용된다.

표 9

마이코플라스마 제거용 항생제

Brand name	Generic nane	Antibiotic category
BM-Cyclin	Tiamulin	Macrolide
	Minocycline	Tetracycline
Ciprobay	Ciprofloxacin	Quinolone
Baytril	Enrofloxacin	Quinolone
Zagam	Sparfloxacin	Quinolone
MRA		Quinolone

(Uphott and Drexler, 1999)

다. 개체 식별법에 의한 교차오염 확인(Authentification)

세포 배양에 있어서 특히 주의해야 하는 오염 중에 하나는 세포주 사이에 발생하는 교차오염(cross-contamination)이다. 세포 간 교차오염의 발생 비율이 18~36%가 된다는 보고가 있을 정도로 교차오염은 세포 배양 중에 비교적 빈번하게 발생된다. 이러한 오염은 잘못된 연구결과를 초래하는 가장 중요한 요인이 된다. 특히 의학, 약학을 포함하는 생물학 연구에 있어서 중요한 자원으로 사용되는 인간유래 세포주(human cell lines)의 경우, 같은 종이나 다른 종간에 발생한 교차오염 때문에 연구결과가 엉뚱하게 나오는 경우가 있을 수 있다. 그러므로 실험에 사용하고 있는 세포에 대한 시료간 개체 일치도 검증(authentication)은 세포주 관리에 있어서 매우 중요한 부분이다. 이를 검출하기 위해 여러 가지 방법들이 개발되어 왔는데, 대표적으로 많이 사용되고 있는 것이 enzyme polymorphisms(isoenzyme analysis), karyotyping(cytogenetic analysis), HLA typing, 그리고 DNA fingerprinting 방법 등이 있다. 최근에는 short tandem repeat(STR)의 profiling을 통해 같은 종 내에서 발생하는 오염 검출에 유용하게 사용하고 있다.

(1) 세포형태 관찰

세포의 형태는 세포의 건강(health) 상태, 분화 상태, 도말된(plating) 세포의 밀도 차이, 그리고 배지와 혈청 조건 등에 따라서 달라질 수 있다. 이러한 여러가지 조건은 세포를 이용한 실험에 있어서 결정적인 역할을 할 수 있다. 그러므로 세포 배양과정에서 주기적으로 세포의 형태를 검사하고 기록하는 것이 중요하다.

(2) Karyotyping(Cytogenetics)

Karyotyping을 통해 세포의 종(species) 뿐만 아니라 염색체 변이도 확인 할 수 있다. 이 방법은 세포가 안정적으로 유지되고 있는지를 확인하기 위해 주기적으로 수행해야 하는 기본적이고 필수적인 검사 방법이다. G-banding(Giemsa staining)이나 fluorescence-in situ-hybridization(FISH) 방법을 사용하여 수행한다.

(3) DNA Typing(유전자 감식, DNA profiling)

DNA typing은 같은 종(species)에서 세포간이나 시료간의 교차오염을 확인하기 위해 사용된다. STRs(short tandem repeats)는 대개 non-coding DNA에 존재하며, 2~7개의 염기가 적게는 몇 개에서 많게는 몇 십 개까지 반복되어 있는 부분을 말한다. 이러한 염기서열의 반복 횟수는 개인에 따라 조금씩 차이가 있는데 이 같은 특징을 이용하여 같은 종 내에서의 개체식별에 STR profiling을 사용한다. 이 부분을 PCR 방법을 통해 증폭하고 증폭된 산물의 크기에 따라 해당 STR 마커의 대립유전자형(allele type)이 결정되며, 이러한 대립유전자형의 조합에 따라 개체를 식별할 수 있게 된다. STR은 대립 유전자의 수가 많지 않아 식별능력이 떨어지는 약점이 있지만, 여러 개의 STR 마커를 함께 사용하여 식별능력을 증가시킬 수 있다. 최근에는 10여개 이상의 STR 마커를 하나의 시험관에서 multi-dye로 labeling된 primer set를 이용해 PCR을 수행하고 이를 한꺼번에 분석할 수 있는 하드웨어 및 소프트웨어 시스템이 개발되어 상용화되고 있다.

(4) 기타 식별 방법

그 외에도 면역형태학적 검사(Immunophenotyping)을 통해 세포의 authentication을 확인하기도 한다. 항체(antibody)를 사용하여 조직 특이적인 단백질 마커의 발현 패턴을 본래의 세포(original cell)에서의 패턴과 비교하여 오염 및 정확성을 확인한다.

참고문헌

Ahn, SJ., J. Costa, and J.R. Emanuel. 1996. PicoGreen quantitation of DNA: Effective evaluation of samples pre- or post-PCR. Nuc. Acids Res. 24: 2623-2625.

Azari S, Ahmadi N, Tehrani MJ, Shokri F. (2007) Profiling and authentication of human cell lines using short tandem repeat(STR) loci: Report from the National Cell Bank of Iran. Biologicals 35: 195-202.

Beck JC, Beiswanger CM, John EM, Satariano E, West D.(2001) Successful transformation of cryopreserved lymphocytes: a resource for epidemiological studies. Cancer Epidemiol Biomarkers Prev. 10(5):551-554.

Bielanski A, Bergeron H, Lau PCK, Devenish J. (2003) Microbial contamination of embryos and semen during long term banking in liquid nitrogen. Cryobiology 46:146-152.

Chen HI, Tsai CD, Wang HT, Hwang SM. (2006) Cryovial with partial membrane sealing can prevent liquid nitrogen penetration in submerged storage. Cryobiology 53:283-287.

Cobo F, Corte JL, Cabrera C, Nieto A, Concha A. (2007) Microbiological contamination in stem cell cultures. Cell Biology International 31: 991-995.

Combon-Thomsen A.(2003) Comparative and functional genomics 4: 628-634.

ECACC Handbook: "Fundamental Techniques in Cell Culture: a laboratory handbook",http://www.sigmaaldrich.com/life-science/cell-culture/learning-center/ecacc-handbook.html).

Hofstadlera SA, Sampath R, Blyn LB, Eshoo MW, Hall TA, Jiang Y, Drader JJ, Hannis JC, Sannes-Lowery KA et al., (2005) TIGER: the universal biosensor. International Journal of Mass Spectrometry 242: 23-41.

http://ccr.coriell.org/Sections/Support/Global/QCgenotype.aspx?PgId=412

http://www.cstl.nist.gov/div831/strbase/fbicore.htm

http://www.dsmz.de/human_and_animal_cell_lines/main.php?content_id=86

http://www.ecacc.org.uk/

ISBER(2008) 2008 Best Practices for Repositories Collection, Storage, Retrieval and

Distribution of Biological Materials for Research. CELL PRESERVATION TECHNOLOGY. 6(1): 5~58.

John M. Butler,1 Ph.D. Genetics and Genomics of Core Short Tandem Repeat Loci Used in Human Identity Testing. J Forensic Sci, March 2006, Vol. 51, No. 2:253-265.

John Ryan. (2002) Understanding and Managing Cell Culture Contamination Technical Bulletin 2002 Corning Life Sciences

Kagemann G, Henrich B, Kuhn M, Kleinert H, Schnorr O. (2005) Impact of Mycoplasma hyorhinis infection on L-arginine metabolism: differential regulation of the human and murine iNOS gene. Biol Chem. 386(10):1055-63.

Mastersa JR, Thomsonc JA, Daly-Burnsa B, Reidd YA, Dirkse WG, Packerf P, Tojig LH, Ohnoh T, Tanabei H, Arlettj CF, Kellandk LR, Harrisonl M, Virmanim A, Wardn TH, Ayreso KL, Debenhamc PG. (2001) Short tandem repeat profiling provides an international reference standard for human cell lines. PNAS 98(14):8012-8017.

Mirjalili A, Parmoor E, Moradi Bidhendi S, Sarkari B. (2005) Microbial contamination of cell cultures: A 2 years study. Biologicals 33:81-85.

Morris GJ. (2005) The origin, ultrastructure, and microbiology of the sediment accumulating in liquid nitrogen storage vessels. Cryobiology 50:231-238.

NCI 가이드라인(2007) NCI Best Practices for Biospecimen Resources(NCI Best practices)'

Patel JB. (2001) 16S rRNA Gene Sequencing for Bacterial Pathogen Identification in the Clinical Laboratory. Molecular Diagnosis 6(4):313-321.

Pincus DH, Orenga S, Chatellier S. (2007) Yeast identification - past, present, and future methods. Medical Mycology March 45:97-121.

Rawadi G, Dussurget O. (1995) Advances in PCR-based detection of mycoplasmas contaminating cell cultures. PCR Methods Appl. 4(4):199-208.

Razin S. (1994) DNA probes and PCR in diagnosis of mycoplasma infections. Mol Cell Probes. 8(6):497-511.

Roderick A.F. MacLeod, Wilhelm G. Dirks, Yoshinobu Matsuo, Maren Kaufmann,

Herbert Milch, Hans G. Drexler. Widespread intraspecies cross-contamination of human tumor cell lines arising at source. International Journal of Cancer(1999) 83(4):555-563.

Uphoff CC, Drexler HG. (1999) Detection of mycoplasma contaminations in cell cultures by PCR analysis. Hum Cell. 12(4):229-36.

Woo JG, Sun G, Haverbusch M, Indugula S, Martin L, Broderick JP, Deke R, Woo D.(2007) Quality assessment of buccal versus blood genomic DNA using the Affymetrix 500K GeneChip. BMC Genetics 8:79.

4

바이오뱅크 자동화

4.1 바이오뱅크 자동화의 의의

바이오뱅크는 잘 정리된 인체자원과 관련 데이터들의 총합체로서 특히 장기간 추적조사가 이루어지는 종적 임상 연구(longitudinal clinical studies)의 핵심 매체라고 할 수 있다. 약물부작용이나 환경적 인자에 대한 반응성 등을 장기간 추적함으로써 얻어지는 이러한 귀중한 종적 데이터들은 인체자원과 임상정보가 명료하게 연계되어야만 연구결과의 정확한 분석이 가능하게 된다. 이러한 연구분석 과정에서 개별 인체자원 정보의 정확성에 대한 중요도는 매우 높다. 예를 들어, 인체자원의 수집 및 관리 과정에서 자원보관용기에 수작업으로 식별자를 표기하거나 관련 정보를 키보드를 통해 컴퓨터에 입력함으로 인하여 식별자를 잘못 입력하는 오류를 범하게 되었을 때, 최종적으로 인체자원을 활용하는 연구자는 연구결과에 근본적인 오류를 내포하게 되는 문제를 초래하게 된다. 또한 복잡한 구조를 가진 다량의 정보를 디지털화하기 위한 입력방식으로 키보드를 사용하게 되면 입력 속도가 느리며 사용자의 많은 노력을 요구하게 되므로, 결과적으로 물리적 객체의 정보들을 수작업으로 디지털화하는 것은 많은 처리 시간과 오류를 발생시킨다는 단점이 있다.

현대는 정형화된 생산이나 업무 절차를 수행함에 있어서 보다 정확도를 높이고 처리속도를 향상시키기 위해 로봇이나 컨베이어 라인과 같은 기계와 정보화기기를 업무처리에 도입하여 인간이 해야 할 일을 대신하고 있다. 20세기 초부터 연구와 도입이 진행된 자동화기술은 이제 정형화된 생산 측면에서 속도와 오류의 최소화가 인간의 처리 능력을 앞서고 있다. 바이오뱅킹에 가장 중요한 요소로 볼 수 있는 처리과정의 오류 최소화는 자동화기술을 도입함으로서 인간의 직접 처리보다 정확성, 신속성을 높여 자원관리, 자원정보 및 관련 임상 데이터의 상호 연계를 효율적으로 이룰 수 있다.

바이오뱅킹 자동화는 인체자원의 생산에서 분양까지 일체의 활동을 효율적, 유기적으로 결합시켜 보존자원의 질적 향상과 정보수집의 정확성, 신속성을 증진시키는 것을 목적으로 한다. 자동화의 개념은 제조업 생산공정의 자동화에서 비롯된 것으로, 이를 바이오뱅킹에 도입한 것이다. 바이오뱅킹 자동화에서는 자원정보를 컴퓨터가 직접적으로 인식하기 위한 자동인식(automatic identification) 기술, 종이에 기록된 내용을 읽어서 컴퓨터가 처리하게 하는 문서 판독기술, 컴퓨터와 각종 계측제어장비, 로봇암 등을 이용하여 인체자원을 저장시설에 자동저장하고 찾아 주는 시스템 기술 등의 다양한 기술이 활용되고 있다. 바이오뱅킹 자동화는 대규모의 예산을 투자하여 일관된 완전 자동화를 도입하는 형태도 있지만, 경제여건의 변화에 따라 단위 부분의 자동화 방식을 취하고, 숙련된 전문 인력을 투입하여 다양한 종류의 자원을 소량 생산하면서 빈번한 공정변경에 적절히 대처할 수 있는 유연성을 갖추는 형태가 보편적이라 할 수 있다.

이 장에서는 보편적 바이오뱅크 자동화기술에 중점을 두고 기술한다. 먼저 처리되는 자원 정보를 컴퓨터가 손쉽게 인식하기 위하여 사용되는 여러 가지 기술에 대해 알아보고, 국내외에서 추진하고 있는 바이오뱅킹 자동화 도입사례를 소개한다. 마지막으로 바이오뱅킹 자동화기술 중에서 가장 많이 고려되고 있는 바코드를 도입하고자 하는 바이오뱅크에서 고려해야 할 현실적인 문제가 무엇이고 어떻게 해결해야 하는지의 방향을 제시한다.

4.2 자동인식기술(automatic identification)

유사 이래 인간들은 수많은 정보를 수집하고 이를 기반으로 새로운 정보들을 만들고 활용해 왔다. 문화의 발전 역시 정보체계의 발전과 함께 했다고 해도 과언이 아니며, 정보 인식은 다양한 분야에서 필수 불가결한 요소로 사용되어왔다. 이러한 정보 인식은 그림 1과 같이 개체 인식(Identification)과 상황 인식(Awareness)으로 나누어 생각해 볼 수 있다. 개체 인식이란 사물 자체의 존재 유무에 대한 인식과 그 사물이 무엇인지 다른 사물과 어떻게 다른지를 구별해 내는 것이다. 이때의 정보량은 개체 자체에 대한 이름표 정도로 표현할 수 있기 때문에 상대적으로 적은 정보량으로 처리할 수 있다. 반면 상황인식은 상태에 대한 인식과 그것이 어떤 의미를 갖는지 판단해야 하며 이를 처리하기 위해서는 개체 인식보다 훨씬 많은 양의 정보가 필요하다. 보통 개체에 대한 인식의 정보량이 많이 축적되면 이를 활용하여 각 정보에 대한 의미를 부가하게 되고 또한 서로 다른 개체 인식 정보들이 결합되어 점점 상황 인식 단계로 발전하게 되는 것이 정보 인식 과정의 흐름이다. 컴퓨터나 기계를 이용할 때에도 개체 인식과 상황 인식은 동일하게 적용된다.

초기에 수기 인식으로 이루어지던 인식방법은 컴퓨터 시스템이 널리 보급 운영됨에 따라 점차 자동 인식 체계로 진화하게 되었다. 현재 가장 대표적으로 널리 쓰이고 있는 자동 인식 방법은 바코드(Barcode) 시스템이며, 최근 유비쿼터스(Ubiquitous) 컴퓨팅의 개념이 대두되면서 각광을 받고 있는 자동 인식 기술로는 초소형 반도체에 식별정보를 입력하고 무선주파수를 이용하여 칩이 부착된 물체를 판독, 추적, 관리할 수 있는 기술인 RFID (Radio Frequency Identification) 기술과 금융 지불 및 보안 분야에서 사용되고 있는 스마트 카드 그리고 일상 생활에서 흔히 볼 수 있는 신용카드에 사용되는 마그네틱 카드 기술 등이 있다. 특히 RFID는 기업 환경의 자동화 시스템 분야 뿐 아니라 물류, 유통, 조달, 군사, 식품, 안전 등 모든 분야에서 널리 응용되어 유비쿼터스 컴퓨팅 환경의 핵심 기술로 각광받고 있다.

그렇다면 인체자원의 자동 인식에 가장 적합한 자동인식 매체는 어떤 것일까? 인체자원의 특수성은 여러 가지가 있겠지만 적합한 자동인식 매체를 선택하는데 있어서 많은 고려사항을 필요로 하지는 않는다. 인체자원은 각 시료의 특성에 따라 액체질소탱크(−196℃)와 초저온냉장고(−75℃)에 보존되고 있고, 보관용기가 매우 작은 제약조건을 가지고 있음을 고려해야한다. 또한 전자태그 기반의 RFID나 스마트 태그는 극저온에서는 부품 소자의 수축 현상으로 제품 파손이 일어나고 자원보관용기에 부착이 가능한 초소형 크기의 태그가 존재하지 않으므로 현재로서는 부적합하다. 그러나 바코드는 전자태그 기반이 아니고 식별하고자 하는 객체에 인쇄하는 기술이기 때문에 정보가 저온에서 견디고 시료를 담는 용기에 충분한 양의 정보를 담을 수 있는 기술이 현존하므로 인체자원의 자동 인식을 가능하게 하는 유용한 매체로 평가받는다.

가. RFID

(1) RFID의 개요

2003년 이후부터 신문잡지 등에서 RFID에 관한 뉴스가 자주 거론되고 있다. RFID란 자동 인식 기술 중 하나로서, '카드형 또는 태그형 매체에 전파를 이용하여 데이터를 기록 또는 판독하여 안테나를 통해 통신하는 인식 방법'으로 정의하고 있다. RFID 시스템은 인식하고자 하는 대상물에 장착하는 IC칩이 매립된 태그 및 그 태그가 보유한 데이터를 떨어진 곳에서 전파를 이용하여 읽고 쓰기 위한 리더/라이터로 구성된다. 여기에서 태그는 '무선 IC 태그'라고 부르기도 하며, 보유 데이터를 읽고 쓸 수 있는(Read/ Write) 타입과 판독 전용(Read Only) 타입이 있다. 또한 태그와 리더라이터 사이에서 통신을 하기 위해서는 태그에 대한 전원공급이 필요한데, 그 전원공급을 비접촉 IC 카드와 마찬가지로 외부에서 실행하는 '패시브' 타입과 태그 자체에 전지가 탑재된 '액티브'타입으로 크게 나눌 수 있다. 태그의 형태는 IC 카드처럼 일정하지 않고 사용되는 애플리케이션에 따라 여러 가지 형태(원반형, 라벨형 등)로 가공된다. 예를 들어 최근 고속도로 또는 터널의 자동 통행료징수(Automatic Fare Collection) 시스템에 설치, 응용되고 있고, 일본에서도 고급 자동차의 도난을 방지하기 위해 자동차 키에 IC 칩을 내장하는데, 이것도 무선 IC 태그의 일종이다.

(2) RFID의 보급과 과제

자동 인식 기술 중에서도 인체자원 관리 효율성을 가져다 줄 기술은 바코드 기술이다. 최근 IT 분야에서 유비쿼터스 시대를 선도할 기술로 RFID, 스마트 카드 등의 매체를 뽑고 있지만 전자태그 기반 기술의 이면에는 상황에 따라 달라질 수 있는 태그 인식률, 사생활 침해나 보안과 관련된 논란, 실용화하기에는 고가의 태그 가격 등 해결해야 할 과제가 산적해있고 인간의 건강과 생활을 다루는 인체자원에 접목하기에 아직까지는 기술 검증이 충분치 않은 상태이다. 그에 비해 바코드 기술은 끊임없이 다양한 산업분야에 도입되면서 다양한 형태로 연구가 진행되고 그 기술이 검증된 상태이다. 최근 각광받는 RFID도 기술의 오작동이나 파손을 보완하기 위한 최적의 솔루션이 바코드 기술이라고 평가받기도 한다. 예를 들어 기존의 바코드 라벨 뒷면에 RFID 태그가 내장된 형태의 스마트 라벨(Smart Label)의 연구는 특정 물건에 RFID 태그를 부착한 후 리더를 통해 데이터 처리를 아무리 잘 해낸다 하더라도 기하학적인 패턴만을 지니고 있는 RFID 태그를 사람이 육안으로 판별할 수 없기 때문에 그 보완 기능이 동시에 사용되어야 한다는 점을 착안하여 사용되고 있으며, RFID의 오작동을 보완하는 기술인 RFID/2D 혼합코드 연구도 바코드 기술의 장점 요소를 부각시키는 맥락에 있다. 유비쿼터스 시대에 전자태그 기반의 기술이 보편화 된다고 하여도 바코드 매체는 구시대적 유물이 아닌 다른 기반기술을 보완해주는 요소로 사용될 것이고, 적어도 인체자원과 관련해서는 매우 유용한 기술로서 각광받을 것이다.

나. 바코드(Barcode)

바코드는 1932년에 미국 월러스 프린트(Wallace Flint)가 하버드대학교에서 발표한 '수퍼마켓의 계산 자동화'에 대한 논문을 그 효시로 전자산업의 눈부신 발전에 힘입어 바코드를 인식하는 장비(Scanner & Decoder)들이 급속도로 개발 보급되면서, 실질적으로 이를 필드 테스트에서 사용했을 때에 나타나는 문제점이 속속들이 해결되어왔다. 대부분의 바코드는 인쇄되는 재질에 큰 영향을 받는다. 또, 레이저를 통해서 정보를 읽어들이기 때문에 굴곡면이나 잘못 인쇄된 것에 대한 인식률에 대한 고려도 필요하다. 때문에 이론적인 바코드 시스템과 실제 필드 테스트에서의 인식률에 차이가 나고 예상치 못한 오류들도 발생하게 되는 것이다. 또한 바코드를 사용할 때에 특정 목적에 맞게 바코드를 설계해야 하므로 세심한 고려도 필요하다.

하드웨어 측면에서 인체자원은 초저온 냉동 보관되고, 바코드를 표현하기에는 표면적이 작은 용기를 사용하기 때문에 개별용기에 바코드 라벨링 할 수 있는 기술의 확보가 쉽지 않음을 언급한 바 있다. 그 외에도 인체자원이 시료 용기에 담긴 상태로 동결 보존된 상태를 가정했을 때, 더욱 난해한 문제를 낳는다. 대다수의 동결 보존된 시료는 해동과정 직후 재동결을 하면 생존 능력(Viability)이 급격히 떨어져 연구목적으로 사용이 불가능해지는 특성을 갖는다. 동결보존 중에 있는 세포의 경우 해동(thawing)시 적절한 절차를 따르지 않는다면, 세포에 치명적인 손상을 입히게 된다. 따라서 세포 해동절차에 적합한 시료 라벨링 기술이 필요하다.

(1) 바코드의 역사

물품이력관리를 위해서 최초로 공산품의 목록화 개념이 도입된 것은 1932년 Wallace Flint

에 의해서였다. 그는 구멍을 뚫어놓은 펀칭카드를 상품목록에 붙여놓음으로서 상품의 목록을 관리하는 시스템을 고안하였다. 이후, 막대모양의 코드형식으로서 미국에서 최초로 특허등록된 바코드는 1952년 Joseph Woodland와 Bernard Silver에 의해서 개발된 일명 황소의 눈(bull's eye code)으로서, 이것은 원 모양안에 여러개의 동심원을 그려넣어 상품별로 코드를 부여하였다. 그 후 1970년에 UGPIC(Universal Grocery Products Identification Code)가 Logicon Inc에 의해 개발되었으며, 드디어 1973년 미국 식료품업계의 표준 물품이력 관리를 위하여 미국 식료품 특별위원회가 결성되었다. 이 위원회에서 1973년 4월에 IBM에서 제안한 UPC(Universal Product Code)가 제정되어 현재의 바코드 체제로 발전되었다. 그리고 현재는 바코드의 특허권은 세계적인 컴퓨터회사인 IBM사가 가지고 있다. UPC 바코드 이외에 코드화 방법은 CODABAR, MSI, 코드39, 한국공통상품코드(KAN), 일본공통상품코드(JAN) 등이 있으며, 일반적으로 사용되는 바코드는 가로 3.73cm, 세로 2.7cm 크기를 표준으로 0.8~2배까지 축소, 확대할 수 있다. 우리나라는 1988년 EANA(European Article Numbering Association)로부터 국가코드를 부여받아 한국유통정보센타에서 각 제조업체 코드를 등록하여 상품에 바코드 심볼을 부착하고 있다. 그리고 한국에서 사용하는 KAN 코드에는 표준형 13자리와 단축형 8자리의 2가지가 있다.

표 1

한국 공통상품 코드(KAN) 체제

형태	구분	자리수	설명
표준형	국가코드	3자리	국가를 식별하는 코드로 우리나라의 경우 "880"을 사용
	제조업체코드	4자리	제조원 또는 판매원에 부여하는 코드로 각 업체를 식별하는 코드
	상품품목코드	5자리	제조업체코드를 부여받은 업체에서 자사의 상품별로 식별하여 부여하는 코드
	체크디지트	1자리	바코드의 오류를 검증하는 코드로 앞의 12자리를 조합하여 나오는 코드
단축형	국가코드	3자리	국가를 식별하는 코드로 우리나라의 경우 "880"을 사용
	제조업체코드	3자리	표준형을 취득한 업체에 한하여 부여하는 3자리 코드
	상품품목코드	1자리	상품식별을 위한 코드로 10개의 코드를 사용할 수 있음
	체크디지트	1자리	앞의 7자리를 계산하여 나오는 오류 검증 코드

(2) 바코드의 종류

시료추적시스템으로서 활용될 수 있는 바코드 시스템의 종류로는, 1-D/2-D바코드, DNA 바코드, GenCode 및 나노바코드(nanobarcode) 등이 있다.

- **1차원 바코드(1-D)과 2차원(2-D) 바코드** : 바코드는 그림 1과 같이 현재 우리가 흔히 볼 수 있는 1차원 바코드와 2차원 바코드가 있다(그림 1). 1차원 바코드는 바(검은 막대)와 스페이스(흰 막대)의 조합 및 배열에 의해 숫자나 간단한 문자를 표현하는 가로방향의 선형코드이다. 정보를 가로방향(X방향)의 바(Bar)로만 배열하고, 세로 방향으로는 담고 있지 않아 정보의 저장용량이 제한적인 면이 있지만 빠른 판독 속도와 정확성으로 인하여 상품의 유통 및 물류 분야에 광범위하게 보급, 사용되고 있다. 2차원 바코드는 양방향(X방향, Y방향)으로 정보를 배열시켜 평면화시킨 점자식 또는 모자이크식 코드를 말하며, 기존의 1차원 바코드가 가지는 문제점인 정보표현의 제한성을 보완하기 위하여 개발되었다. 2차원 바코드는 1차원 바코드의 약 100배 이상의 고밀도 정보를 작은 사각형 안에 2차원 형태의 심볼로 코드화가 가능하며, 문자, 숫자 등의 텍스트는 물론 그래픽, 사진 등 다양한 형태의 정보를 바코드 안에 담을 수 있는 장점이 있다. 현재 약 20여종의 2차원 바코드가 개발되어 사용 중에 있으며, 국제표준 규격으로 지정된 것은 PDF417, DataMatrix, MaxiCode, QR Code 4종류가 있다.

  시료 보관용기에 담고자하는 정보량에 따라 1, 2차원 바코드 2가지 모두 사용하고 있다. 표현하고자 하는 정보량이 적은 경우는 1차원 바코드를 사용하여 10자리 내·외의 정보를 표현하며, 시료 용기 표면적이 협소한 특성 때문에 2차원 형태의 바코드를 사용하여도 약 50~100여 자리의 정보가 표현 가능하다. 특히 최근 들어 인체자원과 관련한 정보표현은 2차원 바코드를 많이 사용되고 있는데, 표현 가능한 정보량이 많은 장점도 있지만 정보가 훼손되더라도 상당 부분 복구가 가능할 정도로 인식률이 탁월하여 냉동 보관중인 시료가 상온에 노출되어 결로현상이 일어나는 경우에도 정보 인식이 비교적 빨리 되기 때문이다. 또한 인체자원이 만들어지는 과정과 보관되어지는 과정에 기관 사이에 이동이 있을 때 바코드 자체에 많은 정보를 담고 있어 이동형 데이터(Portable Data File)의 기능과 상호 연동되어 있지 않은 전산 시스템 사이에서 데이터 교환의 가교 역할을 할 수 있는 데이터 브릿지(Data Bridge)의 기능을 동시에 할 수 있기 때문이다.

그림 1 바코드의 모양과 구성

- **생체바코드 (DNA Barcode)** : 생명체의 유전정보는 DNA속에 암호화되어 있는데, 이러한 DNA는 아데닌(A), 티민(T), 구아닌(G), 시토신(C)의 4종류의 염기(base)로 나뉘어져 있다. 모든 생물체는 이러한 A·T·G·C 4종류의 염기의 배열방법이 생물의 종류와 종에 따라 제각기 다른 배열방법을 갖는 특징이 있다. 생체바코드는 생물의 종류를 분간하기 위하여 생물체마다 각기 독특하게 차이가 나는 DNA 염기서열정보를 말한다. DNA 바코드화 방법은 우선, 종 분류에 사용되는 기준유전자(reference gene)를 설정한 다음, 종 분류 대상이 되는 생물체들을 대상으로 기준 유전자의 염기서열 정보를 대규모로 탐색함으로써 미지의 개체에 대해서 속종명(genus, species names)을 부여할 수 있게 할 뿐만 아니라 새로운 종을 발굴할 수 있게 한다.

  생체바코드에 이용될 수 있는 분자물질로는 allozymes, 리보좀 DNA(rDNA), 미토콘드리아 DNA(mtDNA) 등이 있다. 이중에서 가장 연구가 많이 되어 있는 후보물질로는 mtDNA의 Cytochrome C Oxidase I(COI)이다(그림 2). DNA 바코드 체제에 사용되는 COI은 648개 염기쌍으로 되어 있으며, 이들의 염기서열이 각기 생물에 따라 다르고, 생물 종에 따라서 다르며, 중복되지 않으므로 종분류 식별자(species identification)로 사용할 수 있다고 제안하였다(Hebert *et al.*, 2004; Stoeckle *et al.*, 2003). 이 식별자를 표현하기 위하여 2차원 바코드를 매체로 사용하였으며 A·T·G·C 값을 이용하여 4진수의 연속된 정보를 담아 정보처리가 원활하게 하는 특징을 갖고 있다. 최초 논문 발표이후, 제안된 내용을 기반으로 하는 각종 동식물에 대한 실험연구가 진행되었다. DNA 바코두를 활용하여 새의 종분류에 대한 실험연구가 발표되었고, 개화 식물에 대한 종분류, 고대 생물에 대한 종분류 등의 연구가 진행되었다. 미토콘드리아의 COI 고속처리능에 적합한 DNA 바코드체제의 기준유전자가 될 수 있는 특성으로는 아미노산 서열의 변화가 거의 없으며 더불어 PCR증폭용 primers 응용성이 뛰어나지만, 또한 이런 특성이 종간의 더 세밀한 유연관계속에서는 종간 분별력의 한계를 초래하는 이유가 되기도 한다. 현재 실험연구를 통해 검증된 DNA 바코드의 유용성이 인정되어 국제적으로 생물의 종판별 표준시스템이 정착되어 있으며, 유전자신분증제도(barcode of life)를 실용화하기 위하여 인체자원 식별정보를 DNA 바코드화하여 등록저장하는 시스템을 웹을 통해 일반인에게 공개하고 있다(http://www. barcodinglife.com).

한편, mtDNA 등의 유전자를 이용한 DNA바코드는 근본적인 모순을 내포하고 있다고 볼 수 있다. 본래 '바코드'라고 하는 것은 슈퍼마켓의 제조품에 붙어 있는 바코드처럼, 한번 정해진 바코드는 변하지 않을 뿐만 아니라 변이체라는 것도 존재하지 않는다. 그러나 DNA 바코드는 DNA 염기서열에 근간을 두고 있음으로 돌연변이 등에 의해 시간이 흐르면서 변할 수도 있다. 따라서 "DNA 바코드"는 용어 자체가 모순된 내용을 담고 있다고 볼 수 있다. 그러므로 종간 분류를 위해서 유전자 염기서열을 사용하는 바코드 체제는 '생체코드' 혹은 'biocode'라는 용어가 더 적절할 수 있다.

미토콘드리아 COI 염기서열을 생체바코드로 활용하는 것에 대한 반론도 있어왔다. 특정 유전자 염기서열이 생체바코드로 사용되기 위해서는 진화론적인 시간속에서 염기서열이 빠르게 변화하여 왔던 유전자여야 한다. 그래서 종간의 유전자 분화가 분류학적 관점에 의해 분류된 종간 분화보다 더 커야만이 종간을 식별(species identification)하는데 효과적일 것이다. 그러한 관점에서 식물의 종을 구분하는 생체바코드로서 역시 미토콘드리아 COI가 사용되기는 하지만, 최근에는 COI의 종간 분화정도보다 훨씬 더 분화가 많이 되어 있는 유전자들이 식물의 종간식별을 위해서 사용되어야 한다는 주장이 있다. 식물의 생체바코드로 제안된 후보 유전자들은 matK, atpF/H, rpoC1, rbcL과 같은 유전자와 trnH-psbA, psbK/I 등의 space(유전자와 유전자 사이의 시퀀스) 등이 제안되었다.

그림 2 Mitochondrial cytochrome oxidase I (COI)의 염기서열을 이용한 생물바코드

● **GenCode** : 일반적으로 시료에 부여된 고유번호는 시료보관 용기의 표면에 표식자(label)를 부착하거나 손으로 직접 수기함으로써 시료의 ID(identification)를 표시하여 관리한다. 그러나 GenCode는 시료보관 용기에 표식자를 붙이는 것이 아니라 시료자체를 표식(labeling)하기 위하여 GenValut 회사(http://www.genvault.com)에 의해 고안된 DNA-based sample tracking 시스템이다(그림 3). GenCode는 n 세트(n sets)의 oligonucleotides로 구성되어 있으며, 각 세트안에는 길이와 염기서열이 서로 다른 50bp, 60bp, 70bp, 80bp, 90bp-짜리인 5개의 oligonucleotides가 포함될 수 있다. 각 세트별로 0~5개까지 oligonucleotides가 임의의 조합으로 포함되도록 하였고, 이러한 oligonucleotides들은 각 세트별로 세트 숫자만큼의 다중증폭(multiplex PCR)후 전기영동을 수행하여 oligonucleotide의 크기와 개수를 셈으로써, PCR 밴드의 유무(이진수 "1" 혹은 "0")에 따라 이진법의 바코드가 생성된다(그림 3). 이렇게 생성된 이진수를 십진수로 변환하여 시료와 plate의 고유번호를 부여하게 된다. GenCode에 사용된 각각의 oligonucleotide는 인간유전자 염기서열과의 상보성이 없도록, 애기장대풀(Arabidopsis thaliana) 유전자의 염기서열로부터 고안되었다. GenCode의 oligonucleotide 세트 숫자를 늘릴수록 GenCode 체계로 표식할 수 있는 샘플의 개수는 무한하지만, 6개 세트(각 세트별 5개 oligonucleotides × 6 세트 = 30개 oligonucleotides)로 GenCode를 구성할 경우에는 약 10억개의 ID가 생성될 수 있다.

이러한 GenCode는 FTA 여과지를 이용한 시료의 건식 실온보관에 이용되고 있다. Oligonucleotides 조합의 GenCode가 흡착된 FTA 여과지(6mm disc)에 직접 혈액이나 DNA용액을 흡착시켜 장기 보관하는 경우, 별도로 여과지나 plate의 well을 표식할 필요 없이 DNA용액 자체를 표식할 수 있게 된다.

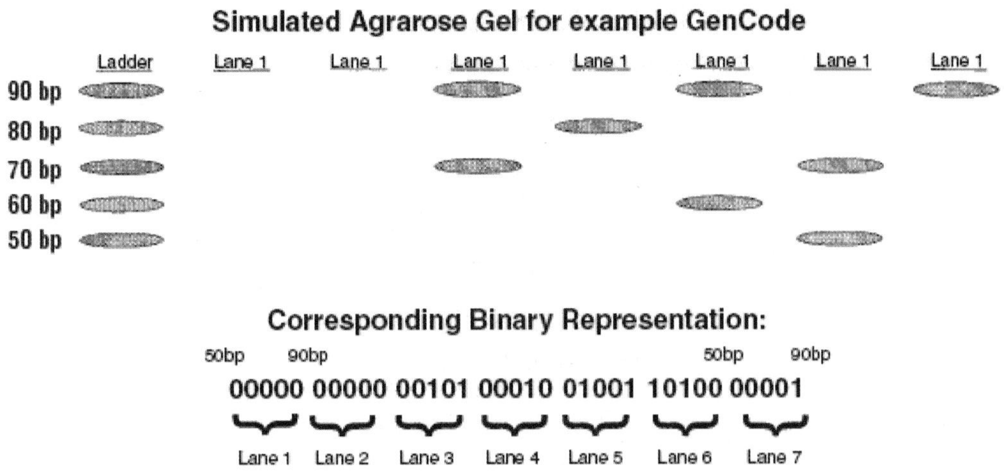

그림 3 **PCR 증폭에 의한 GenCode 생성 원리**. 각 세트의 oligonucleotides가 각각의 PCR 반응에 의해 다중 증폭(multiplex PCR) 산물은 각 lane에서 PCR 밴드 생성유무로확인되며, 밴드 유무에 따라 이진수가 생성됨 (Davis et al., 2005).

- Nanobarcode : 분자크기의 극미세 물질을 가공하는 것은 21세기 과학기술의 주요 도전 과제중의 하나이다. 분자 혹은 거대분자들을 마음대로 제어할 수 있다면 컴퓨터과학이나 메모리칩의 성능을 획기적으로 발전시킬 수 있을 것이고 재료공학, 의생물학 분야 등에 응용될 수 있다. 나노기술이 발전함에 따라 이제 DNA를 나노구조물이나, 나노기계학 장치 및 분자컴퓨팅시스템을 구성하는 유용한 물질로 이용할 수 있게 되었다.

DNA를 이용한 나노바코딩 기술은 자가조립된 DNA 격자구조모양(self-assembly DNA tiling lattices)으로부터 생성되는 나노단위의 독특한 모양에 따라 바코드를 부여하는 시스템이다(Yan *et al.*, 2003). 이러한 나노바코드 시스템에서는 단일가닥의 합성 DNA분자가 타일구조(DNA branched motif building blocks)로 자가조립(self-assemble)되며, 이렇게 형성된 DNA 타일은 다른 DNA 타일의 끝자락과 결합할 수 있는 sticky ends를 가질 수 있어서, 연이은 타일격자구조(tiling lattices)를 계속해서 만들어 갈 수 있다(그림 4). 이러한 격자구조는 DNA 가닥의 자가조립패턴(self-assembled pattern)에 따라 머리핀고리(hair-pin loop) 구조를 형성하며, 원자현미경(atomic force microscopy, AFM)에 의해 이 머리핀고리 모양의 유무를 판독한 후, 이진법에 의해 바코드로 숫자화 하게 된다. 나노바코드의 원형(prototype)은 75nm 크기의 격자속에 5개의 이진법 코드로 되어 있다(그림 4).

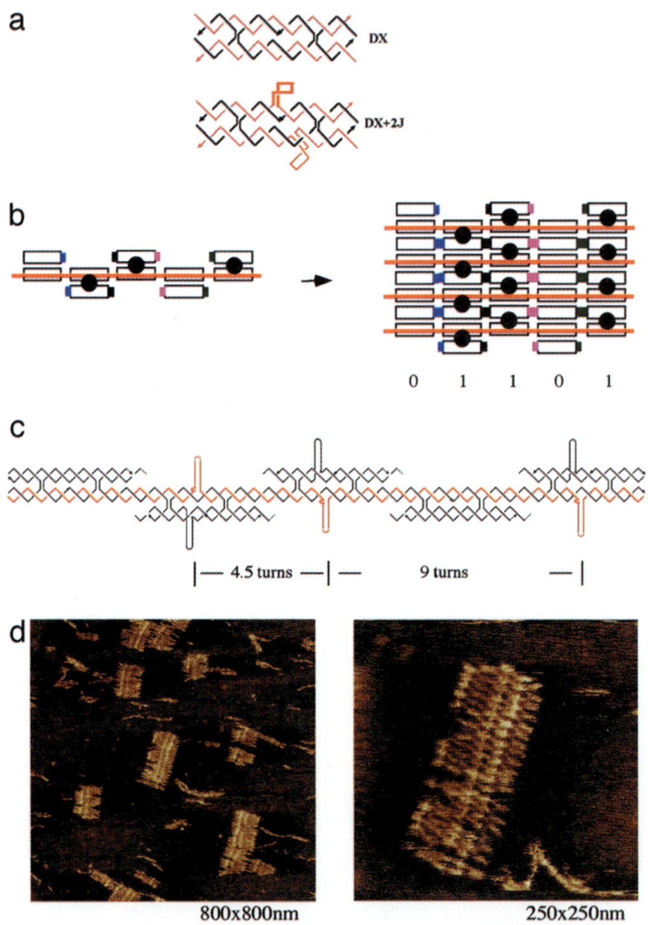

그림 4 자가 조립된 **DNA** 격자구조모양으로부터 생성되는 나노바코드(**Self-assembly of 01101 barcode lattice around scaffold DNA strand**). (a) Two types of DNA tiles. (b) Schematic of self-assembly of barcode lattice layers based on DAE tiles around a scaffold strand. (c) Strand structure of one barcode layer. (d) AFM (atomic force microscopy) visualization of DNA barcode lattice (01101). (Yan *et al.* 2003)

또 다른 나노바코드는 SurroMed 회사에 의해 개발되었는데, 실린더모양의 줄무늬 금속 나노입자('striped' metal nanoparticles)로 구성되어 있다. 이러한 줄무늬들은 금(Au)과 은(Al)의 서로 다른 금속으로 구성되어 있고, 너비와 금속조성을 다양하게 함으로써 많은 수의 바코드를 만들 수 있다. 즉, 마이크로미터 크기 이하의 다중금속 막대의 줄무늬 모양에 따라 암호를 부여할 수 있다. 일정한 크기의 세공(pores)이 새겨진 모형(template)속으로 금속이온을 전기화학적으로 침적시키면 복잡한 줄무늬 패턴이 만들어진다(그림 5). 이렇게 만들어진 줄무늬들은 인접한 줄무늬들 사이에서 서로 차별적인 반사빛(reflectivity)이 생기고 이러한 신호는 광학현미경에 의하여 판독이 가능하다. 이러한 생성된 입자에 형광물질을 결합시켜 놓았을 때에도 반사빛에는 영향을 받지 않으므로 DNA 및 단백질 측정실험에 응용이 가능하다. 따라서 이러한 금속형 바코드는 생화학적 분석기술에 있어서 탐색하고자 하는 생체지표를 태깅함으로써 다중분석시스템을 소형화하는데 이용될 수 있다. 그러므로, 이러한 줄무늬 금속 나노입자는 금속형 바코드로 이용되거나 적은 부피의 시료에서 여러 가지 분석실험을 하는데 이용될 수 있다(Nicewarner-Pena *et al.*, 2001).

(A)

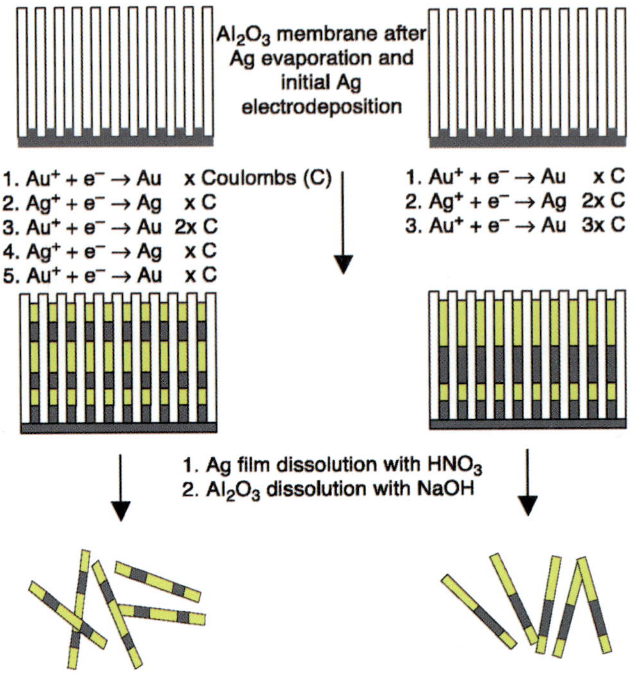

(B)

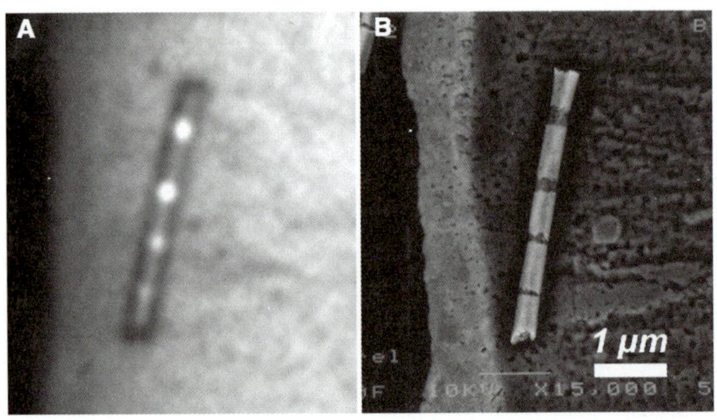

그림 5 미세마이크로 메탈 바코드 **(Submicrometer metallic barcodes)**. (A) The synthesis of barcoded particles. (B) Optical (left image) and field-emission scanning electron microscopy (FE-SEM) (right image) images of an Au-Ag multistripe particle with ~550-nm Au stripes and Ag stripes of 240, 170, 110, and 60 nm (top to bottom). The same particle is shown in both images. Particles were placed on an Au finder grid (Electron Microscopy Sciences) to facilitate identiȹcation and imaging of the same particles by both techniques. FE-SEM data were acquired using backscattering detection on a JEOL JSM-6320F at Accurel Inc. (Sunnyvale, California). (Nicewarner-Pena et al., 2001)

(3) 바코드 관련 기술개발

자동인식 기술도입의 제약사항을 해결하기 위한 바코드 관련 기기 및 하드웨어 기술은 그림 6과 같이 다양한 형태로 연구개발이 진행되고 있으며 그 동향을 정리하자면 다음과 같다.

- **Barcoded Tube** : 공장 출하시 바코드를 튜브에 인쇄하여 사용하는 시점에 시료정보를 데이터베이스화하는데 용이하게 하였다. 초기 형태의 제품은 1차원 바코드를 튜브 옆면에 인쇄한 형태였으나, 2차원 바코드를 적용하여 튜브 바닥에 인쇄함으로서, 바닥에서 전용 스캐너를 사용하여 Plate 또는 Box 단위로 읽을 수 있게 고안되어 더욱 빠른 처리가 가능하다.
- **Automated Storage** : 50,000개 이상의 샘플을 로봇 암 기술과 바코드를 접목하여 자동 저장하고 샘플을 찾아주는 시스템으로 사람의 간섭을 최소화함으로서 더욱 정확한 시료관리를 할 수 있다.
- **Tube Marking Machine** : 의약품 보관용기인 앰플에 문자를 인쇄하는 방식으로 사용되는 Inkjet Marker 기술이나 금속, 산업용 생산제품의 생산라인에서 다양한 재료에 UV Laser나 CO_2 Laser를 사용하는 레이저 가공 기술이 탑재된 형태로 시료를 보관하는 용기에 바코드를 입히는 기술이다.
- **Barcode Label** : 초저온에서 견디기 위해서 원단은 종이를 사용하지 않고 폴리프로필렌(polypropylene), 폴리에스테르(plyester), 폴리미드(polyimide) 등과 같은 내습성이 강한 원단을 사용한다. 인체자원 보존에 필요한 내한성을 견디기 위해 점착제 또한 특수한 계열의 아크릴(Acrylic)을 사용하는 특수 라벨지를 사용한다.
- **Barcode Ribbon** : 종이 라벨이 아닌 폴리코팅이 된 라벨에 인쇄 가능하며, 초저온 환경에서도 인쇄된 바코드나 글자가 반영구적으로 지워지지 않도록 인쇄되는 Wax-Resin 타입이나 Super-Resin 타입을 사용하여 반영구적으로 지워지거나 스크레치를 막을 수 있다.
- **Vision Technology** : 인체자원을 보관하는 용기는 일반적으로 둥근 원통형의 구조를 가진다. 이와 같이 원통형 구조에 바코드가 표현되었을 경우에는 곡면에 입혀진 데이터가 리더기에 읽히게 되므로 데이터 왜곡이 일어난다. 또한 액체질소탱크에 저장된 인체자원을 상온으로 꺼내면 용기 외부면에 성애가 끼고 성애가 용기에 적힌 바코드를 읽어들

이는데 빛의 분산을 일으키게 되어 데이터 왜곡을 일으킨다. 이렇게 왜곡된 데이터를 화상처리 기술을 응용하여 영상 해석과 패턴 분류를 통해 원하는 바코드의 형태로 복원하여 데이터화하는 기술이다.

a. Barcoded Tube　b. Automated Storage　c. Tube Marking Machine

d. Barcode Label　e. Barcode Ribbon　f. Vision Technology

그림 6 자동인식 기기 및 하드웨어 기술

(4) 보건의료 바코드 표준화

사용자 위주의 전산환경이 다양한 하드웨어를 허용함으로 인하여 바코드 정보교환의 문제점이 발생하자 공급업자들이 자체표준을 만들게 되었으며, 업자 주도형 표준화는 통일안 정립의 문제가 있고 각국의 이익과도 관련이 있으므로, 전 세계는 국제표준화기구를 통해 표준안 정립을 추구하고 있는 실정이다. 인체자원의 바코드 또한 기관간의 연계성을 위하여 표준을 준수하여야 한다. 본 절에서는 인체자원의 상위 개념 분야인 보건의료에서 사용되는 바코드 연구의 가장 큰 맥락을 이루는 유통물류 정보표준화 기구인 GS1(Global Standard 1), 미국의 HIBCC(Health Industry Business Communications Council), 혈액유통에 사용되는 바코드표준 기구인 ICCBBA(International Society of Blood Transfusion)의 바코드 연구동향을 살펴본다.

- **GS1 Standard** : 유통, 물류 등 다양한 분야에 표준코드 체계를 지원하고 있으며 각 시스템의 특성에 적합한 코드 표현방법을 제공하고 있는 GS1은 보건의료분야 표준 코드체계를 확립하기 위해 HUG(Healthcare User Group)을 구성해 정보의 자동식별과 환자의 안전증진을 위한 표준 코드체계를 연구하고 있다. 현재 보건의료분야에 사용되는 GS1 Version 7의 VSHI(Very Small Healthcare Items) 코드체계는 GTIN, 로트번호, 유효기간으로 구성된다. VSHI 코드체계는 RSS-14 Stacked, RSS Limited, Data Matrix와 같은 2차원 심볼을 통한 정보 표현방법을 제공해 보건의료 제품의 공간적 제약을 해결하고 있다. 하지만 유전자원 식별시 필수 요구사항인 자원 개별식별 및 모자관계 식별을 위한 정보표현 방법을 제공하고 있지 않아 자원식별의 문제점을 갖고 있으며 자원의 유통, 물류에 대한 정보이외에 부가 정보를 표현할 수 없다.
- **ICCBBA** : ICCBBA는 혈액 및 혈액 구성요소에 대해 신뢰성 있는 정보수집과 수집 및 관리 분야의 자동식별을 위해 ISBT(International Society of Blood Transfusion) Working Group을 구성해 혈액관리 분야의 코드체계를 제공하고 있다. 현재 혈액관리에 사용되는 ISBT 128 Version 2 코드체계는 6가지의 식별코드를 조합해 혈액 및 혈액 구성요소에 대해 식별한다. ISBT 128은 식별코드에 데이터 식별자를 지정해 식별자의 종류에 따라 코드 값을 표현하여 코드의 재사용성을 보장하며 유일키 값을 사용해 각 식별코드에 대한 유일성을 보장한다. 하지만 자원 식별을 위해 다수의 식별코드가 조합되어 표현함으로써 유전자원 식별시 공간적 제약이 따르며, 혈액 식별만을 위한 코드 설계로 다양한 유전자원 정보를 표현하는데 어려움이 있다.
- **HIBCC** : HIBCC는 미 보건의료협회의 주도하에 보건의료분야에 특화된 표준 코드체계를 연구하고 있다. HIBCC의 표준 코드체계는 두 가지 코드체계로 구분되는데 HIBC SLS(Supplier Labeling Standard)와 HIBC PAS(Provider Application Standard)로 구성된다. 두 가지 표준 코드체계는 정보 식별에 있어 일차 데이터 구조와 이차 데이터 구조로 구분해 필수정보와 선택정보를 식별하고, HIBC SLS는 GS1 표준 코드체계와 HIBCC에서 지정한 HIBC 라벨러 식별코드체계를 병행해 대다수의 보건의료 객체를 식별한다. HIBC LIC 표준 코드체계는 라벨링 플래그 문자, 라벨러 식별코드, 제품 및 카탈로그 번호를 사용해 보건의료 제품 및 서비스를 식별하며 GS1 표준 코드체계는 물류식별자, 제조업체식별코드, 제품식별코드를 사용해 보건의료 제품을 식별한다. HIBCC 표준체계는 북미지역을 중심으로 사용되고 있어 GS1의 EAN 코드체계를 사용하는 국가에서는 범용적으로 사용하기 어려운 단점이 있다.

다. 로보틱스 기반 자동화 (robotics-assisted automation)

바이오뱅킹에 있어서도 정형화된 반복작업이나 정밀성을 요구하는 작업 등에 로보틱스 기반 자동화 기술도입이 가능하다고 할 수 있다. 바이오뱅킹에서 주로 사용되는 로보틱스 자동화는 주로 힘이나 정밀도를 요하는 작업을 담당할 수 있는 분야에 적용되고 있다. 기초적인 응용으로 액체질소 탱크에 보관된 rack을 들어 올리는 호이스트(hoist)에서부터 시료를 자동운반해서 저장실로 옮기는 컨베이어 레일 등을 들 수 있다. 이외에 대형 바이오뱅크에서 사용되는 완전 자동화 시스템에서는 다양한 로봇의 역할을 적용하고 있다.

4.3 바이오뱅크의 자동화 영역

가. 기록물의 전산화(Computerized documentation)

바이오뱅크의 시료품질관리에서 무엇보다 중요한 요소는 시료의 처리과정에 대한 상세한 이력을 기록 관리하는 것이다. 왜냐하면, 바이오뱅크의 규모가 거대해지면서 여러 기관 혹은 여러 지역으로부터 수집 및 저장된 시료들은 아무리 표준화 프로토콜에 의하여 획일적으로 운영된다 하더라도 연구테마별 혹은 코호트자원별 특수성으로 말미암아, 수집단계부터 분양단계까지의 모든 과정이 동일하게 운영되기는 어렵다. 따라서 시료관리 절차들에 대한 상세한 이력관리는 훗날 시료를 이용한 연구결과를 해석할 때 잘못된 결과가 도출될 가능성을 줄일 수 있을 것이다.

한편, 대규모 집단 코호트 사업은 자원 확보 단계에서 검진자들은 수많은 항목의 설문지에 응답해야 하는 경우가 있다. 따라서 수작업에 의한 설문을 최소화하고 터치스크린방식 등을 이용한 설문지 자동입력 시스템이 사용된다면 설문지 입력에 의한 오류발생을 줄일수 있으며 작업의 효율성을 높일 수 있을 것이다. 특히 터치스크린을 사용하여 시료 이용에 관한 동의서(informed consent)를 작성한다면 동의서의 전산관리가 가능할 것이다. 그러나 설문지 혹은 동의서의 전산입력 시스템은 바이오뱅크 사업에 대한 공여자의 이해력을 요구하기 때문에 공여자의 연령, 학력 및 적극적 참여의사 등이 뒷받침되지 않는다면 시행하기에 어려울 수도 있다.

나. 자동화 혈액 분획 시스템

수십만명 규모의 대규모 집단 기반 코호트사업에서 수집되는 혈액들을 효율적으로 가공처리한 후 냉동 저장하기 위해서는 혈액분획과정을 자동화할 필요가 있다. 실제로, UK Biobank의 자동화 혈액 분획 시스템(automated blood fractionation system)은 비전기술(vision technology)을 이용함으로써, 채혈튜브를 원심분리한 후 각 혈액 분획(혈청, 혈장, buffy coat, 적혈구 등)들을 정확하게 분리하여 동결저장용 튜브로 옮겨 담는 과정이 모두 자동화 되어 있다. 비전시스템과 자동화 설비들은 RTS(RTS Life Science Inc, Manchester, UK)의 기술 지원을 받아 구축되었으며, 혈액분획용 로보틱스는 Staubli TX 40과 TX90 로봇 시리즈가 사용되고 있다.

다. 자동화 입출고 저장 시스템

수많은 혈액 튜브를 짧은 시간 안에 분획 처리한 후, 여러 개의 바이얼로 분주한(aliquoting) 시료들을 냉동고에 입출고시키는 과정도 또한 자동화가 가능하다. 냉동 바이얼의 입출고 과정을 로보틱스에 의해 자동화한 설비 혹은 장치를, 일명 cherry-picking system이라고 한다. 자동화 입출고 시스템은 주로 제약회사의 약물 라이브러리 보관 방법으로 -20℃ 냉동고를 기반으로 자동화된 장비들이 많이 사용되고 있다. 최근에 바이오뱅크에 이러한 자동화 입출고 시스템이 본격적으로 도입되었던 사례는 제약회사 Pfizer의 Biofluid Biobank와 UK Biobank에서 각각 REMP Inc와 TAP Inc(The Automation Partnership, Hertfordshire, UK)의 기술지원으로, 저장실 자체를 자동화 입출고 시스템으로 구축하여 사용하고 있다. UK Biobank의 자동화 입출고 시스템(일명 POLAR™)은 -80℃에서 운영되며, 냉동고의 온도는 컴프레서에 의한 기계적 냉각이 아니라, LN2를 이용하여 동결온도를 유지하도록 장비를 고안하였다(Owen and Woods, 2008). 아이스랜드의 deCODE Genetics (http://www.decode.com/biorepository)에서 고안한 자동화 입출고 저장 장비(SRSV, Secure Robotized Sample Vault)는 -25℃ 내외에서 운영되는 모델(SRSV-LT750)과 -80℃에서 운영되는 모델(SRSV-ULT750) 등이 있으며, 이들 자동화장비가 다룰 수 있는 채혈튜브의 부피는 50mL까지 가능하다. 그 밖에도 여러종류의 자동화 입출고 저장 시스템이 개발되고 있으며, 특히 배양세포의 자동 입출고에 적용이 가능하도록 -150℃에서 운영되는 자동화 모듈도 개발되어 있다(■표 2).

라. DNA 자동 추출 및 분주 장치

바이오뱅크가 활성화되면서 혈액이나 세포 혹은 배양균주로부터 대규모로 DNA를 추출하거나, 대량의 시료들을 반복적으로 분주하는 과정에서 자동화가 필요하게 되었다. 이러한 자동화는 분주과정의 오차를 줄이며 시간을 단축할 수 있으며, DNA 시료 들의 품질기준의 변이를 최소화할 수 있는 이점이 있다. 현재 DNA 자동 추출 장비로는 Gentra AutoPure, Qiagen EZ-1, M-48, Tecan 등이 보급되고 있다.

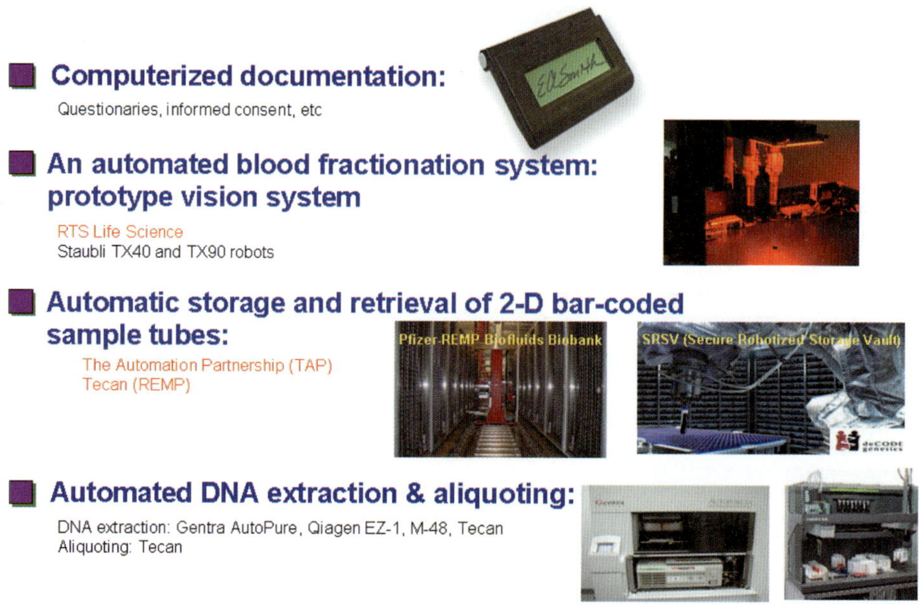

그림 9 바이오뱅크의 자동화 영역

표 2

바이오뱅크 관련 자동화 장비 및 지원기술 비교

공급회사	자동화 저장장비 작동 온도				시료처리 자동화	자동화 장비용 튜브 및 플레이트	LIMS	비고 (자동화모듈)
	실온	−20℃	−80℃	−150℃				
deCODE Genetics		●	●					SRSV (Secured Rototized Sample Vault)
GenVault	●					●		Dynamic Archive
Hamilton		●			●		●	asm (Active Sample Manager)
LabVantage								
MartiCal		●	●	●		●		MiniStore
Micronics						●		
Nautilus							●	
Nexus Biosystems	●	●	●					Universal Store
Qiagen					●			
REMP		●	●			●		Pfizer-REMP Biofluids BioBank SSS (Small-Size Store)
RTS Life Science		●	●		●			HTBF (High-Throughput Blood Fractionation in UK Biobank): 1000 samples/day
The Automation Partnership (TAP)		●	●			●		Installed in UK Biobank
Thermo Scientific		●	●			●	●	Nautilus LIMS Matrix tube
Titian Software							●	Mosaic
TTP Labtech		●						comPOUND

4.4 바이오뱅킹 자동화 사례

가. 한국인체자원은행사업

질병관리본부는 한국인체자원은행사업에서 표준화된 양질의 자원 수집을 위하여 인체자원 지식정보표준화 및 정도관리 표준프로토콜 개발, 표준운영매뉴얼 개발 등을 수행하여 자원이 고품질 상태를 유지할 수 있는 기반을 수립하였다. 이러한 표준운영지침(SOP)은 컴퓨팅 기술, 공장자동화(FA) 등의 산업전반의 기술을 적용하여, 자원의 품질관리를 위한 자원 수집과 저장에서 품질관리를 목적으로 시설간의 모니터링 인터페이스를 제공하고, 영상처리기술의 하나인 OCR리더를 활용한 역학설문정보 데이터베이스화를 추진하며, 자원관리업무에서 발생하는 모든 시료저장 용기에 바코드를 부착하여 처리의 신속성과 정확성을 높이고 있다.

시료보관용기에 부착되는 라벨에는 한국인체자원은행사업을 구성하는 단위은행에서 공여자, 자원종류, 보관용기를 식별하기 위하여 14자리로 구성되는 표준 자원번호인 bCODE (biospecimen CODE)를 인쇄활용한다. 이 bCODE는 인체자원과 병원체자원을 동일한 코드체계 안에서 관리하며, 「생명윤리및안전에 관한 법률 개정안」에 따라, 자원 또는 유전정보로부터 개인을 식별할 수 있는 정보의 전부 또는 일부를 없애는 대신에 해당 기관의 고유 식별번호를 붙여 검사대상자 또는 공여자의 신원을 확인할 수 없도록 하였다(그림 10).

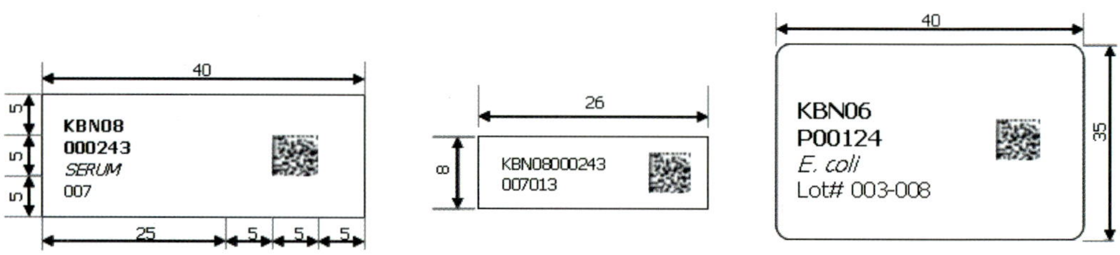

<Cryotube> <Paraffin block> <Ampule>

구분	Initial	Biobank Prefix	Individual Donor	Object classification	Item Reference
Data Structure	KBN	N_1 N_2	N_3 N_4 N_5 N_6 N_7 N_8	N_9 N_{10} N_{11}	N_{12} N_{13} N_{14}
사용가능수	-	100	100만	1,000	1,000

그림 10 한국인체자원네트워크 인체자원코드(bCODE)

자동화기술 도입을 위한 연구와 설비에는 상당한 예산이 소요된다. 유럽이나 미국 등 선진국의 연간 GDP나 국가예산은 우리나라의 수십에서 수백 배에 이르며, R&D 측면에서의 생산액과 예산에서도 선진국과 큰 차이를 보이고 있는 것이 현실이다. 국가 경제규모면에서 지원되거나 각계기관으로부터의 투자가 상대적으로 적은 우리나라는 현실적으로 가능한 부분이 어떤 부분인지 모색하고 한국에 실정에 적합한 형태로 시스템을 구성하는 것이 중요하다. 시설 자동화를 하였을 때의 투자대비효과를 분석하고 생산 측면에서 속도와 오류를 최소화 할 수 있는 여러 방식을 고려한다면 더 적은 비용으로 효율을 극대화 할 수 있다.

나. UK Biobank의 시료처리 자동화 설비

UK Biobank 프로젝트는 영국의 대규모 후향적 코호트 연구사업이다.

공여자의 혈액과 뇨 시료가 운송업체에 의해 UK Biobank로 야간 운송되어지면 혈청, 혈장, 백혈구, 적혈구, 뇨로 분리를 하고 초저온 상태에 보관하게 된다. 전혈은 향후 미래의 잠재력에 기반하여 불멸화 세포로 보관한다. 최종 50만명의 수집이 완료되었을 때, 1,500만개의 분주된 시료가 지리적으로 다른 두 위치에 보관된다. 약 950만개 분리시료는 -80℃ 자동화된 저장고에 보관되고, 550만의 분리시료는 -180℃ 액체질소탱크에 보관된다. 사업규모면이나 분주된 자원이 다량인 점을 고려하여 보관과정에서 고도화된 자동화 기술을 도입하여야 했다. 프로세스의 구현에 있어서 기술, 시스템, 시설은 제조 공장의 최적화 경험으로부터 얻을 수 있었고, 프로젝트의 위험감소와 고품질의 자원관리가 가능할 수 있었다. 시료 수집과 처리 그리고 저장에서의 데이터 수집과 가공은 매우 복잡하고, 모든 처리과정을 포괄하는 프로세스를 통합관리하기 위해 상용화된 LIMS(Laboratory Information Management System)시스템을 이용한다.

UK Biobank에서 적용한 시료 처리와 저장 프로토콜은 자원품질을 보장하고, 정해진 예산과 처리해야 할 시료량, 프로젝트의 목적 등을 반영하여 실현 가능한 검증 방법을 제공한다. 초기 4만명의 시료를 수집하고 관리하는 프로세스의 설계와 시범운영을 통해 목적에 알맞은 기법과 자동화 기술을 접목하여 운영측면의 강화를 가져왔다.

UK Biobank는 효율적인 시료관리를 위하여 새로운 개념을 연구 개발하고, 성공적 도입을 위해 중요 위험요소를 도출하여 검토하고 해결하는 실행 가능성에 대한 연구를 Failure Modes Effect Analysis(FMEA)를 통해 진행하였다. 이러한 FMEA 접근 방식은 혈액 시료에서 혈청, buffy coat(white cells), 적혈구를 자동으로 분주하는 방식을 자동화하는데 성공적으로 도입되었다. UK Biobank의 중앙은행은 하루에 19,800개의 샘플을 은행실 무자가 직접 분주하는 비효율적인 프로세스를 개선하는데 성공하였다. UK Biobank에서와 같이 바이오뱅킹을 자동화할때의 당면한 과제는 수많은 다양성과 편차를 표준절차에 의해 어떻게 자동화하느냐이다. 혈액의 부피, 혼탁도, 점성이 제각기 다르고, 그 결과 원심분리를 통해 생성된 각 분획의 양의 차이가 발생하게 된다(그림 11)

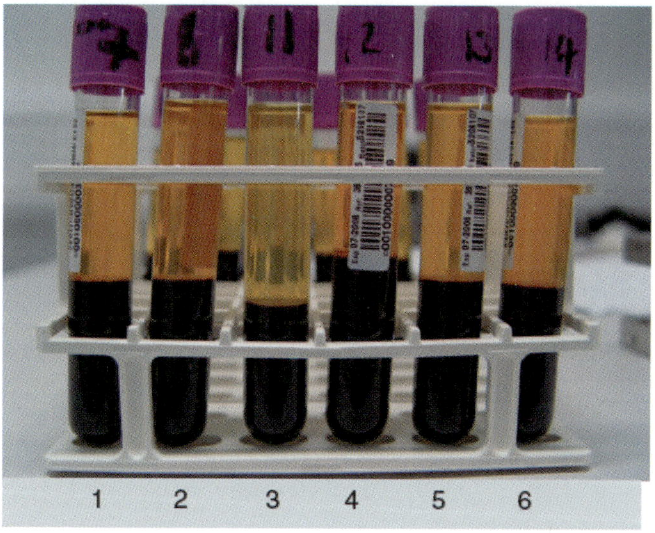

그림 11 원심분리 수행후 용기에 담긴 각기 다른 부피, 혼탁도, 점성의 혈액. 채혈부피가 다른 경우(tubes 1 & 2), 혈장부피가 다른 경우(tubes 2 & 3), 혼탁도가 다른 경우(tubes 3 & 6) 등 채혈 및 혈액분화과정에서 여러 가지 변이들이 발생할 수 있음(McQuillan & Sales, 2008)

자동화 시스템에서의 해결해야 할 문제는 혈액내에 구분되는 점을 찾아내고 분리된 대로 자원을 분주해서 담는 것이다. 이 실행가능성에 대한 연구에서는 이미징 시스템을 이용하여 원심분리된 시료의 디지털 사진을 촬영하고 소프트웨어를 사용하여 정확한 분리점을 찾아내는 방식을 택했다. 이 데이터는 피펫 로봇시스템으로 전달되어 시료를 추출하게 하였다. 이와 동시에 'Failure modes effects analysis'(FMEA) 연구를 수행하였다. 이 연구는 제품과 수행과정에서의 중대한 오류가 발생할 요소를 결정하고 실험하는 시스템 공학적인 접근 방식의 분석 방법을 개발하는 것이다. 이 분석방법은 오류가 발생하였을 때 이를 인지하는 방법을 찾고, 어떻게 오류를 감지할 수 있는지를 찾아내고 전체 프로세스에서 해결할 수 있는지를 찾아내는 것이다. 이와 같은 접근방법으로 UK Biobank는 지속적인 시료처리 자동화를 진행하였다(그림 12).

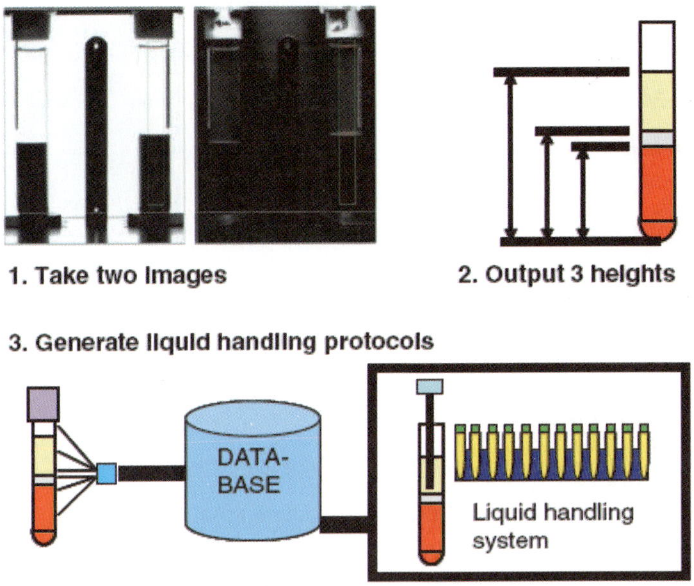

그림 **12** 자동화 혈액 분획 장치 **RTS** (McQuillan & Sales, 2008)

다. 한국유통정보센터(EAN Korea): 축산물 이력추적시스템

영국에서 발생한 소 해면상뇌증(BSE, 일명 광우병)이 인체에 치명적인 뇌질환을 초래하는 것으로 밝혀지면서 유럽은 물론 전 세계적으로 경각심을 불러일으킨 바 있다. 이러한 광우병 파동을 겪으면서 유럽에서는 식품안전에 대하여 깊은 관심을 갖게 되었고, 유럽의회(European Parliament)와 유럽이사회(European Council)는 쇠고기 제품에 대하여 판매점에서 도축장 및 원산지까지의 역 추적을 가능하게 하는 Regulation(EC) 1760/2000(Beef Labeling Regulation)을 채택하여 2001년 1월부터 모든 EU 회원국에서 시행하고 있다.

최근 국내에서도 구제역, 돼지콜레라 등의 발생으로 인해 안전한 식품에 대한 소비자의 관심과 욕구가 증가하고 있는 실정이다. 그러나 아직까지도 유통과정의 불투명성, 정보화에 대한 인식 미흡 등으로 식품안전성 확보가 기대에 미치지 못하고 있는 것이 사실이다.

이에 한국유통정보센터(EAN Korea)는 축산분야 공급체인에 있어서 정보를 효율적으로 활용할 수 있는 가이드라인을 제시하고자 2004년 EAN·UCC표준을 이용한 축산물 추적시스템을 제시하였다.

「쇠고기 라벨 규정」은 우육의 도체, 사분도체 및 절단된 정육 조각과 이에 해당하는 동물 개체 또는 동물군 간에 연결고리(link)를 확보하는데 목적이 있다. 특별히, 쇠고기 라벨은 사람이 읽을 수 있는 형태로 다음의 여섯 가지 요소 (① 정육과 동물개체 또는 동물군 사이의 링크를 보여주는 reference number 또는 reference code, ② 출생국가, ③ 사육국가, ④ 도축국가, ⑤ 가공국가, ⑥ 도축장 및 가공공장의 승인 번호)를 의무적으로 포함해야 한다. 고유의 식별번호 부여체계인 EAN·UCC 시스템과 UCC/EAN-128 바코드를 함께 사용함으로써 사용자는 「쇠고기 라벨 규정」을 용이하게 준수할 수 있다.

참고문헌

Davis JC, Shon, J, Wong DT, Jaffe S, McEvoy J. (2005) A DNA-based biological sample tracking method. Cell Preservation Technology 3:54-59.

Hebert PDN, Stoeckle MY, Zemlak TS, Francis CM. (2004) Identification of birds through DNA barcodes. PLoS Biol. 2: e312.

Holland NT, Pfleger TL, Berger E, Ho A, Bastaki M. (2005) Molecular epidemiology biomarkers—Sample collection and processing considerations. Toxicology and Applied Pharmacology 206: 261- 268.

McQuillan AC, Sales SD. (2008) Designing an automated blood fractionation system. International J. Epidemiology 37: i51-i55.

Meyer CP, Paulay G. (2005). DNA Barcoding: Error Rates Based on Comprehensive Sampling. PLoS Biol 3(12): e422.

Moritz C, Cicero C (2004) DNA barcoding: Promise and pitfalls. PLoS Biol 2(10): e354.

Nicewarner-Pena SR, Freeman RG, Reiss BD, He L, Pena DJ, Walton ID, Cromer R, Keating CD, Natan MJ (2001). Submicrometer Metallic Barcodes. Science 294: 137-141.

Owen JM, Woods P. (2008) Designing and implementing a large-scale automated

−80℃ archive. International J. Epidemiology. 37:i56−i61.

Pennisi E. (2007) Wanted: A Barcode for plants. Sience 318: 190−191.

Stoeckle M (2003). Taxonomy, DNA and the barcode of life. BioScience 53: 2−3.

Yan H, Thomas H. LaBean, Liping Feng, and John H. Reif. (2003). Directed nucleation assembly of DNA tile complexes for barcode−patterned lattices. PNAS 100: 8103-8108.

5

바이오뱅크 정보학 및 네트워크

5.1 바이오뱅크와 정보학

생물정보학 분야는 생명과학 및 공학과 정보기술의 결합이 탄생시킨 대표적인 사례로서 생명체가 지닌 막대한 양의 정보를 수집, 저장, 분석, 가공하여 의약, 식품, 농업, 환경 등에 사용되고 있다. 생물정보학은 기하급수적으로 증가하는 생물학 데이터의 처리 및 해석을 가능하게 하는 기술적 기반으로 발전하였다. 특히 1980년대에 들어오면서 컴퓨팅 파워의 증가와 소프트웨어 기술의 발전 그리고 온라인을 통한 원격접근이 가능하게 된데 힘입어 본격적으로 생물정보에 대한 정보시스템이 구축되기 시작하였다. 2001년 공개된 인간유전체지도의 완성은 바로 이러한 생물정보학 분야의 본격적인 개화를 의미한다고 할 수 있다.

바이오뱅크는 이제 보건의과학 연구 및 질병관리와 보건의료기술 개발에 있어 필수불가결한 요소이며, 시료와 정보의 통합적이고 체계적인 관리가 바이오뱅크 운영에 있어 매우 중요한 요소라 할 수 있다. 그러나 대부분의 인체자원은 각 기관별로 분산, 관리되고 있어 자원의 효율적인 보존, 활용 및 파악에 어려움이 있고 각 기관별 관리 자원의 정보화 미비에 따라 국가 전체의 생물자원 활용체계 구축에 제한요소가 되고 있다. 따라서 국내에 산재하는 인체자원의 효율적 관리방안과 활용성 극대화를 위하여 인체자원의 수집·보존과 관련된 정보의 네트워킹이 반드시 필요하다.

인체자원 네트워크 방안으로서 첫째, 데이터베이스 구축의 표준화 및 인체자원 관리기관이 네트워크화되어야 한다. 인체자원의 네트워크화는 먼저 자원정보, 임상정보, 역학정보를 연계하고, 더 나아가 연구정보 등도 통합되어야 할 것이다. 둘째, 수집 및 저장과 같은 자원 관리 프로세스의 시스템화 방안으로 자동인식시스템 등이 도입되어야 할 것이다.

결론적으로, 국제수준의 바이오뱅크 네트워크 구축을 위해서는 자원수집 및 분양까지의 모든 프로세스에 대한 데이터 및 업무 표준화가 선행되어야 하며 인체자원의 효율적인 관리를 위해 통합된 정보시스템의 구축이 필요하다. 통합된 정보시스템은 자원을 수집, 처리, 저장 그리고 추적할 수 있어야 하며 자원과 연결된 임상, 역학, 진단, 연구 등의 정보를 수집·배포할 수 있어야 한다. 그리고 향후 진행되어야 하는 방향은 연구자의 연구 수행을 지원할 수 있는 정보분석 기능까지도 수행할 수 있어야 한다.

5.2 보건의료 데이터 표준체계

최근 의생물학 연구 및 산업 분야의 관심과 중요성이 증대되고, 의·생물학 연구의 패러다임이 정보의 고집적화, 대용량화로 인해 생성되는 정보의 양이 크게 증가하고 있다. 이를 해결하기 위한 수단으로 관련된 전문용어를 표준화하여 정보를 효율적으로 수집하고 상호교환 할 수 있는 체계가 매우 절실하다. 인체자원 데이터 표준을 제정하는 일은 매우 도전적이고 기반이 되는 일이다. 다수의 기관과 다양한 연구자가 사용하는 정보는 매우 다양한 데이터 구조를 가지고 있고 표현방법이 복잡하다.

바이오뱅크는 인체자원을 기반으로 한 유전정보와 건강정보를 통합적으로 제공함으로써 개인별 보건의료 맞춤 서비스를 제공하는 정보 생산을 위한 출발점이 된다. 이때 보건의료자원(자원정보, 유전정보, 연구정보, 임상정보 등)과 정보기술(정보체계, 네트워크, 응용 소프트웨어 등)이 접목하기 위해서는 공통의 인터페이스와 데이터 체계가 필요하며, 이 부분에서 가장 중요한 요소가 표준화이다. 또한 이러한 표준들이 이기종의 시스템이나 응용 애플리케이션에서 운영이 되도록 하기 위해서는 표준들의 조화(harmonization)가 필요하다.

가. 표준용어체계(Clinical vocabularies)

현재 보건의료분야의 표준 용어체계로는 ICD-10, SNOMED-CT, LOINC, UMLS 등이 사용되고 있다. 또한 EMR(Electronic Medical Record, 전자의무기록)을 사용하는 병원에서는 병원내 통제의학용어(Controlled Medical Vocabulary)를 두고, 외부 또는 다른 시스템 간 정보교환에 위의 표준 용어를 활용하고 있다. 이에 따라 국내외 보건의료분야에서 가장 널리 사용되고 있는 표준 용어 체계에 대해 검토하고 바이오뱅크의 인체자원을 위한 표준 용어 체계에 대해 알아보고자 한다.

(1) ICD(International Classification of Diseases)

ICD는 1893년 초판이 발표된 이후 WHO에서 관리하면서 개정판을 발표하고 있으며, 현재 의료분야(병원, 의료서비스 관련 단체), 보험업체 등에서 가장 광범위하게 사용하고 있다. 원래 사망률 조사에 필요한 사인 분류에서 출발했으며, 주로 진단용어의 코드 표준화를 목적으로 하고 있으며, ICD-9과 ICD-10은 용어 외에도 여러 다른 목적으로도 확장이 가능하다. 하지만, ICD-9은 원인론, 해부학적 위치, 상세한 증상에 기초한 분류들을 뭉뚱그려 놓은 것으로 질병의 병태 생리(Pathophysiology)나 한 환자의 임상적인 상태 및 상태의 경과를 파악하기 힘든 단점이 있다. 그리고 ICD-9 시리즈는 전산환경을 고려하지 않고 순수하게 질병 및 사인 분류에만 초점을 맞추었기 때문에 전자의무기록이나 인체자원 표준코드로 사용하기에는 부적절한 부분이 있다. 미국과 오스트레일리아(ICD-10-AM) 등은 ICD를 수정·보완하여 국가 표준분류체계로 제정하여 사용하고 있고, 현재 우리나라에서는 ICD를 번역해 약간의 수정을 하여 사용하는 수준이다.

(2) UMLS(Unified Medical Language System)

보건의료문헌 데이터베이스, 의무기록관리, 지식기반시스템 등 다양한 정보를 개념적으로 연관 지으려는 목적으로 개발되었으며 미국 NLM(National Library of Medicine)에서 1986년부터 개발·관리하고 있다. 세계에서 사용하고 있는 다양한 보건의료용어를 통합하고, 크게 용어저장소인 메타시소러스(Metathesaurus), 의미유형(Semantic Type)간의 관계를 나타내는 Semantic Network, 자연어 처리를 위한 Specialist 어휘집(Lexicon) 등으로 구성되어 있다. 2007년에는 118개의 소스 용어집(Source Vocabulary)과 약 140만개의 의학적 개념(biomedical concept) 및 640여만개의 개념명(concept names)이 17개 국어로 표현되어 있으며, 약 140여 개의 Semantic type과 약 55여 개의 의미 관계(Semantic Relationship)로 구성되어 있다.

(3) SNOMED CT (Systematized Nomenclature of Medicine-Clinical Terms)

1965년 미국병리학회(College of American Pathologists, CAP)에서 처음으로 개발하였으며, 1974년 SNOMED 초판이 발표되었다(http://www.nlm.nih.gov/snomed). 2001년 SNOMED-RT와 UK NHS(National Health Service)의 Clinical Terms v.3가 통합된 SNOMED-CT(Clinical Terminology)가 발표되었다. 2007년에는 건강정보분야의 세계적인 표준화를 촉진시키기 위하여, IHTSDO(International Health Terminology Standards Development Organization)이 발족됨으로써, SNOMED CT의 소유권, 유지 및 배포를 관장하고 있다. 개발 목적이 병원정보시스템 개발자나 의료정보관리자에게 필요한 용어체계를 지향하고 있으며, 임상정보를 정확하게 표현하기 위해 필요한 개념(Concept), 용어(Term), 관계(Relationship)로 이루어졌다. 사용자를 위한 인터페이스 용어와 시스템을 위한 레퍼런스 용어의 특징을 모두 갖추고 있다. 하지만 SNOMED를 사용하기 위해서는 상당한 금액의 비용을 지불해야하는 문제를 갖고 있다.

(4) KOSTOM(KOrean Standard Terminology Of Medicine)

국내에서는 그동안 보건의료정보 일부 부분에서 국제 표준을 근거로 하거나, 국내 보건의료정보 환경에 적합하도록 개발된 여러 가지 표준안들이 제한적으로 사용되고 있는 실정이었다. 2004년부터 현재까지 보건복지가족부가 공공의료기관과 민간의료기관을 모두 지원할 수 있는 참조용어체계를 보건의료정보표준화위원회를 통하여 개발하고 있다.

표 1

국내 연구개발 현황

연구수행 기관	연구개발의 내용	연구개발성과의 활용현황
서울대학교	UMLS를 이용한 한글진단, 증상용어, Terminology Server의 개발	연구 차원으로 활용
한국보건산업진흥원	보건의료정보 표준화연구(Ⅰ)	일부 공공보건기관 중심으로 활용
한국보건산업진흥원	보건의료정보 표준화연구(Ⅱ)	
한국보건산업진흥원	보건의료정보 표준화연구(Ⅲ)	

(5) 기타 표준용어체계

- **RxNorm** : 미국 NLM에 의해서 개발된 임상용어 체계(clinical vacabularies)로서 임상에 쓰이는 약물의 표준이름을 제공하고 있다. RxNorm은 약물용어들에게 이름을 링크시켜놓음으로써 제약관련 분야의 표준화에 기여하고 있다(http://www.nlm.nih.gov/research/umls/rxnorm/index.html).
- **LOINC** : LOINC(Logical Observation Identifiers Names and Codes)는 미국의 Regenstrief Institute에 의해 개발된 것으로, 실험분석과 관련된 임상적 용어체계로서, 실험 및 임상적 관찰 내용들에 대한 보편적 인식자(identifiers)를 제공해준다(http://www.nlm.nih.gov/research/umls/loinc_ main.html).

나. 표준화기구

(1) ISO/TC 215

1998년에 설립된 ISO/TC 215는 보건의료 정보표준화를 위해 개별 보건의료정보시스템 간의 호환성과 상호운용성을 보장하기 위해 의료정보, 통신 기술의 표준화를 진행하고 있다. TC 215의 하위 조직은 9개의 Working Group으로 구성되며, WG1(데이터 구조), WG2(데이터 교환), WG3(용어), WG4(보안), WG5(보건의료카드), WG6(의약품), WG7(의료기기), WG8(전자의무기록 업무 요구사항), WG9(표준 조화)의 업무를 담당하고 있다. WG1은 정보기록을 관리하는데 필요한 표준을 개발하고 WG2는 메시지 전달과 자료교환에 관한 통신, 방법, 구조표준을 개발하고 있다. WG3은 건강관련 용어에 대한 개념을 표현하기 위한 용어표준을 개발하고, WG4는 환자의 안전 보장을 위한 의료정보의 보안관리, 개인정보보호 등을 표준화하고 있다. WG5는 보건의료분야에 활용될 카드에 대한 표준개발을 대부분 완료하였으며, WG6은 컴퓨팅을 위한 투약, 처방에 관한 표준 개발을 하고 있다. WG7은 의료장비의 상호운영성에 대한 표준을 개발하고 있다. WG8은 의료정보 활용에 대한 요구사항 정의 및 필요성을 정의하고 있으며, 대부분 WG1과 함께 진행하고 있다. 2007년에 신설된 WG9은 ISO/TC 215, HL7, CEN/TC 251 세 국제표준개발기관에서 개발 중인 표준을 조화하는 활동을 하고 있다. 2008년까지 48건의 표준문서를 개발하였으며 현재까지도 계속 진행 중에 있다.

(2) HL7(Health Level 7)

HL7은 보건의료 분야에 대해서 미국 표준연구소(ANSI, American National Standards Institute)가 인정한 표준개발기구들(SDOs, Standard Developing Organizations)중의 하나이다. 미국 미시건주 Ann Arbor에 본부를 두고 있는 HL7은 여타의 SDOs처럼 자발적 모임으로 구성된 비영리 기구이다. ANSI가 인정한 여타의 SDOs처럼, HL7은 합의, 공개, 이해관계의 조정을 보장하기 위해서 엄격한 운영절차를 준수하고 있다. 실제로 HL7은 서로 상이한 보건의료분야 애플리케이션들이 서로 잘 교환될 수 있도록 표준사양(specifications)을 개발하여 제공한다. 그래서 HL7은 보건의료분야에 적용할 수 있는 가장 보편적이고 최적의 표준을 만드는 것을 비전으로 삼고 있다. 예를 들어, 2004년 미국의 NLM은 HL7과 계약을 체결하여 메시징 표준들과 SNOMED CT와 LOINC등의 주요 어휘 표준들을 일치시키는데 활용하고 있다.

국제표준기구(ISO)에서 정하는 커뮤니케이션 모델인 OSI(Open System Interconnection)에서는 네트워크구조(networking framework)를 7개의 레이어(layers)로 정의하고 있는데, 그중에서 HL7은 "application"에 해당하는 최고 높은 단계이다. 네트워크구조에서 Layer 7은 사용자 인증, 파일전송, 이메일, 네트워크 소프트웨어, telnet, FTP 등을 비롯한 모든 애플리케이션과 사용자 처리작업들(end-user processes)을 지원한다. 전세계적으로 보건의료분야의 표준을 개발하려는 노력들이 진행중에 있지만, HL7을 선호하는 이유는 보건의료와 관련된 전체 인터페이스 요구들을 다루는 것은 HL7 하나뿐이기 때문이다. HL7 기구의 구성멤버들은 기술위원회 및 특수이해관계자들로 구성되어 있다. 기술위원회는 표준을 정하고, 특수이해관계자그룹은 HL7이 새롭게 제공하는 표준들을 시범실시하는 역할(test bed)을 한다. 현재 HL7은 3판이 나와 있으며 RIM(Reference Information Model)이 HL7 v3의 핵심요소이다.

다. 메타데이터 등록표준

메타데이터는 현재 데이터 교환 분야에서 가장 큰 이슈로 대두되고 있는데, 서로 다른 종류의 시스템과 데이터베이스간의 데이터 호환을 위해 데이터 구조 및 데이터 요소의 통일된 체제를 만들기 위한 요구가 많다. 메타데이터(metadata)는 일반적으로 데이터에 관한 데이터로서 정보자원의 속성을 기술하는 데이터를 의미한다. 즉, 메타데이터란 실제로 저장하고자 하는 데이터(예를 들면, 비디오, 오디오, 텍스트 등) 자체는 아니지만, 이 데이터와 직접적으로 혹은 간접적으로 연관된 정보를 제공하는 데이터를 나타내는 말이다. 이와 같은 메타데이터를 사용하면, 사용자가 원하는 데이터가 맞는가를 확인할 수 있고, 쉽고 빠르게 원하는 데이터를 찾아낼 수 있다.

메타데이터와 관련해서 최근 부각되고 있는 분야는 ISO/IEC 11179 국제표준인 메타데이터 레지스트리(MDR, Metadata Registry), 메타데이터간의 상호호환성을 증진하기 위해 메타데이터의 의미(semantics)를 정의하는 W3C의 RDF(Resource Description Framework) 등을 들 수 있다. 메타데이터 레지스트리에 관한 또다른 표준으로는 ISO/IEC 20943 시리즈(Procedures for achieving MDR content consistency)가 제정 중에 있다. 인체자원 표준용어 서비스를 위해 ISO/IEC 11179 표준에 따라 인체유래 생물정보 메타데이터 표준안을 작성하고 메타데이터를 하나의 시스템에서 온라인으로 표준화할 수 있는 시스템이 필요하다. 시스템을 개발할 때 요구사항은 아래와 같다.

- ISO/IEC 11179 프레임워크에 정의된 표준안에 따라 메타데이터 레지스트리 개발
- 인체자원 통합정보서비스 및 은행운영관리프로그램에서 활용 가능한 수준의 메타데이터(metadata) 선정
- 기존 관련 표준과 데이터베이스의 항목명을 참고하고 ISO/IEC 11179 Part 3에서 제시된 형식에 맞추어 데이터 요소(data element) 정의
- 인체자원정보를 표현하기 위한 정보 중에서 공통적으로 활용할 수 있는 공통 메타데이터(common metadata) 정의

5.3 네트워크 아키텍처(Network Architecture)

대부분의 대규모 바이오뱅크의 데이타베이스는 다기관 공동협력에 의해서 여러 기관으로부터 수집된 시료와 임상정보 그리고 연구정보(genotype 및 phenotype)들과 같은 매우 복잡한 데이터들을 어떻게 잘 통합 운영하느냐에 따라 바이오뱅크의 성패가 좌우된다고 볼 수 있다. 바이오뱅크 데이터베이스 및 네트워크 운영 체제의 도전과제로는 여러 기관에서 생산되는 데이터들을 잘 조화(harmonization) 시키고, 새롭게 수집 및 생산되는 각종 정보들을 일정하게 업데이트시키는 것은 물론, 윤리적으로 민감한 개인의 건강정보와 유전정보들의 보안을 어떻게 잘 유지하느냐 하는 것이다. 또한 저장된 데이터들의 통계분석을 용이하게

하기 위하여 접근성과 보안성을 동시에 갖춘 표준화된 데이터들의 교환이 이루어져야 한다.

바이오뱅크 정보시스템 구조는 표준 아키텍처에 따라 설계되어야 하고(OSI 7계층, Open System Interconnection Level 7), 가능한 국내외 표준을 따라야 한다. 그러므로 바이오뱅크 정보시스템은 로컬사이트나 단위 비즈니스들이 개별적으로 데이터를 저장하는 방식이나 운영체계(OS), 하드웨어, 소프트웨어 또는 내부적으로 사용하고 있는 통신(전송)체계의 종류 등에 맞추려는 방식으로 구축해서는 안 된다. 다양하게 분산되어 있는 임상·역학 정보와 병리학적 정보 데이터베이스 간에 네트워킹을 통해 정보를 공유하는 것이 필수요소이므로 로컬 저장소에 데이터를 만들어 두거나 자주 사용되는 데이터 이외의 정보들을 이중 저장하는 것은 비효율적이다. 그러나 시스템 적용 초기 단계에서는 기존의 시스템과의 원활한 통합을 위해 일정기간 동안은 어느 정도의 이중적 정보는 있게 될 것이다. 시스템 설계(System Architecture)는 처음에는 중앙 데이터베이스 시스템으로 관리되지만 점차 고도로 분산된 시스템으로 진화하며 중앙 데이터베이스는 상대적으로 안정적이고 자주 사용되는 관리상의 데이터의 저장과 지표(pointers) 자료로 한정한 표준기반의 분산 시스템으로 할 것이 제안된다.

바이오뱅크의 모든 통신(communications)은 망(grid) 저장과 업무 분배가 확실히 가능한 인터넷 프로토콜 기반으로 설계되어야 한다. 이 시스템은 각각이 특정 기능과 연관된 독립적인 모듈이 결합되고 확장 가능한 세트(set)로 설계되어야 한다. 설계는 Plug & Play를 지원해 새로운 모듈(기존 모듈이 업그레이드 된 경우 포함)이 개발되었을 때 시스템 인터페이스와 연결만으로 즉시 사용가능해야 한다.

시스템 플랫폼은 풍부한 APIs(Application Programming Interfaces)와 다층적 구조(multitier architecture)와 함께 시료보관 관리와 추적시스템과 같이 확장이 필요한 기능을 제공하는 다른 시스템들과의 통합이 가능해야 한다. 바이오뱅크 시스템 플랫폼은 보안과 암호화 메커니즘을 제공해야 한다. 개인 환자의 데이터가 처음 시료를 수집했던 사이트에 남아있고 개인 식별이 불가능한 임상 정보들은 정보 네트워크를 통과하여 데이터베이스화 되도록 제안해야 한다. 모듈방식의 설계의 중요한 장점은 보안 및 암호화 메커니즘이 바이오뱅크 시스템 전체에 통해 사용될 수 있고 또한, 단위 사이트(site)에 맞게 맞춤변형이 가능하면서도 전반적인 보안성을 높일 수 있다는 것이다(예, 전자동의서의 형태는 병원마다 다양함).

5.4 바이오뱅크 IT & Network 적용사례

가. UK Biobank

(1) 영국의 보건의료서비스 체제(National Health Service)

영국은 전국적인 네트워크로 구성된 NHS라는 독특한 의료서비스 체계를 갖추고 있다. 영국 국민의 대다수가 등록되어 있는 NHS는 국가주도의 무상의료 체계이다. UK Biobank 사업은 NHS에 등록되어 있는 사람들을 대상으로 참여자를 모집하고 있으므로, 이들 시료 공여자들에 대한 임상정보나 진료기록들이 국가 의료망인 NHS에 등록되어 관리된다. 따라서 NHS 등록 시스템이 대형 바이오뱅크 프로젝트를 가능케 하였다고 볼 수 있다. 영국의 NHS는 HL7(Health Level 7)에 기반을 둔 HTB(Health Transaction Base)를 이용하여 임상정보 및 진료기록에 대한 데이터베이스가 구축되어 있다.

보건의료 트랜잭션 베이스(HTB)는 통합의무기록 등록을 위한 효율적인 솔루션 툴이며, 데이터들을 위한 포괄적인 레포지토리 및 서비스 인프라이다. HTB는 전 세계 다수의 의료기관에서 사용하고 있으며 HL7(Health Level 7) 표준화기구에 의해 작성된 모든 모듈이 실제적으로 구현되어 있다. HTB는 최종사용자를 위한 프로그램은 아니지만 응용프로그램을 만들기 위한 확장성 있는 툴킷이다. 특히 HTB는, HL7 version 3의 핵심요소인 RIM에 기반을 둔 툴킷(toolkit)으로서 Oracle의 데이터베이스 관리시스템(DBMS: Database Management System)과 API(Java application programming interface)에 바탕을 두고 있으며, 아래와 같은 기능을 제공한다.

- RIM의 클래스 기반 생성, 저장, 검색 객체지원
- 환자, 직원, 서비스제공자의 정보 생성, 연결, 갱신과 같은 개인화 서비스
- 용어관리(통제의학어휘 생성, 유지, 조작)
- 비즈니스 프로세스 관리, 업무흐름 관리
- HL7 메시징 서비스
- 데이터베이스 트랜잭션 관리
- 보안, 감사

(2) 자원관리시스템(LIMS)

UK 바이오뱅크는 자원 관리를 위해 상용화된 LIMS(Laboratory Information Management

System) 시스템과 이와 연계하여 사용할 수 있는 고성능의 데이터 분석도구를 바이오뱅크 구축 초기에 개발하여 사용하였다. LIMS 시스템을 바이오뱅크 환경에서 운영하기 위해서 첫째, 상세하고 반복적인 연산을 위하여 오라클 데이터베이스가 갖는 논리데이터 구조와 호환성을 고려해 설정을 하였다. 전체적인 데이터 구조와 시스템은 LIMS 가이드라인에 따라 병렬 프로토콜 구조를 갖도록 디자인하고 구현하였다. 둘째, 시스템에서 사용되는 바코드는 12자리의 유일한 식별번호를 통해 공여자로부터 채취된 자원과 이로부터 분주된 자원들을 식별하고 공여자와 연관성을 바코드를 통해 알 수 있다. LIMS 시스템에서 자원식별번호는 분리되어 관리되며 개인을 식별할 수 있는 정보와 전체 데이터에 접근이 엄격히 제한되어 있다(그림 1).

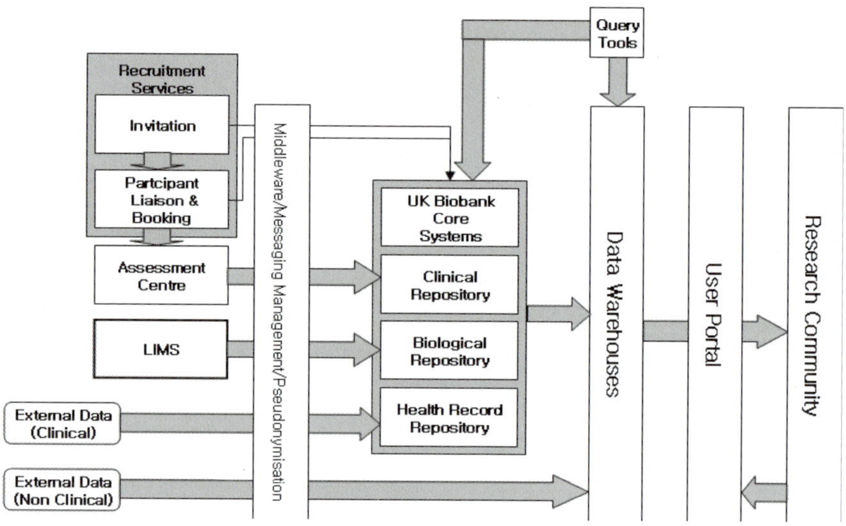

그림 **1** UK Biobank 정보시스템 아키텍처

(3) Data Access Application

시스템내의 데이터는 3단계에 따라 구분된 체계에 따라 접근이 가능하다. 접근레벨 1단계는 보안등급이 낮은 정보에 대해 UK 바이오뱅크내 사용자 및 일반사용자에 대해 정보를 공개한다. 접근레벨 2단계는 UK 바이오뱅크의 비즈니스 프로세스에 관련된 그룹에 대해 정보를 공개한다. 접근레벨 3단계는 생물자원에 대한 분양신청 및 자원기탁과 관련해 인증받은 사용자에게 정보를 공개한다(그림 2).

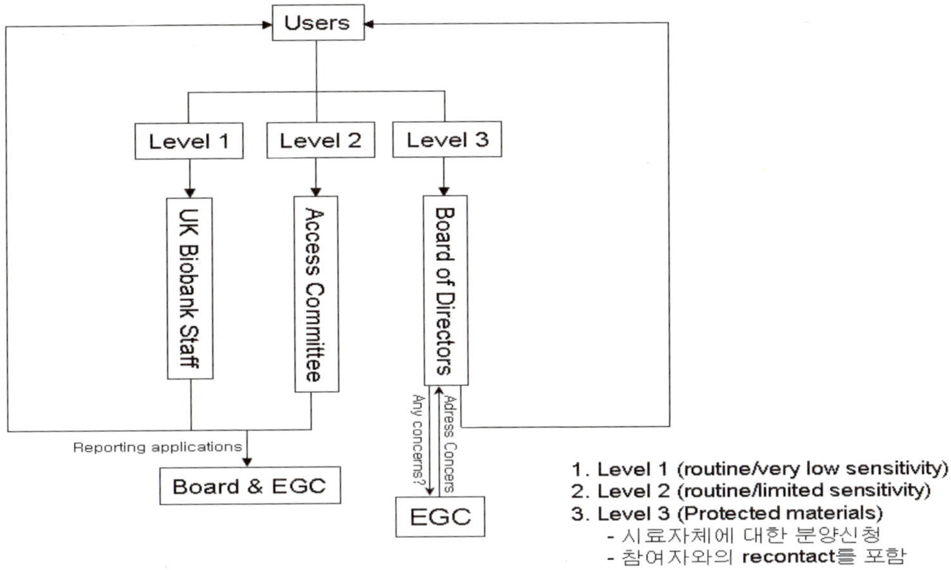

그림 2 데이터 접근 권한

나. caBIG(cancer Biomedical Informatics Grid)

caBIG은 암연구와 관련된 연구자, 의사, 환자들이 정보와 지식을 공유할 수 있도록 구성된 정보네트워크로 기존에 미국 NCI (National Cancer Institute)에서 사용하는 시스템 컴포넌트(caDSR, EVS, 암관련 공통 데이터 Element, 통제의학어휘, 스키마 관리툴킷, 서비스 레지스트리, 기본 보안시스템 등)를 기본으로 시스템을 확장하는 방식으로 정보 네트워크를 개발하였다(그림 3).

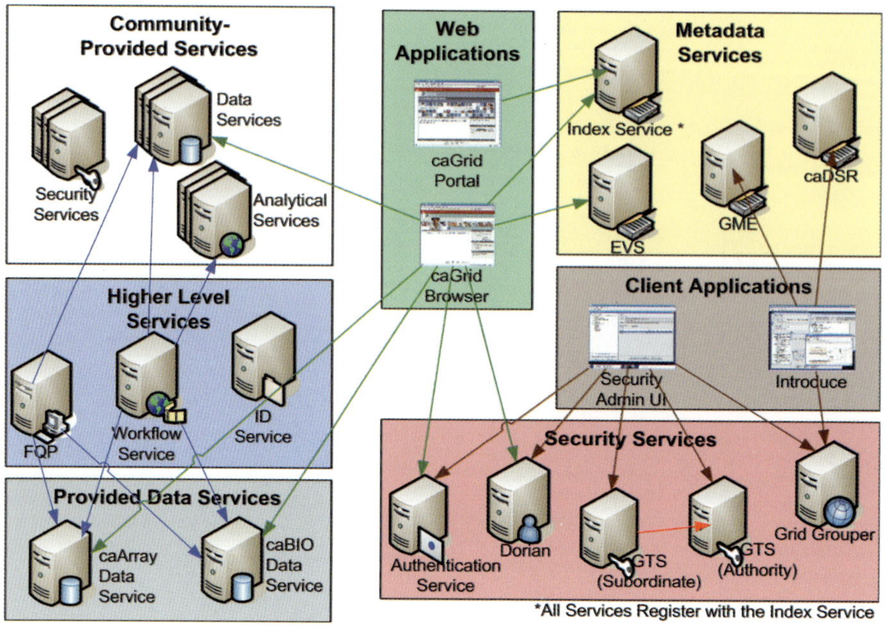

그림 3 caGrid Production Environment

CaBIG의 Data Description Infrastructure는 객체지향기반의 클라이언트 프로그램과 웹서비스를 제공하며 Well-define된 데이터 타입을 통해 운영된다(그림 4). 인프라를 구성하는 객체는 UML을 사용해 정의하며 ISO/IEC 11179 표준체계에 따라 운영 컴포넌트로 구현된다. 또한 메타데이터 레지스트리를 통해 암 데이터를 레파지토리에 등록하며 객체의 정의는 Enterprise 어휘서비스에 등록된 통제용어와 어휘를 사용하며 객체간의 관계를 시멘틱하게 기술한다.

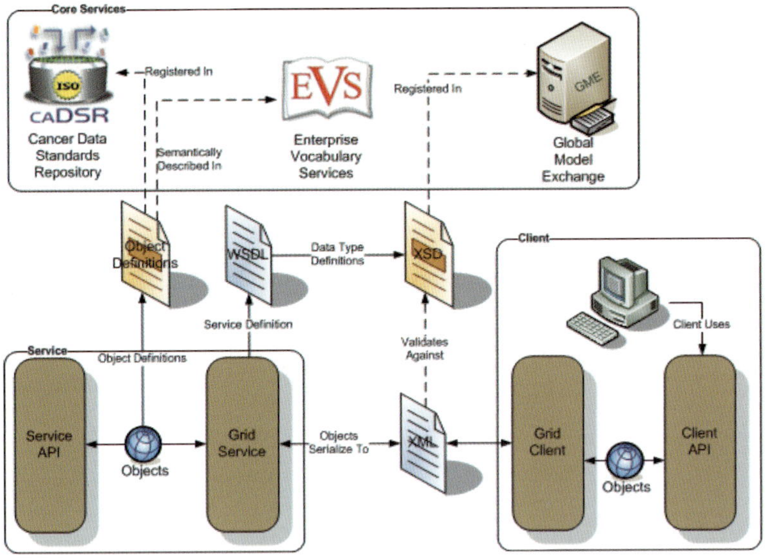

그림 4 Data Description Infrastructure

다. NBN(National Biospecimen Network)

NBN은 공통 데이터 요소와 이 요소들 간의 구조화된 관계를 개체 모델(Object model)을 통해 만든다. 또한, 공통 온톨로지 대표 환경(common ontologic representative environment)을 가지고 있다. 처음에 메타시소러스(Metathesaurus)로 분류되고, 이후 공용 골격(framework)으로 재분류되고, 그리하여 National Cancer Institute(NCI) cancer 시소러스(thesaurus, 색인)로 만들어진 다양한 정제된 어휘들의 광범위한 상호 매핑구조를 가지고 있다. 이 시소러스로부터 데이터 요소들이 추출되었다. 이 시범 요소들은 표준 메타데이터 저장소에 기반이 있기 때문에 다양한 기관들의 표준화가 가능하고 정보 공유 및 관리가 가능하다. NBN 시스템 기반의 데이터는 기존의 병리 데이터베이스들과 다른 의학 데이터베이스들로부터 수집되며 자동적으로 의학 데이터베이스와 연계를 통해 정보에 접근한다. 이 시스템은 인증된 검색 요청들(queries)에 대해서 검색 조건에 맞는 경우들에 대한 데이터를 식별하고, 수집하고, 대조하고, 반환해 준다. 환자의 이름과 같이 환자식별이 가능한 정보들은 암호화되거나 다른 방식으로 변형되어, 환자의 개인정보가 지켜지고 보안성이 유지되도록 하며 적용 가능한 기밀보장에 관한 규칙들을 따른다. 임상데이터에 대한 접근성을 높이는 것과 함께, 시스템은 연구자들에게 그들의 연구 목적에 맞는 시료나 데이터에 대한 사용 가능성과 빠른 식별을 할 수 있도록 서비스를 제공한다.

참고문헌

http://www.nibhi.org.uk/launch2005/Slides/UK_biobank_(steve_walker).ppt

http://cabig.nci.nih.gov/workspaces/Architecture/caGrid

http://bmi.osu.edu/resource/presentation/2005_oster_caBIG_data_overview_DIALOGUE.ppt

http://biospecimens.cancer.gov/resources/reports/nbn.asp

제3장

바이오뱅크의 과제

1

바이오뱅크의 미래

오래전부터 바이오뱅크가 존재해 왔지만 유전체학과 단백체학 연구 그리고 환경-유전자 사이의 유전체역학 연구 등에 이용되는 잠재력은 더욱 증대되고 있다. 그 동안 바이오뱅킹의 역사에서 보면, 1970년대까지는 수집 및 저장에 관한 기술적인 부분이 이슈가 되었고, 1980년대에는 국제적으로 여러 가지 생명윤리에 관한 강령이나 가이드라인들이 제정되면서 윤리적, 법적인 부분들이 시료와 데이터를 이용한 바이오뱅킹의 이슈가 되었다. 예를 들어, 60~70년대에 많은 병원들이 데이터 저장방법에 관한 기술의 발전으로 환자정보의 검색이나 신원확인이 용이해지면서부터 의학윤리와 의료법 등과 같이 개인의 권리에 대해서 점점 관심이 증대되었다. 1990년대에 접어들면서 경제적 효과를 바탕으로 전략적으로 바이오뱅킹에 접근하기 시작하였으며, 2000년대에는 인간게놈프로젝트가 완성되는 시점에서, 영국을 비롯한 유럽에서는 대규모 인구집단에 바탕을 둔 유전학 연구에 관심을 가지면서 국가적으로 바이오뱅킹에 접근하기 시작했다. 각 나라별로 고유한 생활습관, 문화, 환경 등에 따라 똑같은 유전자들도 발현되는 양상이 다를 수 있으므로, 국가별·지역별로 대규모 바이오뱅크 사업이 활발하게 진행되고 있는 것으로 볼 때, 이제는 바야흐로 바이오뱅크 시대 혹은 바이오뱅코믹스 시대에 접어들었다고 볼 수 있다.

인간게놈프로젝트(HGP)가 성공적으로 수행된 이후, 건강과 질병 사이의 복잡한 생물학적 상호작용에 관한 연구는 새로운 연구 패러다임을 요구하게 되었다(그림 1). 개인마다 다양한 유전자 서열 정보를 갖고 있으며, 그중에서 극히 일부분만 단백질로 발현되며, 나머지 염기서열들의 기능에 대해서는 아직도 더 많은 연구가 필요하다. 특히 유전적 요인과 환경적 요인 및 생활습관들 사이의 상호작용에 관한 연구는 포스트게놈 시대의 핵심적인 연구 이슈가 되었다. 따라서 HGP의 종결은 이제 바이오뱅코믹스의 새로운 출발점이 되었으며, 개개인의 게놈이 진화과정을 통해서 사회와 환경에서 서로 상호작용하는 원리를 규명하기 위해서는 바이오뱅크가 필수적인 도구가 되었다. 바이오뱅코믹스 시대에는 한 인간의 유전자(human gene)보다는 인류의 유전자(humanity gene)에 관심을 가져야 할 것이다.

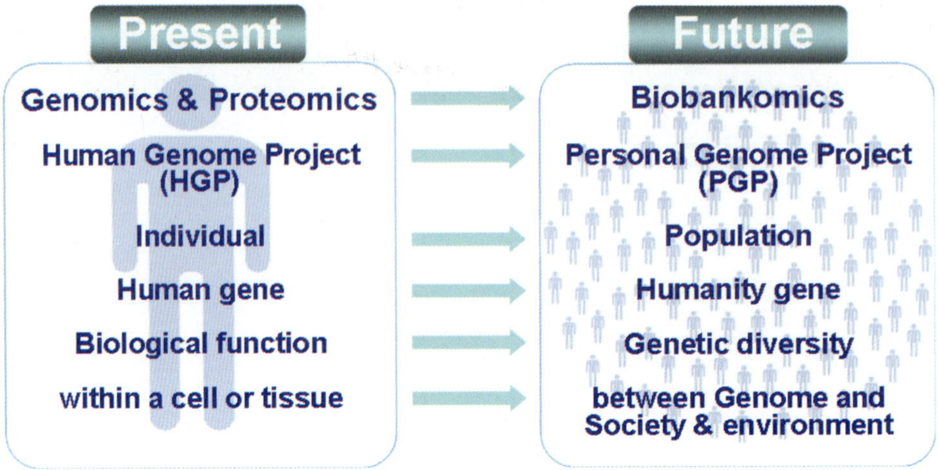

그림 1 바이오뱅크 및 의학유전학 연구의 패러다임 변화

2

바이오뱅코믹스와 시료의 품질관리

2.1 바이오뱅코믹스란?

바이오뱅코믹스(Biobankomics)는 BIOBANKing + OMICS가 결합되어 만들어진 용어로서 프랑스의 Cambon-Thomsen이 처음으로 사용한 용어이다(Combon-Thomsen, 2003). 즉, 바이오뱅코믹스는 기존의 유전체학적 관점에 대규모 집단 바이오뱅크를 접목시키는 융합학문 분야라고 볼 수 있다. 이러한 바이오뱅코믹스는 학문적으로 집단유전학, 유전체역학, 약물유전학 및 약물유전체학, 임상유전체학 그리고 기타 단백체학, 전사체학 및 대사체학이 포함되어 있다. 또한 바이오뱅코믹스의 기술적인 범위에는 ① 저장기술, 자동화, 시료추적시스템 등의 바이오레포지토리 기술, ② omics 기법을 이용한 정도관리, ③ 데이터베이스, LIMS/BIMS/Exel/Oracle 등의 정보학, ④ 그리고 omics 연구를 위한 최적화된 자원의 개발 및 자원활용화 예시연구(demonstration projects)등이 포함된다. 특히 최근에는 omics기술이나 새로운 플랫폼들이 빠른 속도로 개발되어 보급되고 있으므로, 이와 같은 새로운 기술들에 적합한 인체자원 정도관리 방법을 도입하며, 또한 새로운 방법은 최신의 omics기술들을 활용하여 개발되어야 할 것이다. 그리고 소극적인 의미의 뱅킹은 단순히 자원을 기탁·보관하는 것이겠지만, 적극적인 의미의 뱅킹은 omics에 사용될 수 있는 새로운 자원형태를 발굴하는 것은 물론, 조건이 다른 환경에서 수집되는 자원에 대해서 자원활용화 연구를 시범적으로 실시함으로써, 자원이 최신연구기법에 실제 사용되었을때의 문제점을 예측하고 연구하는 것이 필요하다. 다시 말해 이것은 적극적인 의미의 정도관리라고도 볼 수 있다.

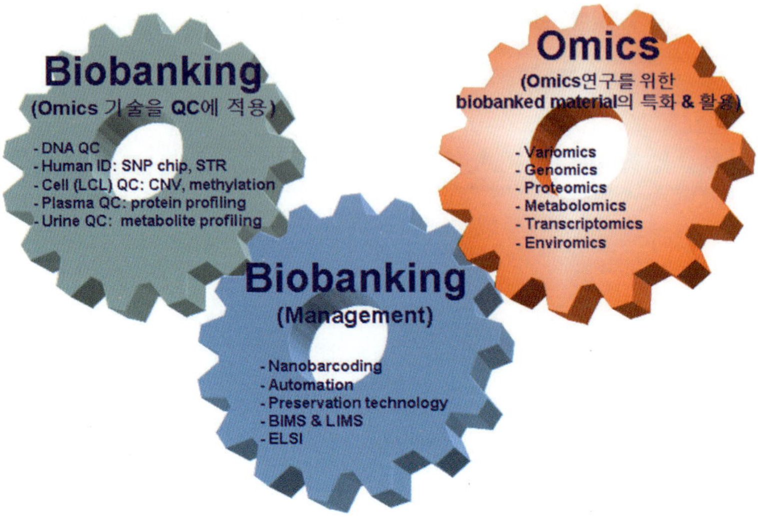

그림 2 바이오뱅코믹스의 범위

2.2 바이오뱅코믹스의 적용단계

바이오뱅코믹스는 다양한 분야의 학문들이 자원관리와 접목되어 있는 다자간 융합학문이다. 다양한 학문적 배경속에서 시료의 품질관리가 이루어져야 하며, 분석단계 이전의 과정들에 의해 대부분 연구결과의 질이 영향받게 될 것이다. 역으로 분석단계 이전에 고품질 자원이 수집되고 양질의 자원이 연구에 사용된다면 좋은 연구결과가 생산될 것이다. 즉, 불량시료(junk)가 사용된 연구에는 불량 연구결과가 생산됨으로 바이오뱅킹에서는 분석단계 이전의 모든 과정이 정도관리절차에 의해 엄격히 통제되도록 하는 것이 중요하다.

분석이전 단계(pre-analytical steps)중에서 첫 번째로 불량시료가 유입될 수 있는 곳은 수집단계로서, 혈액 혹은 조직 시료의 채취과정에서 잘못된 프로토콜을 사용하거나 정보입력의 오류에 의해서 처음부터 불량인 시료가 수집될 수 있다. 두 번째로 불량시료가 유입될 수 있는 곳은 저장 및 분양과정에서 발생할 수 있는 오류들이다. 양질의 시료가 수집되었다 하더라도 보관하는 과정에서 잘못된 프로토콜이 적용됨으로써, 부적합한 저장온도 및 저장방법, 빈번한 동결-해동 및 정도관리 실패 등이 바이오뱅킹 과정에서 자원의 안정성을 떨어뜨릴 수 있다. 그 외에 분양과정에서 관리소홀 혹은 부주의 등으로 발생할 수 있는 시료의 부분적 분해 혹은 자원정보의 오류 등에 의해서 불량시료가 유입될 수 있다. 분석이전 단계에서 유입되는 불량시료들은 엄격한 SOP 준수 및 실험실 자동화에 의해서 대부분 방지될 수 있다. 그럼에도 불구하고 불가피하게 유입되는 불량시료들을 통제관리하기 위해서는 보관중인 시료에 대한 정기적인 정도관리 혹은 품질평가가 필요하고, 입력된 정보오류들도 정기적으로 교차점검하는 과정이 필요하다.

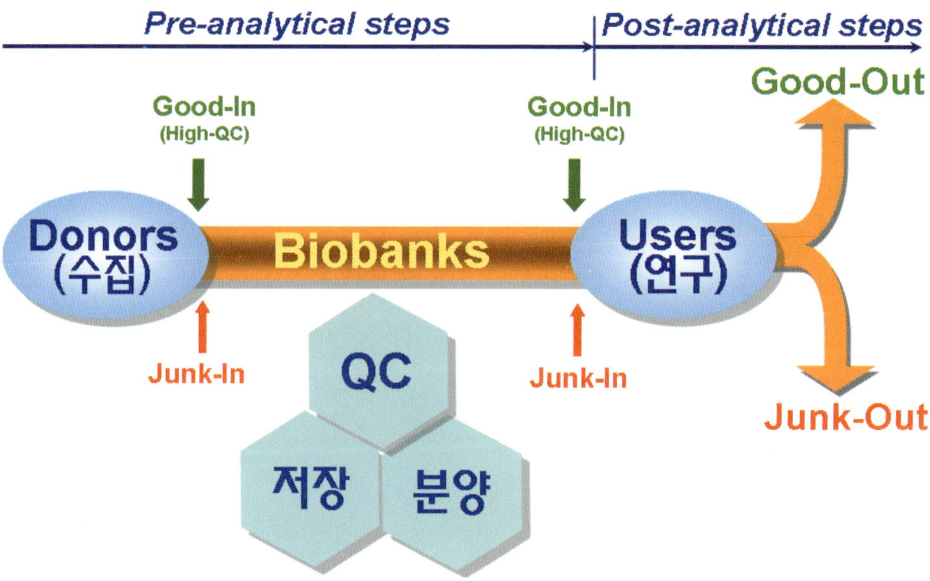

그림 3 Pipeline of biobanked materials for biobankomics

3

바이오뱅크의 당면 과제

3.1 자원관리 시스템

가. LIMS

바이오뱅크의 규모가 커지면서 많은 양의 시료와 데이터에 관한 정보가 다루어진다. LIMS(Laboratory Information Management System)는 시료의 정보와 정도관리 데이타 등 실험실에서 생성되는 모든 종류의 데이터를 효과적으로 관리할 수 있게 해준다. 따라서 바이오뱅킹의 선진화를 위해서는 무엇보다도 LIMS의 도입이 필요하다.

실제로 대규모 인구집단 기반 바이오뱅크에서는 이미 LIMS를 도입하여 사용하고 있다. 예를 들어, 노르웨이의 HUNT Biobank와 싱가포르의 Singapore Tissue Network (STN) 및 UK Biobank는 Nautilus LIMS(Thermo Electron, Inc)을 사용하고 있다. 비록 Nautilus가 개별 기관들의 필요에 따라 다른 설정이 가능하지만 UK Biobank에서는 특정한 업무흐름을 설정하고 모든 시료가 검사 및 저장을 위해서 동일한 프로토콜(protocols)을 따르도록 하여, 수집된 데이터들은 유전학, 생활습관 및 환경이 건강에 미치는 영향등을 조사하는 연구자들에게 제공된다. UK Biobank에서 생성되는 방대한 양의 데이터를 적절하게 관리(archive)하기 위해서 도입된 Nautilus는 시료수집, 분리 후 저장용기로의 분주 그리고 모든 데이터를 시료와 연계하여 추적(tracking)하고 저장하도록 하는, 일련의 자동화의 한 부분이다. LIMS는 매일매일(daily-based) 업데이트가 되며 정기적인 운영보고서를 제공할 수도 있다.

나. 나노바코딩(Nanobarcoding)

Nanobarcode를 바이오마커의 tag로 활용하는 것은 SNP genotyping이나 진단에 활용이 가능하다. QC지표물질이 붙여져있는 나노바코드(나노입자)를 채혈직후 혹은 시료 채취 직후에 시료와 섞어놓음으로써(spiked) 시료 자체를 labeling하도록 한다. 이러한 나노바코드에 붙어있는 QC지표물질은 시료전처리 혹은 저장기간동안의 뱅킹에 의한 변질정도를 반영할 수 있는 물질을 나노입자에 tagging해둔다. 훗날 biobanked material을 이용하여 생체지표물질의 활성이나 농도값을 측정할 때 나노입자에 붙어있는 QC지표물질의 변질정도를 보정값으로 사용할 수도 있다.

한편, 맞춤의학시대와 전이연구가 활성화되면서 생화학적 측정분석(bioassay) 방법의 다중반응 및 소형화가 점점 더 강력한 대세가 되고 있다. 즉, 측정용액의 부피는 점점 작아지고 측정대상 숫자는 점점 많아짐에 따라 시료 조작에 혁신적인 장치가 필요하게 되었다. 기존 bead 기술에 비해서 나노바코드 기술의 성능우수성으로서는 첫째, 나노바코드 판독을 위해서 광학현미경을 사용할 수 있고, 둘째, 정량을 위해서 여러 종류의 형광색을 사용할 수 있고, 셋째, 수천개의 고유한 바코드를 생성할 수 있다는 것이다(Muller, 2006).

나노바코드가 단백질 정량분석에 사용될 수 있는데, 미국의 Northewestern 대학의 Chad Mirkin 교수 등은 단백질을 탐지하기 위한 민감도가 월등히 높은 바이오나노코드 분석법을 개발하였다(Nam *et al*, 2003). 이 시스템은 magnetic microparticle probes에 항체가 붙어있어서 타겟 단백질과 나노입자 탐침이 서로 결합할 수 있으며, 나노입자탐침은 타겟단백질을 식별할 수 있도록 DNA로 암호화되어 있다. 탐침과 타겟단백질의 결합체를 자기장에 의해 분리한 후 나노입자로부터 ODNs(Oligodeoxynucleotide)를 분리해낸 다음, 나노입자로부터 떨어져나온 oligonucleotide sequence를 해독하게 되면, 타겟단백질이 무엇인지를 찾을 수 있게 된다. 이때 나노입자는 결합하는 단백질숫자가 많을수록 많은 수의 ODNs이 얻어지는 셈이므로 실질적으로는 증폭효과가 있다. 그러므로 실제로 타겟단백질의 양을 30aM(10^{-18}M)까지 탐지할 수 있다. 재래식방법으로 탐색할 경우에 얻어지는 3pM(10^{-12}M)단위에 비해서는 1백만배나 민감도가 높다. 훗날 개량된 방법에 의하며 500 zM(10^{-21}M)까지 탐지할수 있다고 한다.

3.2 시료의 안정성

가. 장기저장에 따른 생체지표의 안정성에 관한 연구

일반적으로 신약개발은 시간이 오래 걸리며 그 과정이 당초 계획보다 길어지는 경우가 있기 때문에, 약물이 개발되는 도중에 질병 기전을 더 잘 설명하는 새로운 생체지표들이 발견되기도 한다. 이렇게 새롭게 발견된 생체지표들은 개발중인 약물의 효용성과 안정성을 검증하는데 매우 중요한 역할을 할 것이다. 그러나 이런 새로운 바이오마커들은 약물개발 계획 단계에서는 발견되지 않은 경우가 있으므로, 약물개발과정에서 사용되었던 시료를 장기 저장해 두었다가 다시 사용할 수 있다면, 새로운 바이오마커의 효과를 후향적으로 재분석해 볼 수 있으며, 그렇지 않을 경우 적어도 약물에 대한 임상실험을 새롭게 디자인할 시간을 줄일 수 있는 장점이 있다. 따라서 시료는 가장 최적의 저장조건에서 보관되어야 하며 가능한 한 상세하게 시료의 저장 이력을 기록 및 유지해 두는 것이 중요하다. 예를 들어, 일반적으로 혈장시료는 −70 ~ −80℃사이에서 저장되어야 하며 반복적인 동결-해동을 피해야 한다. 혈장이 −70℃에서 해동–동결과정이 없다면 최소 4년동안은 혈장단백질에 미치는 영향을 최소화하여 보관될 수 있다는 연구결과가 있다(Mitchell *et al.*, 2005). 따라서 장기보존된 시료에 대해서, 관심있는 바이오마커의 장기보존동안의 안정성에 관한 체계적인 연구가 필요할 것이다.

나. 해동과정 없이 동결조직으로부터 파생자원의 추출 기술 개발

장기보존 기간동안 시료의 안정성을 유지하기 위한 보편적인 방법은 시료를 동결하는 것이다. 단백질이나 핵산물질을 추출하기 위해서 시료를 분할 혹은 분주하기 위해서는 현재의 기술수준으로는 반드시 시료를 해동하여야 한다. 이런 과정은 시료의 안정성에 해가 되는 잦은 동결-해동 과정을 또 다시 겪게 된다. 더구나 해동하여 섞어주는데 시간이 많이 소요된다. 동결 시료를 녹이지 않고 시료를 분할 혹은 분주할 수 있다면 빈번한 해동–동결 과정에 따른 시료 안정성의 위험을 해소할 수 있을 것이다. 최근 이와 같은 목적으로 Brown University에 있는 Rhode Island BioBank의 자동화 시료 분주 시스템은 바이오뱅킹 기법의 진화된 모습이라고 할 수 있다(Larson *et al.*, 2009). 즉, 동결보존중인 바이오뱅크 자원으로부터 해동과정이 없이 동결되어 있는 상태에서 DNA, RNA, 단백질 등을 추출하는 기술을 말한다.

3.3 바이오뱅크 운영

가. 유대와 호혜의 바이오뱅크 윤리원칙

바이오뱅코믹스의 발전과 혜택으로 말미암아, 사람들 각자가 자신의 유전정보가 더 이상 자기 혼자만의 것이 아니라 미래세대를 위한 공공의 선(public good)으로 간주하는 그런 미래 문화가 도래할 것이며, 그에 대비하여야 할 시점이 왔다. 현재의 모든 개개인의 게놈은 인류의 게놈에 대한 하나의 변이체들로서 미래의 인간은 이들 게놈으로부터 유래할 것이다(Cami and Bertranpetit, 2004). 실제로, International HapMap 프로젝트나 미국 NIH의 PGP(personal genome project)에 참여하는 공여자들은 공공의 선을 위하여 자율성보다는 유대와 호혜의 원칙에 입각하여 자발적으로 시료와 데이터의 공개적 활용에 동의한 경우라고 볼 수 있다. 아이슬란드에서는 자발적 동의에 입각해서 국민의 70%이상이 바이오뱅크 사업에 참여하고 있다. 비록 아이슬란드의 경우, 작은 나라이면서 혈통계보에 관한 정보(genealogy data)가 잘 발달되어 있는 국가적인 특수성이 있기는 하지만, 오늘날에 개인의 인체자원을 바이오뱅크에 기탁하여 유전정보를 생산하게 하는 것은 낯선 풍경이 아니다.

앞으로 바이오뱅코믹스가 발전을 거듭하게 되면 모든 개인이 자기의 혈액 혹은 조직일부를 바이오뱅크에 공여하게 되는 시대가 올 것이다. 물론 개인정보보호와 윤리사회적 이슈와 같은 여러 가지 해결해야 할 문제들이 있기는 하지만, 지문(finger print)을 기록해두는 것처럼 가까운 미래에는 태어날 때부터 인체자원을 공여함으로써 개인별 맞춤의학의 혜택을 누리고자 할 것이다. 개인으로부터 구강세포(buccal swab)와 같이 채취가 용이한 시료에 대하여 공여자가 자발적으로 참여하는 자원공여프로그램(biospecimen donation program)이나 유전학적 시료 기증 프로그램(genetic sample donation program)은 맞춤의학 시대를 앞당기는 역할을 할 것이다. 이와 같은 자발적 자원공여프로그램은 인체자원중앙은행 혹은 단위은행을 통하여 수행될 수도 있다.

나. 조화를 위한 국제협력

국제적으로 바이오뱅크 관련 기관들이 처음으로 컨소시엄을 구성한 것은 2003년 P3G (Public Population Project in Genomics)였다. 처음 P3G는 Quebec's CARTaGENE, GenomeEUtwin project(8개국 참여), 에스토니아 게놈프로젝트 그리고 UK Biobank가 참여하여 국제 컨소시엄을 만들게 되었다(http://www.p3g.org). 현재 28개의 창립회원(Charter member)이 P3G에 참여하고 있으며, 이들은 모두 비영리 기관으로서 1만명 이상 규모의 바이오뱅크 혹은 대규모 코호트 연구와 같은 대규모 집단 유전학 연구를 수행하는 기관들이다(■표 1).

P3G는 규모와 전략 등이 다양한 바이오뱅크들이 참여함으로써, 자원과 데이터의 표준화보다는 조화(harmonization)를 중요시하고 있다. 조화에는 전향적 조화와 후향적 조화가

있다. 전향적 조화는 바이오뱅크 사업이 시작되기 이전에 연구 디자인이나 자원관리 절차를 변경 수정함으로써 시료와 데이터의 수집 보관을 효율적으로 수행하기 위함이며, 후향적 조화는 기존의 바이오뱅크에 대하여 이미 수집되어 있는 시료와 데이터들을 효율적으로 통합하고자하는(pooling) 목적이 있다. 다양한 질병(암, 만성병, 풍토병, 직업성 질환 등)이나 환경 요인(노화, 환경위해물질, 영양섭취 등)들에 대한 유전체학 연구를 위해서는, 일반적으로 국내 혹은 국제적으로 다기관 협력에 의해서 바이오뱅크 사업이 수행된다. 따라서 일차적으로는 표준화(standardization)에 노력해야 하지만, 그보다는 각각의 기관 혹은 바이오뱅크의 특성을 고려하여 조화(harmonization)에 중점을 두는 것이 필요하다.

바이오뱅크 자원이 보건의료분야의 연구개발에 활발하게 활용됨으로써 질병 진단 및 예측을 위한 생체지표(biomarker) 발굴, 유전자-환경 상호작용 및 개인별 약물반응성 등에 대한 연구결과들이 생산될 것이다. 바이오뱅크 자원을 이용한 이러한 과학적 발견들이 보다 더 쉽게 관련 국제학회 혹은 저널에서 인정받기 위해서는 해당 바이오뱅크의 운영과 자원의 품질에 관한 국제적 신뢰도가 뒷받침되어야 한다. 바이오뱅코믹스에 관한 국제표준(global standard)을 준수하고, 관련 국제 컴소시엄에 활발하게 참여함으로써 바이오뱅크의 국제적 신뢰도가 높아질 것이다.

국제적인 컨소시엄에 참여하는 것 이외에, 바이오뱅킹 혹은 바이오뱅코믹스의 새로운 전략이나 기술을 바이오뱅크에 적용시킬 수 있도록 바이오뱅크간의 정기적인 회의나 워크숍 등이 필요하다. 또한 바이오뱅크 자원의 최종 이용자인 연구자들의 요구사항들이 유연하게 반영되고, 그에 따라 자원관리기법이 개선될 수 있도록 하는 것이 필요하다. 바이오뱅크 사업에 관한 대중적 신임(public trust)을 높이기 위해서는 미국의 NDC(National Dialog on Cancer)에서와 같이 시료기증자(연구참여자), 연구자, 정책입안자 및 바이오뱅크 종사자 등이 참여하는 '바이오뱅크 소통기구(예, Korean Dialog on Biobank/biorepository)'가 필요할 것이다.

표 1

대규모집단 기반 유전학 연구

바이오뱅크 혹은 코호트사업	국가	Website
ALSPAC	UK	http://www.bristol.ac.uk/alspac/
Biobank Popgen	Germany	http://www.uni-kiel.de/medinfo/institut/profil/popgen/
Canadian Partnership for Tomorrow Project	Canada	http://www.partnershipagainstcancer.ca/tomorrow_project
CARTaGENE	Canada	http://www.cartagene.qc.ca/
Centre for Integrated Genomic Medical Research	UK	http://www.medicine.manchester.ac.uk/genomicepidemiology/aboutus/cigmr/
Danubian Biobank Foundation	Germany	http://www.danubianbiobank.de/DanubPublic/misc/mscHome.jsp
Estonian Genome Project	Estonia	http://www.geenivaramu.ee/
Generation Scotland	UK	http://www.generationscotland.org/
GenomEUtwin	Finland	http://www.genomeutwin.org/
Integrated BioBank of Luxembourg	Luxembourg	http://ibbl.lu/
INMEGEN	Mexico	http://www.inmegen.gob.mx/
INSERM	France	http://www.inserm.fr/en/home.html
Kaiser-Permanante Division of Research	USA	http://www.dor.kaiser.org/external/rpgeh/index.html
King Abdullah International Medical Research Center	Saudi Arabia	http://www.ngha.med.sa/ngha/en/
KORA-gen	Germany	http://epi.gsf.de/kora-gen/index_e.php
LifeGene	Sweden	http://lifegene.se/
LifeLines Cohort	Netherlands	http://lifelines.nl/
National Cancer Institute	USA	http://www.cancer.gov/
National DNA Bank	Spain	http://www.bancoadn.org/en/home.htm
National Heart, Lung and Blood Institute	USA	http://www.nhlbi.nih.gov/
Norwegian Institute of Public Health	Norway	http://www.fhi.no/eway/?pid=238
NUgene Project	USA	https://www.nugene.org/
Ontario Cohort Consortium	Canada	http://www.cancercare.on.ca/english/home/
Singapore Tissue Network	Singapore	http://www.stn.org.sg/
String of Pearls Initiative	Netherlands	http://www.parelsnoer.org/
Taiwan Biobank Institute of Biomedical Sciences, Academia Sinica	Taiwan	http://www.ibms.sinica.edu.tw/old/biobank/biobank.htm
UK BioBank	UK	http://www.ukbiobank.ac.uk/
Western Australian Genome Health Project	Australia	http://www.genepi.org.au/

참고문헌

Cami J, Bertranpetit (2005). The promising future of biobanks: Building a global perspectives. In: The genomics revolution: Reshaping vaccine development and delivery. Am. Society of Cell Biology, Bethesda, MD/USA (http://prbb.org/jcami/PDF/biobanks.pdf)

Larson D, Slusarz J, Bellio S. Chun V. Ellis HJ, Rifai N, Bradwin G. (2009) Development of a Robotic Frozen Sample Aliquotting System. Seventh Annual Sample Management Meeting (The Laboratory Robotics Interest Group, April 2009 meeting. http://lab-robotics.org/meetings/ 0904.htm).

Mitchell et al., "Impact of Freezer-thaw cycles and storage time on plasma samples used in mass spectrometry based biomarker discovery projects. Cancer informatics 1: 98-104.

Muller UR (2006) Protein detection using biobarcodes. Mol. Biosyst 2: 470-476.

Nam JM, Thaxton CS, Mirkin CA. (2003) Nanoparticle-based bio-barcodes for the ultrasensitive detection of proteins. Science 301: 1884-1886.

부록Appendix

A1. 바이오뱅크 관련 웹사이트

○ Biobank

- ALSPAC(UK)
  ·http://www.bristol.ac.uk/alspac/
- Biobank Popgen Germany
  ·http://www.uni-kiel.de/medinfo/institut/profil/popgen/
- Canadian Partnership for Tomorrow Project Canada
  ·http://www.partnershipagainstcancer.ca/tomorrow_project
- CARTaGENE Canada
  ·http://www.cartagene.qc.ca/
- Centre for Integrated Genomic Medical Research UK
  ·http://www.medicine.manchester.ac.uk/genomicepidemiology/aboutus/cigmr/
- Danubian Biobank Foundation Germany
  ·http://www.danubianbiobank.de/DanubPublic/misc/mscHome.jsp
- Estonian Genome Project Estonia
  ·http://www.geenivaramu.ee/
- Generation Scotland UK
  ·http://www.generationscotland.org/
- GenomEUtwin Finland
  ·http://www.genomeutwin.org/
- Integrated BioBank of Luxembourg Luxembourg
  ·http://ibbl.lu/
- INMEGEN Mexico
  ·http://www.inmegen.gob.mx/
- INSERM France
  ·http://www.inserm.fr/en/home.html

- Kaiser–Permanante Division of Research USA
  ·http://www.dor.kaiser.org/external/rpgeh/index.html
- King Abdullah International Medical Research Center Saudi Arabia
  ·http://www.ngha.med.sa/ngha/en/
- KORA–gen Germany
  ·http://epi.gsf.de/kora–gen/index_e.php
- Korea Biospeciemen Network
  ·http://kbn.cdc.go.kr
- LifeGene Sweden
  ·http://lifegene.se/
- LifeLines Cohort Netherlands
  ·http://lifelines.nl/
- National Cancer Institute USA
  ·http://www.cancer.gov/
- National DNA Bank Spain
  ·http://www.bancoadn.org/en/home.htm
- National Heart, Lung and Blood Institute USA
  ·http://www.nhlbi.nih.gov/
- Norwegian Institute of Public Health Norway
  ·http://www.fhi.no/eway/?pid=238
- NUgene Project USA
  ·https://www.nugene.org/
- Ontario Cohort Consortium Canada
  ·http://www.cancercare.on.ca/english/home/
- Singapore Tissue Network Singapore
  ·http://www.stn.org.sg/
- String of Pearls Initiative Netherlands
  ·http://www.parelsnoer.org/
- Taiwan Biobank Institute of Biomedical Sciences, Academia Sinica Taiwan
  ·http://www.ibms.sinica.edu.tw/old/biobank/biobank.htm

- UK BioBank UK
  ·http://www.ukbiobank.ac.uk/
- Western Australian Genome Health Project Australia
  ·http://www.genepi.org.au/

○ Bioethics Advisory
- Bioethics Advisory Committee, Singapore
  ·http://www.bioethics-singapore.org/

○ Biosafety
- Australasian Biospecimen Network
  ·http://www.abrn.net/protocols.htm
- European Biosafety Association
  ·http://www.ebsaweb.eu/Resources.html
- UK Surveillance Unit for Creutzfeldt-Jakob Disease
  ·http://www.cjd.ed.ac.uk

○ Blood Collection Protocol
- Cedars-Sinai Medical Center
  ·http://www.csmc.edu/5455.html

○ Convention on Biological Diversity
- United Nations Environmental Programme
  ·http://www.cbd.int

○ Case Studies of Human Tissue Repositories
- Rand Corporation and the National Cancer Institute
  ·http://www.rand.org/pubs/monographs/2004/RAND_MG120.pdf

○ Chemical and Laboratory Resource

- Chemindustry.com

  ·http://www.neis.com/environmental_resources.html

○ Chemical Safety

- National Institute for Occupational Safety and Health (NIOSH)

  ·http://www.cdc.gov/niosh/database.html

- International Occupational Safety and Health Information Center (ICSC)

  ·http://www.ilo.org/public/english/protection/safework/cis/products/icsc/dtasht/index.htm

- Master Index of Occupational Health Guidelines for Chemical Hazards (NIOSH), U.S

  ·http://www.cdc.gov/niosh/chem-inx.html chemicals

- Intergovernmental Forum for Global Chemical Safety

  ·http://www.who.int/ifcs/en/

○ Chemicals Management

- The Australian Government Department of the Environment and Water Resources

  ·http://www.environment.gov.au/settlements/chemicals/index.html

○ Electrical Safety

- University of Connecticut Environmental Health and Safety

  ·http://www.ehs.uconn.edu/Word%20Docs/Electrical%20Safety%20in%20the%20Lab.pdf

○ Environmental Health

- The Australian Government of the Environment and Water Resources

  ·http://www.environment.gov.au/approvals/index.html

○ Environmental Specimen Bank Design

- U.S. National Institute of Standards and Technology
  - http://www.ehponline.org/members/1995/Suppl-3/wise-full.html

○ Ethics Committee

- Human Genome Organisation
  - http://www.hugo-international.org/committee_ethics.htm

○ Ethics Guides

- New Zealand Ministry of Health
  - http://www.moh.govt.nz/moh.govt.nz/moh.nsf/indexmh/guidelines-use-human-tissue
- World Medical Association (WMA)
  - http://www.wma.net/e/policy/b3.html
- Human Genome Organization (HUGO)
  - http://www.hugo-international.org/comm_hugoethicscommittee.php
- Council of Europe
  - http://www.coe.int(conventions.coe.int/Treaty/en/Treaties/Html/164.htm)
- European Society of Human Genetics (ESHG)
  - http://www.eshg.org
- National Bioethics Advisory Committee (NBAC) in USA
  - http://www.bioethics.gov
- French and German Nation ethics committees
  - http://www.ethikrat.org/_english/publications/Opinion_Biobanksfor-research.pdf
- US Department of Health and Human Services
  - http://www.hhs.gov/ohrp/humansubjects/guidance/belmont.htm
- NuGO(European Nutrigenomics Organization)
  - http://nugo.dife.de/bot

○ Exposure Prevention

– Exposure Prevention Information

·http://www.healthsystem.

○ Program Information

– Network; University of Virginia, International Health Care Worker Safety Center

·virginia.edu/internet/epinet/subpage2.cfm

○ General Safety

– Occupational Safety and Health Administration, Department of Labor, USA

·http://www.osha.gov/comp-links.html

– Lawrence Berkeley National Laboratory; University of California, California, U.S

·http://www.lbl.gov/ehs/pub3000

○ Human Subjects

– Center for Genome Science, Korea

·https://cgs.cdc.go.kr

– Council of Europe; Committee of Ministers

·https://wcd.coe.int/ViewDoc.jsp?id977859

– Office of Human Research Protections; U.S. Department of Health and Human Service

·http://www.hhs.gov/ohrp/international/HSPCompilation.pdf

– Office of Human Research Protections, U.S. Department of Health and Human Services

·http://www.hhs.gov/ohrp/humansubjects/guidance/45cfr46.htm

– Food and Drug Administration, U.S. Department of Health and Human Services

·http://www.accessdata.fda.gov/scripts/cdrh/cfdocs/cfcfr/CFRSearch.cfm

– Office of Human Research Protections, U.S. Department of Health and Human Services

·http://www.hhs.gov/ohrp/policy/index.html Protections, U.S.

○ Laboratory Standards Development

- Clinical and Laboratory Standards Institute

  ·http://www.nccls.org

- ISO, International organization for standardization

  ·http://www.ISO.org

○ National Cancer Institute Best Practices for Biospecimen Resource

- National Cancer Institute; National Institutes of Health; U.S. Department of Health and Human Services

  ·http://biospecimens.cancer.gov/NCI_Best_Practices_060507.pdf

○ Packing and Shipping

- International Air Transport Association(IATA)

  ·http://www.iata.org/index.htm

- International Civil Aviation Organization(ICAO)

  ·http://www.icao.int/

- U.S. Department of Transportation(DOT)

  ·http://hazmat.dot.gov/hazhome.htm

- Dangerous Goods Regulations, International Air Transportation Association

  ·http://www.iata.org/dgr.htm

○ Privacy

- U.S. Department of Health and Human Services

  ·http://www.hhs.gov/ocr/hipaa/

- National Institutes of Health, U.S. Department of Health and Human Services

  ·http://privacyruleandresearch.nih.gov/

- Department of Justice

  ·http://www.usdoj.gov/oip/04_7_1.html

○ Resources for Pathology Laboratories

- College of American Pathologists

  ·http://www.cap.org/apps/cap.portal?_nfpbtrue&_pageLabel=reference

○ Tissue Procurement Protocols

- European Human Frozen Tumour Tissue Bank(TuBaFrost) project

  ·http://www.tubafrost.org

- Becton-Dickenson

  ·http://www.bd.com/vacutainer/pdfs/plus_plastic_tubes_wallchart_orderofdraw_VS5729.pdf

○ Transnational Shipping of Chemicals

- The Basel Convention.

  ·http://www.basel.int/

○ Transport of Infectious Substances

- World Health Organization

  ·http://www.who.int/csr/resources/publications/biosafety/WHO_CDS_CSR_LYO_2004_9Final.pdf

○ Transportation Safety

- Canadian Transportation Agency

  ·http://www.cta-otc.gc.ca/legislation/index_e.html

찾아보기 | Index

Ff

Gg

Hh

Ii

Kk